纺织服装高等教育"十四五"部委级规划教材
纺织科学与工程一流学科本硕博一体化教材

Structures, Properties and Applications of Kapok Fiber

木棉纤维
结构、性能与应用

徐广标 沈华 编著

东华大学出版社
·上海·

内 容 提 要

木棉纤维属于天然纤维素纤维,具有高中空结构及细、轻、软和拒水亲油特征,以及抗菌、防蛀、驱螨和防霉等生物源功能性,受到研究者和产业界人士的广泛关注。本书对课题组近二十年来有关木棉纤维结构、性能及应用的研究工作进行系统梳理,主要内容设置为八章,其中:第1~3章介绍木棉纤维的结构与性能,包括木棉纤维结构与组成、木棉纤维获取与基本性能及木棉纤维的吸附性能等;第4~8章介绍采用不同方法制备的木棉纤维产品及其结构、性能与应用,包括木棉纱线与织物、木棉纤维高蓬松材料、木棉纤维纸基材料、木棉基气凝胶材料及木棉纤维状粉末等。最后的附录部分提供了课题组在木棉纤维结构、性能及产品开发等方面的主要研究成果,方便读者查阅,从而了解更多关于木棉的知识。

本书适用于纺织专业教育工作者、纺织专业技术人员及广大纺织专业学生等,有助于读者理解木棉纤维结构与性能,推动木棉纤维高附加值新产品开发与应用。

图书在版编目(CIP)数据

木棉纤维结构、性能与应用 / 徐广标,沈华编著.
上海:东华大学出版社,2025.5. — ISBN 978-7-5669-2534-3
Ⅰ.TS102.2
中国国家版本馆 CIP 数据核字第 202584152Q 号

责任编辑　张　静
封面设计　魏依东

出　　版	东华大学出版社(上海市延安西路 1882 号,200051)
本社网址	http://dhupress.dhu.edu.cn
天猫旗舰店	http://dhdx.tmall.com
营销中心	021-62193056　62373056　62379558
印　　刷	上海龙腾印务有限公司
开　　本	787 mm×1092 mm　1/16
印　　张	12.25
字　　数	261 千字
版　　次	2025 年 5 月第 1 版
印　　次	2025 年 5 月第 1 次印刷
书　　号	ISBN 978-7-5669-2534-3
定　　价	69.00 元

前　言

木棉纤维是天然纤维素纤维，具有高中空结构、细、轻、软和拒水亲油特征，以及抗菌、防蛀、驱螨和防霉等生物源功能性，受到研究者和产业界人士关注，但由于木棉纤维表面光滑、长度较短、抱合力偏低，以及纤维密度偏低带来的易飞花等缺陷，木棉纤维在现代纺纱设备上很难成条成纱。因此，传统上木棉纤维在国内外的主要用途是被褥、枕头的填充料及吸油材料等。近年来，随着化石资源锐减，以及人们对生产和生活用品天然绿色舒适性的要求不断提高，人类已开始积极寻求用天然可再生植物资源取代化石资源的途径，同时现代纺织技术的新发展也为木棉纤维利用提供了多种可能性。

自2003年以来，在本课题组团队王府梅教授、徐广标教授、温润教授和沈华副教授的指导下，先后有刘维、刘杰、严金江、吴红艳、董婷、张慧敏、曹立瑶、徐艳芳、曹胜彬、胡立霞、安向英、常萌萌、周梦岚、赵孔卫、韦安军、楼英、崔美琪、孙向玲、房超、陈莹、冯洁、刘美霞、严小飞、马德林等二十余位博士、硕士研究生开展木棉纤维结构、性能与应用研究，突破了木棉纺纱与面料制造的关键核心技术，开发出一系列含木棉混纺纱线和面料，应用在家居、内衣、袜子等领域；突破了木棉高档絮片制备及产业化关键技术，采用气流成网技术，制备出结构稳定、保持木棉中空结构和纤维三维随机排列的高蓬松絮片，应用于保暖、油水分离和浮力等领域；基于植物藤蔓缠绕结构的启发，利用纤维帚化技术处理得到表面具有层级微纤丝结构木棉纤维，制备了高孔隙率、结构稳定的木棉纤维气凝胶和木棉纸基材料，应用于隔热、吸油及医用敷料等领域；基于木棉纤维的大中空结构和表面致密蜡质特性，制备了木棉纤维状粉末，应用于机械润滑领域。经过二十多年的努力，积累了丰富的木棉纤维自身特性及其产品开发的理论成果和实践经验。

本书对课题组这些年来有关木棉纤维的研究工作进行系统梳理，全书主要内容共八章。第1~3章介绍木棉纤维自身结构与性能，包括：木棉纤维结构与组成，木棉纤维获取与基本性能，以及木棉纤维的吸附性能；第4~8章介绍采用不同的方法加工并利用木棉纤维，包括：木棉纱线与织物，木棉纤维高蓬松材料，木棉纤维纸基材料，木棉基气凝胶材料，以及木棉纤维状粉末等。最后的附录部分提供了课题组在木棉纤维结构、性能及产品开发方面的研究成果。当然，本书展示的木棉纤维结构、性能和应用方面的知识是基于截至目前课题组的研究认知而形成的。在本书编写的过程中,笔者深感木棉纤维结构、性能及应用的研究还任重道远,如本书第6~8章关于木棉纤维纸基材料、木棉纤维气凝胶及木棉纤维状粉末的部分,仅对其制备方法、结构与性能做了探索,产业化还有很长的路要走,同时,木棉纤维种植与规模化收集以及木棉产业链与技术链创新融合等,都有待进一步深入研究。

在本书成稿过程中,课题组王府梅教授提出了大量的宝贵意见和建议,并对本书内容进行审核,孙清逸、许孟迪、刘叶、曹立瑶等研究生对本书资料收集整理、绘图和文字校对等做了大量的工作,东华大学纺织学院对本书的出版提供了经费支持。在此对他们及学院一并表示感谢。

由于时间和精力有限,加之作者水平有限,书中难免存在缺陷和不足。恳请读者提出宝贵意见!

编者

2024年10月

目 录

第1章 木棉纤维结构与组成 ································· 1
1.1 木棉植物及木棉纤维 ································· 1
1.2 表观形貌 ································· 1
1.3 孔隙特征 ································· 4
1.4 红外光谱 ································· 4
1.5 XRD 和结晶度 ································· 5
1.6 热稳定性 ································· 7
1.7 表面浸润性 ································· 8
1.8 化学组成 ································· 10
   1.8.1 苯醇抽出物含量的测定 ································· 10
   1.8.2 综纤维素含量的测定 ································· 11
   1.8.3 纤维素含量的测定 ································· 11
   1.8.4 木质素含量的测定 ································· 11
参考文献 ································· 13

第2章 木棉纤维获取与基本性能 ································· 15
2.1 木棉果实与纤维分布 ································· 15
2.2 木棉纤维获取 ································· 16
2.3 纤维长度 ································· 17
2.4 纤维细度 ································· 20
   2.4.1 纤维直径 ································· 20
   2.4.2 纤维线密度 ································· 22
2.5 纤维壁厚与中空度 ································· 23
   2.5.1 纤维壁厚 ································· 24
   2.5.2 纤维中空度 ································· 25
2.6 纤维回潮率 ································· 25
2.7 木棉纤维的力学性能 ································· 26

2.7.1 拉伸性能 …………………………………………………… 26
　　2.7.2 弯曲性能 …………………………………………………… 28
　　2.7.3 压缩性能 …………………………………………………… 28
　2.8 木棉纤维的功能性 ………………………………………………… 30

第3章 木棉纤维吸附性能与机理分析 ……………………………………… 32
　3.1 纤维吸附性能 ……………………………………………………… 32
　　3.1.1 吸附形态 …………………………………………………… 32
　　3.1.2 三相接触线 ………………………………………………… 33
　3.2 吸附体积理论 ……………………………………………………… 34
　3.3 纤维集合体的吸附性能 …………………………………………… 35
　　3.3.1 吸附平衡量和吸附平衡时间 ……………………………… 36
　　3.3.2 吸附动力学 ………………………………………………… 37
　　3.3.3 吸附过程分析 ……………………………………………… 44
　参考文献 ………………………………………………………………… 45

第4章 木棉纱线、织物制造技术与应用 …………………………………… 47
　4.1 木棉纱线及其性能 ………………………………………………… 47
　　4.1.1 木棉纺纱技术 ……………………………………………… 47
　　4.1.2 木棉/棉混纺纱线结构与性能 ……………………………… 48
　4.2 木棉纱线及织物后整理技术 ……………………………………… 51
　　4.2.1 碱处理对含木棉纱线性能的影响 ………………………… 51
　　4.2.2 含木棉织物后整理技术 …………………………………… 55
　4.3 木棉纤维产品开发 ………………………………………………… 59
　　4.3.1 含木棉纤维家居服织物 …………………………………… 60
　　4.3.2 含木棉防绒织物 …………………………………………… 62
　4.4 木棉加工过程中纤维损伤与机理分析 …………………………… 66
　　4.4.1 木棉纤维破损形态 ………………………………………… 67
　　4.4.2 木棉纤维的断裂破损机理分析 …………………………… 73
　　4.4.3 加工过程中木棉纤维的损耗情况 ………………………… 73
　　4.4.4 碱处理过程中木棉纤维的损耗情况 ……………………… 75
　　4.4.5 使用过程中木棉纤维的损耗情况 ………………………… 76

第5章 木棉纤维高蓬松材料的制造技术与应用 …………………………… 78
　5.1 木棉高蓬松絮片制造技术 ………………………………………… 78
　　5.1.1 成网技术 …………………………………………………… 78

  5.1.2 热黏合技术 ··· 78
  5.1.3 絮片制备 ··· 79
 5.2 木棉高蓬松絮片结构与性能 ··· 79
  5.2.1 结构特征 ··· 79
  5.2.2 压缩性能 ··· 81
  5.2.3 保暖性能 ··· 83
  5.2.4 浮力性能 ··· 84
 5.3 木棉高蓬松絮片油液吸附性能 ·· 86
  5.3.1 双尺度吸油模型 ·· 86
  5.3.2 油液吸附性能 ··· 88
  5.3.3 油液拦截性能 ··· 89
  5.3.4 油水分离性能 ··· 92
 参考文献 ··· 100

第6章 木棉纤维纸基材料制备、结构与性能 ··································· 101
 6.1 木棉纸基材料制备 ·· 101
  6.1.1 木棉纤维准备 ··· 101
  6.1.2 木棉纸基材料制备流程 ··· 102
 6.2 木棉纸基材料结构与性能 ·· 102
  6.2.1 测试与表征 ·· 102
  6.2.2 结构与性能 ·· 104
 6.3 CMC/CS增强木棉纸基材料 ··· 113
  6.3.1 制备 ··· 113
  6.3.2 结构与性能 ·· 114
 6.4 木棉纸基材料力学机理分析 ··· 121
  6.4.1 分丝帚化 ··· 121
  6.4.2 木质素作用 ·· 123
  6.4.3 CMC/CS二元协同作用 ·· 124
 6.5 木棉纸基材料功能性 ·· 126
  6.5.1 中空回复性能 ··· 126
  6.5.2 抗菌性能 ··· 130
  6.5.3 生物降解性能 ··· 135
 6.6 木棉纸基材料应用 ·· 137
 参考文献 ··· 140

第7章 木棉基气凝胶材料制备、结构与性能 ····· 143
7.1 木棉纳米纤维素气凝胶 ····· 143
7.1.1 原材料与气凝胶制备 ····· 143
7.1.2 表观形貌 ····· 144
7.1.3 密度和孔隙率 ····· 145
7.1.4 红外光谱 ····· 145
7.1.5 表面润湿性能 ····· 146
7.2 木棉/微纤化纤维素气凝胶 ····· 148
7.2.1 原材料与气凝胶制备 ····· 148
7.2.2 表观形貌 ····· 150
7.2.3 密度和孔隙率 ····· 151
7.2.4 红外光谱 ····· 152
7.2.5 表面润湿性能 ····· 152
7.3 微纤化木棉纤维气凝胶 ····· 154
7.3.1 原材料与气凝胶制备 ····· 154
7.3.2 表观形貌 ····· 156
7.3.3 密度和孔隙率 ····· 158
7.3.4 红外光谱 ····· 158
7.3.5 表面润湿性能 ····· 159
7.3.6 力学性能 ····· 159
7.3.7 吸附性能 ····· 162
参考文献 ····· 164

第8章 木棉纤维状粉末结构、性能与释油行为 ····· 165
8.1 木棉纤维状粉末制备 ····· 165
8.2 木棉纤维状粉末吸油性能 ····· 167
8.3 木棉纤维状粉末的释油行为 ····· 168
8.3.1 原材料和试验 ····· 168
8.3.2 静态释油行为 ····· 168
8.3.3 释油装置搭建 ····· 172
8.3.4 动态释油行为 ····· 174
8.3.5 释油机理 ····· 178
参考文献 ····· 182

附录 课题组关于木棉纤维的研究成果 ····· 184

第1章 木棉纤维结构与组成

1.1 木棉植物及木棉纤维

木棉是一种高大的落叶乔木,用作纺织纤维原料的木棉主要有木棉科木棉属的木棉种木棉(攀枝花木棉)、长果木棉和吉贝属的吉贝种木棉。木棉树及其花和果,分别如图 1-1(a)、(b)和(c)所示。木棉纤维是果实纤维,附着于木棉果壳体内壁,由内壁细胞发育、生长而成,是一种天然纤维素纤维。据课题组成员在印尼进行的实地考察,每棵木棉树每年可结 6 000 个木棉果,每个木棉果的质量约 80 g,可获得可用纤维的比例约为 20%。每亩地约有 6~7 棵木棉树,可收获木棉果约 3 120 kg,可获得木棉纤维质量约 624 kg。目前,木棉纤维全球年均产量在 10 万~20 万 t。

(a) 木棉树　　(b) 木棉花　　(c) 未成熟木棉果

图 1-1　木棉树及其花和果

1.2 表观形貌

扫描电子显微镜(SEM)拍摄的吉贝木棉纤维及其在集合体中的形态结构如图 1-2 所示。一根木棉纤维由一个植物细胞生长而成,细胞内充满空气,纤维根端钝圆,梢端较细，两端封闭，木棉纤维呈薄壁大中空结构，截面为圆形或椭圆形，如图 1-2(a)～(c)所示。通过纤维断面观察，可以发现：木棉纤维细胞壁在厚度方向具有明显的层状结构，层与层之间近似平行排列，并呈现出较为明显的间隙排列分布结构。从纤维壁的撕裂状态进一步观察可知，木棉纤维壁各层次易被外力撕裂而相互分离，如图 1-2(d)～(f)所示。基于随机拍摄的 SEM 照片，将其放大三倍后打印，并对纤维壁内的孔隙进行孔径测量和统计分析，发现孔径分布范围较广，且主要分布在 0.3 μm 以下。

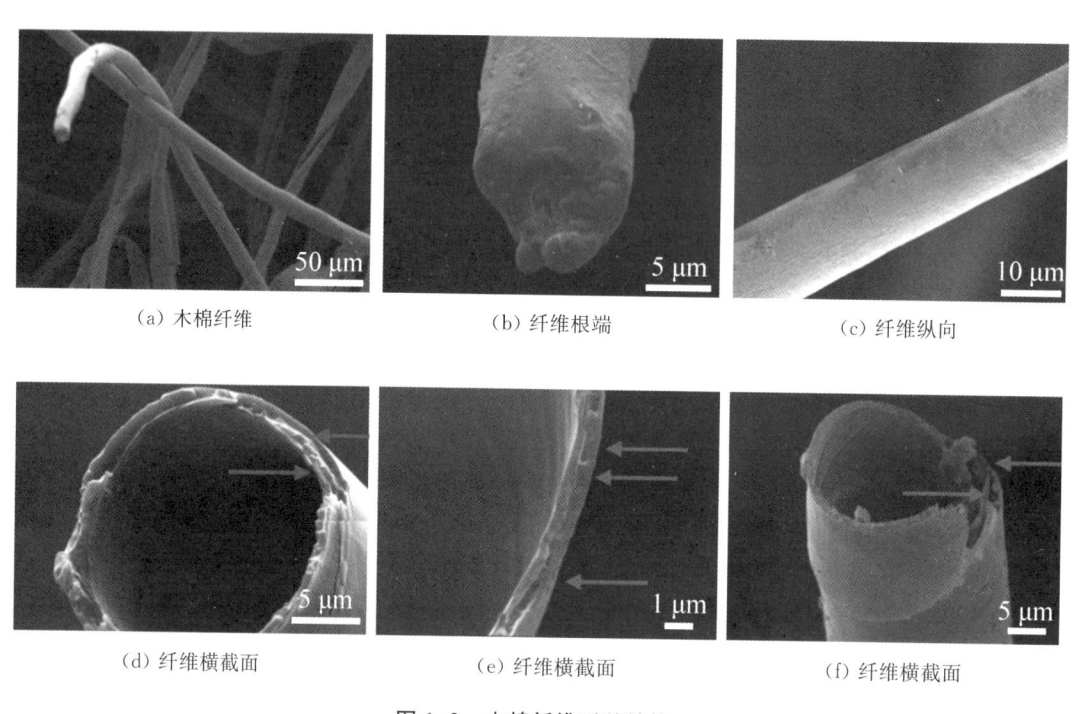

(a) 木棉纤维　　(b) 纤维根端　　(c) 纤维纵向

(d) 纤维横截面　　(e) 纤维横截面　　(f) 纤维横截面

图 1-2　木棉纤维形貌结构

用质量分数为 2%、4%、6%、8% 的 NaOH 溶液处理木棉纤维，样品分别标记为 AKF-2、AKF-4、AKF-6 和 AKF-8。碱处理前后木棉纤维的纵向和截面形貌分别如图 1-3 和图 1-4 所示。

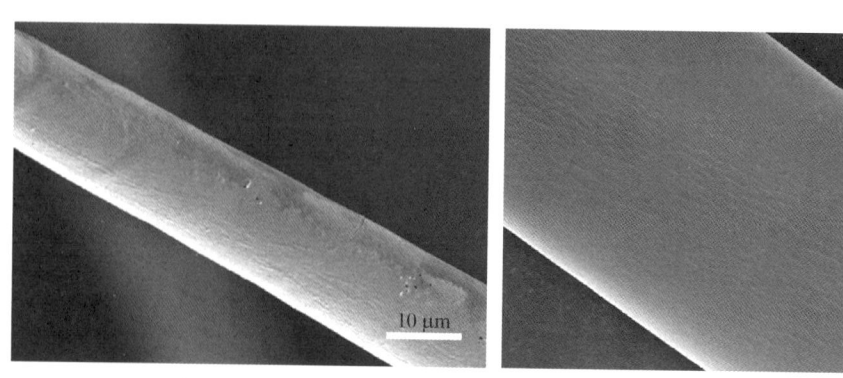

(a) 未经处理的木棉纤维　　(b) 未经处理的木棉纤维

(c) AKF-2

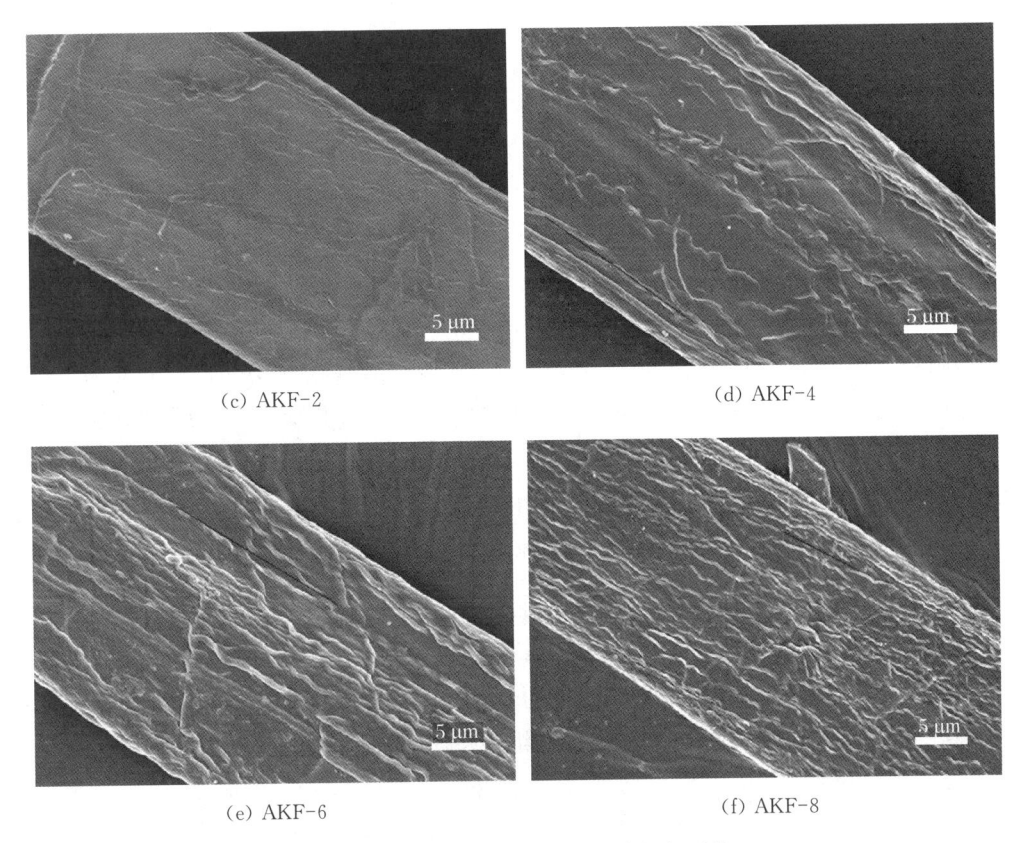

(d) AKF-4

(e) AKF-6

(f) AKF-8

图 1-3　碱处理前后木棉纤维的纵向形貌

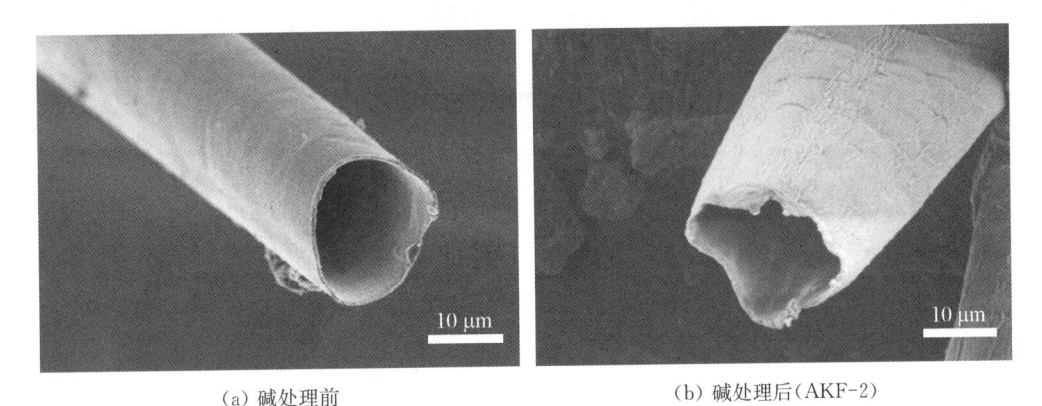

(a) 碱处理前

(b) 碱处理后（AKF-2）

图 1-4　碱处理前后木棉纤维的截面形态

如图 1-3(a)、(b)所示，未处理的木棉纤维纵向呈现为表面光滑的圆柱形状。如图 1-3(c)～(f)所示，经过碱处理后，木棉纤维表面形貌发生了变化，表面变得粗糙；在 AKF-4、AKF-6 和 AKF-8 表面，可以观察到垂直排列的凹槽，尤其是 AKF-8，其表面结构的损坏非常严重，可以观察到明显的碱腐蚀痕迹。如图 1-4(a)所示，未处理的木棉纤维呈现出椭圆的中腔结构，其细胞壁上有许多多级屈曲微孔。如图 1-4(b)所示，以 AKF-2 为例，经过碱处理后，木棉纤维仍然展示出完整的中腔结构，但细胞壁变薄。

1.3 孔隙特征

采用静态氮气吸附法,测试分析了木棉纤维(产自印尼)的微细结构,包括纤维细胞壁的孔状结构、孔径及其分布、比表面积、孔体积等。

木棉纤维具有国际纯粹与应用化学联合会(IUPAC)规定的第Ⅱ类型的氮气吸附脱附等温线,说明木棉纤维细胞壁的氮气吸附行为属于非多孔性固体表面的可逆吸附过程,吸附脱附等温线在高相对压力区域(0.85~1.0)发生吸附滞后行为,其吸附滞后环属于国际纯粹与应用化学协会规定的 H3 型滞后行为,可推断木棉纤维孔结构以裂隙孔结构为主。

基于木棉纤维静态氮气吸附试验和 Brunauer-Emmett-Teller(BET)多层吸附模型,在相对压力(P/P_0)(其中 P 代表吸附过程中某一时刻的氮气分压,P_0 代表吸附温度下氮气的饱和蒸气压)为 0.05~0.35 条件下获得的木棉纤维比表面积约为 2.99 m^2/g;木棉纤维的孔径分布在 4~40 nm,主要集中在 3~4 nm,孔径为 2~40 nm 的孔隙体积约占孔隙总体积的 80%,孔径在 40 nm 以上的孔隙体积约占孔隙总体积的 20%。这一孔隙分布特征有助于在加工过程中保护细胞壁、负载后整理助剂以及回复中空形态。根据以上木棉纤维的基础数据,可以研究和优化纤维中空压扁和回复的相关纺织加工技术。

1.4 红外光谱

红外光谱(FTIR)测试采用傅里叶变换红外光谱仪(Nicolet 6700),样品为未处理木棉纤维(Kapok)及 AKF-2、AKF-4、AKF-6 和 AKF-8,扫描波数为 400~4 000 cm^{-1},记录样品的官能团变化。测试结果如图 1-5 所示。

(a) Kapok 和 AKF-2

(b) AKF-2、AKF-4、AKF-6、AKF-8

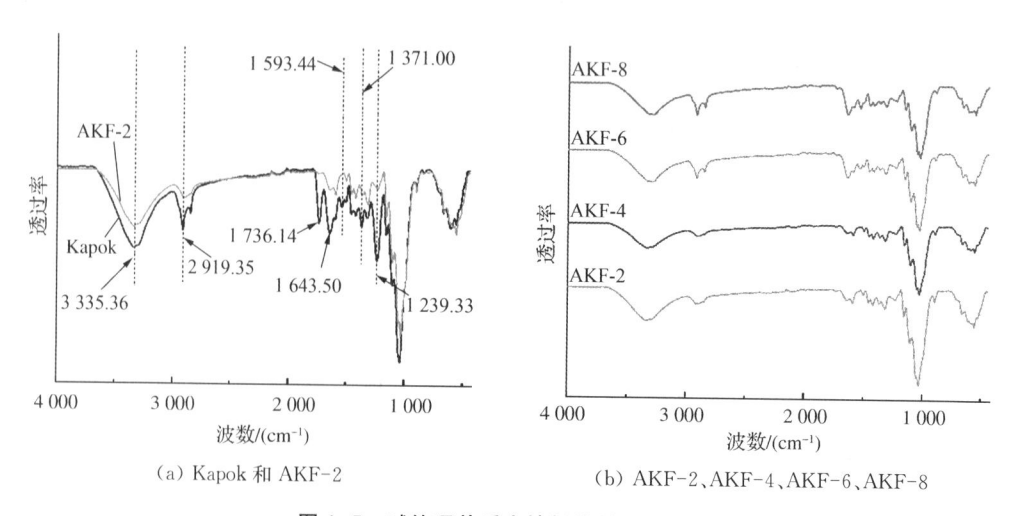

图 1-5 碱处理前后木棉纤维的红外光谱

如图1-5(a)所示,未处理木棉纤维(Kapok)的红外光谱上有两个吸收峰,分别在 3 335.36 cm^{-1} 和 2 919.35 cm^{-1}。在经过碱处理的样品AKF-2的红外光谱上,观察到位于 3 335.36 cm^{-1} 的吸收峰没有明显变化,位于 2 919.35 cm^{-1} 的吸收峰变得更宽,位于 3 400～3 200 cm^{-1} 和 2 918～2 901 cm^{-1} 的吸收峰分别为—OH和C—H的伸缩振动峰,这些峰是纤维素的特征峰,这说明大部分纤维素依然存在。在碱处理之后,代表半纤维素的乙酰基和羰基在 1 736.14 cm^{-1} 的特征伸缩振动峰消失,位于 1 239.33 cm^{-1} 的C—O伸展峰变弱,说明大多数半纤维素被移除。在 1 593.44 cm^{-1} 和 1 643.50 cm^{-1} 附近的木质素中苯环相关特征峰的吸收强度在碱处理后有一些变化,但吸收峰依然存在,说明木质素有所保留。从图1-5(a)还可以看到代表烷烃的吸收峰(1 371.00 cm^{-1} 和 2 919.35 cm^{-1})在碱处理后也慢慢减弱。这说明木棉纤维分子具有较长的碳链结构,经碱处理后部分被破坏。如图1-5(b)所示,随着碱液浓度的升高(质量分数从2%到8%),木棉纤维红外光谱上吸收峰的变化并不明显,说明在一定程度上增加碱液浓度不会使纤维化学成分发生显著变化。

1.5 XRD和结晶度

采用X射线衍射仪(D/MAX-2500 PC)对未处理木棉纤维(Kapok)及AKF-2、AKF-4、AKF-6和AKF-8进行测试。

首先,将样品研磨成长度小于300目的粉末,然后将粉末装入测试台凹槽,设定扫描范围为5°～60°,步长为0.05°,进行X射线衍射,记录衍射曲线。试验选择Cu-Kα靶,电压和电流分别为40 kV和200 mA,发射的X射线波长 $\lambda=0.154$ nm。

对样品的X射线衍射曲线进行常规分析,确定样品的结晶度,用Jade软件对衍射曲线进行反卷积和分峰拟合,在拟合前减去仪器背景,以确保基线拟合的稳定性,减少拟合误差。结晶度X用以下公式计算:

$$X = \frac{\sum I_c}{\sum I_c + \sum I_a} \times 100\% \tag{1-1}$$

其中:$\sum I_c$ 为晶体部分的衍射积分强度;$\sum I_a$ 为非晶体部分的衍射积分强度。

碱处理前后木棉纤维的结晶结构、XRD衍射曲线和XRD衍射峰的反卷积拟合分析结果,如图1-6所示。

如图1-6(a)所示,碱处理前后木棉纤维的XRD曲线上衍射峰位置没有显示出明显的差异,说明碱处理后木棉纤维的晶体结构没有发生明显的变化。图1-6(b)～(f)显示了碱处理前后木棉纤维XRD曲线上衍射峰的反卷积拟合分析结果。由此可发现,木棉纤维的结晶峰是典型的纤维素Ⅰ型晶体结构衍射峰。这表明，碱处理没有改变木棉纤维素的晶体结构类型和基本晶胞参数，为纤维素Ⅰ型结晶。

（a）碱处理前后木棉纤维的XRD曲线

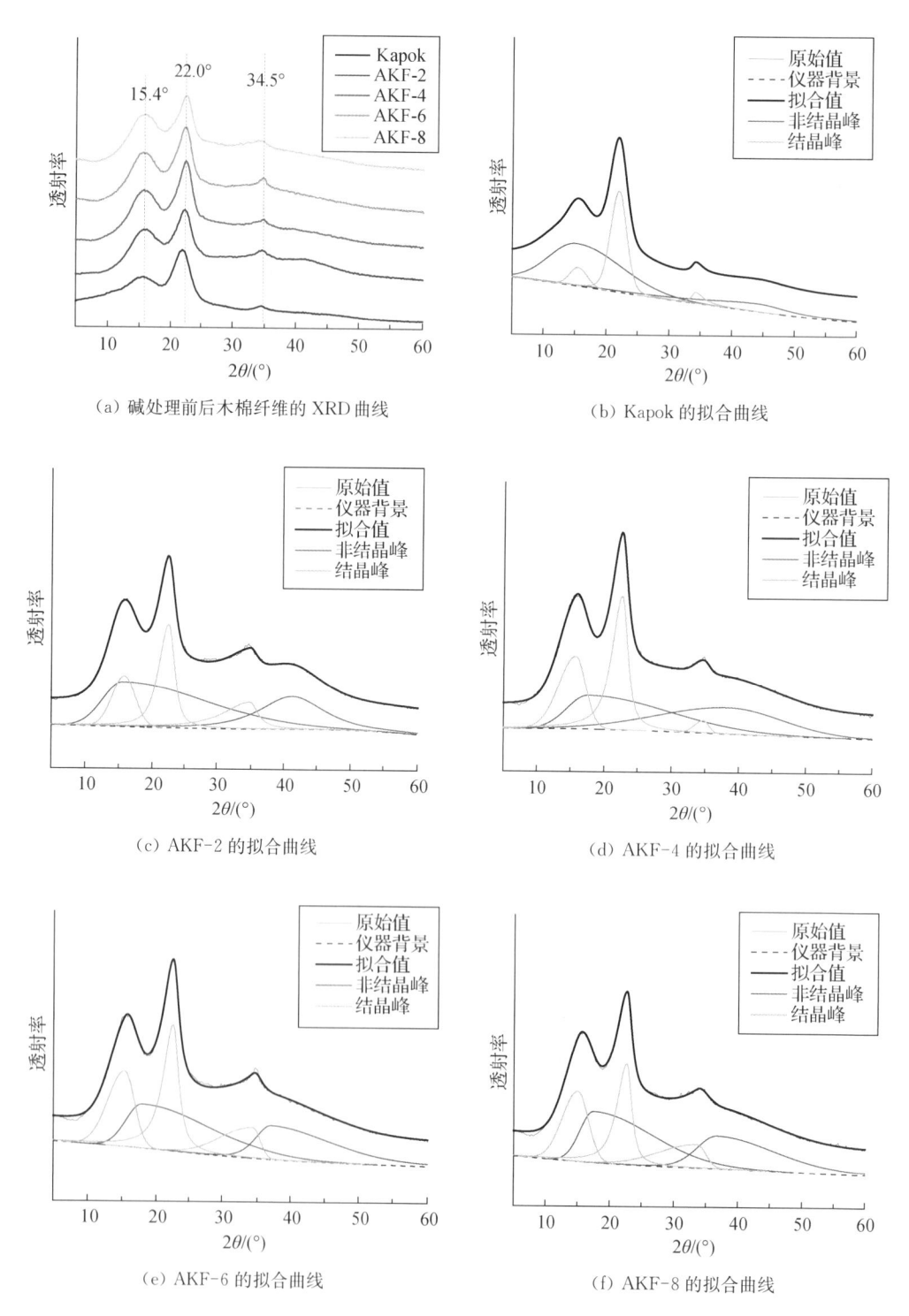

（b）Kapok的拟合曲线

（c）AKF-2的拟合曲线

（d）AKF-4的拟合曲线

（e）AKF-6的拟合曲线

（f）AKF-8的拟合曲线

图1-6　木棉纤维XRD曲线和衍射峰的反卷积拟合曲线

采用 Jade 软件计算纤维素结晶峰面积与纤维素结晶峰和其余非结晶峰面积和之比,得出纤维的结晶度,如图 1-7 所示。

如图 1-7 所示,未处理木棉纤维的结晶度为 35.71%,经过碱处理之后,木棉纤维的结晶度有不同程度的增加。在木棉纤维中,纤维素是主要成分,而纤维素由大量的葡萄糖分子组成,葡萄糖分子之间通过氢键相互作用,经过成核、生长、链重排使得分子链有序排列形成纤维素晶胞。当碱液浓度从 2%(质量分数)增加到 6%(质量分数)时,结晶度从 35.71% 增加到 48.22%。当碱液浓度从 6%(质量分数)增加到 8%(质量分数)时,纤维结晶度从 48.22% 下降到 43.94%。这可能是因为随着碱液浓度持续增加,木棉纤维中纤维素之间的部分共价键发生断裂,纤维素分子内部的氢键被破坏,导致纤维素晶体中分子链有序排列结构被打乱,因此结晶度降低。

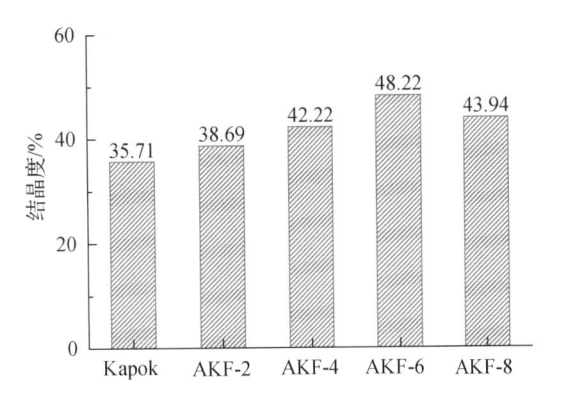

图 1-7 碱处理前后木棉纤维的结晶度

1.6 热稳定性

采用热重分析(TGA)仪(TG209F1)进行测量。样品为木棉纤维粉末、木浆纤维粉末,后者作为对比样。将样品(约 5 mg)置于高纯度氮气气氛下,使样品重新获得水分的可能性降至最低。测量温度在 50~700 ℃,升温速率为 15 K/min。图 1-8(a)展示的样品 TG 曲线显示了在 15 K/min 的升温速率条件下,热解过程中样品质量随温度的变化情况。表 1-1 列出了样品的质量损失率为 5%、10%、50% 时的温度及分解速率达到最大时的温度,$T_{5\%}$(℃)又被称为起始分解温度。

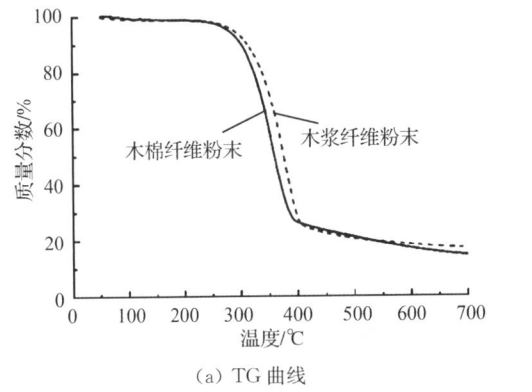

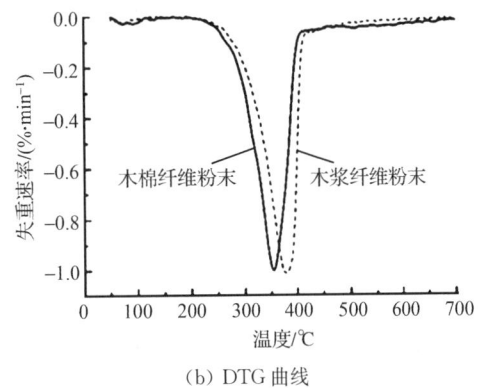

(a) TG 曲线

(b) DTG 曲线

图 1-8 木棉纤维和木浆纤维的 TG 曲线和 DTG 曲线

表1-1 木棉纤维粉末和木浆纤维粉末的热降解参数

样品	$T_{5\%}$/℃	$T_{10\%}$/℃	$T_{50\%}$/℃	T_{max}/℃
木棉纤维粉末	277.5	301.8	358.0	353.5
木浆纤维粉末	287.2	312.4	375.8	376.6

注：$T_{5\%}$、$T_{10\%}$和$T_{50\%}$分别表示质量损失率为5%、10%和50%时的温度，T_{max}表示分解速率达到最大时的温度。

由图1-8和表1-1可知，木棉纤维的起始分解温度为277.5 ℃。相同条件下，木棉纤维的分解温度与木浆纤维很接近，均略低于木浆纤维，这表明它们具有相似的热稳定性。木棉纤维的热降解主要发生在300~450 ℃条件下，同时伴随着样品质量的显著下降。在图1-8(b)展示的样品DTG曲线上，都存在明显的放热峰，由此可知木棉纤维和木浆纤维的热降解都发生在连续、单一的分解阶段。

1.7 表面浸润性

采用接触角和表面能表征纤维材料的表面浸润性能。采用接触角测量仪(OCA15EC)，使用悬滴法和气泡法分别对疏水样品和亲水样品进行接触角测量。将样品放置在接触角测量仪的载物台上，通过精确控制测量仪微量注射器在样品待测区域滴加5 μL的去离子水液滴，利用接触角测量仪自带的CCD摄像头拍摄并计算接触角。每个样品至少选取三个点进行测试，结果取平均值。测试在温度为(25±2) ℃、相对湿度为(60±5)%的条件下进行。

基于Owens-Wendt-Rabel-Kaelble(OWRK)方法，测定样品与已知表面张力(包括极性分量和色散分量)的三种液体的接触角，计算样品表面能。三种液体分别为离子水、乙二醇和乙醇，具体性能参数如表1-2所示。

表1-2 用于样品表面能计算的三种液体的性能参数

液体类型	表面张力/(mN·m^{-1})	极性分量/(mN·m^{-1})	色散分量/(mN·m^{-1})
离子水	72.1	52.2	19.9
乙二醇	48.0	29.0	19.0
乙醇	22.1	4.6	17.5

采用水接触角表征碱处理前后木棉纤维的浸润性，测试结果如图1-9所示。

如图1-9所示，未处理木棉纤维的水接触角为129.2°，可认为其具有疏水表面，这主要是因为纤维表面有一层天然蜡质；经过碱处理之后，样品的水接触角均降低到50°以

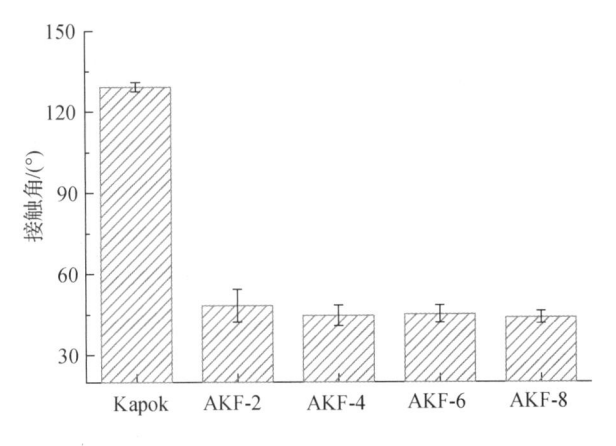

图 1-9 碱处理前后木棉纤维的水接触角

下,其中 AKF-2 为 48.3°、AKF-4 为 44.6°、AKF-6 为 45.2°、AKF-8 为 44°,可认为其具有亲水表面,这主要是因为碱处理使得纤维表面的蜡质脱落,暴露出亲水的羟基。

基于 Owens-Wendt-Rabel-Kaelble 方法,计算纤维的表面能,其中水、乙二醇和乙醇的测试次数为 10 次,结果如表 1-3 和图 1-10 所示。

表 1-3 碱处理前后木棉纤维的表面能

样品	统计量	接触角/(°)			表面能/(mN·m^{-1})		
		水	乙二醇	乙醇	总量	色散分量	极性分量
Kapok	最大	132.00	118.60	92.90	7.80	7.79	0.01
	最小	124.90	113.20	74.50			
	平均	129.20	113.56	85.98			
	标准差	1.67	5.74	6.52			
AKF-2	最大	67.90	109.70	109.40	129.38	15.99	113.39
	最小	42.80	92.50	92.50			
	平均	48.30	98.00	103.32			
	标准差	6.13	3.23	3.23			
AKF-4	最大	49.80	102.20	109.40	140.06	18.00	121.90
	最小	40.10	93.30	100.90			
	平均	44.66	97.04	105.92			
	标准差	3.87	3.16	3.16			
AKF-6	最大	58.80	106.20	118.60	138.13	17.24	120.89
	最小	44.80	81.40	85.40			
	平均	45.2	92.00	108.31			
	标准差	3.24	6.34	6.56			

(续表)

样品	统计量	接触角/(°)			表面能/(mN·m^{-1})		
		水	乙二醇	乙醇	总量	色散分量	极性分量
AKF-8	最大	52.40	86.50	112.00	125.05	13.46	111.59
	最小	46.30	74.90	90.20			
	平均	44.00	81.81	113.45			
	标准差	2.34	2.53	6.56			

如表 1-3 和图 1-10 所示，未处理木棉纤维(Kapok)的表面能为 7.80 mN/m，主要为色散分量；经过碱处理之后，表面能迅速上升到 125.05～140.06 mN/m，其中极性分量占主要部分。木棉纤维经碱处理之后，其表面从疏水性变成亲水性。木棉纤维的表面能随着 NaOH 溶液浓度增加而增加。当 NaOH 质量分数为 4%时，木棉纤维的表面能最高，达到 140.06 mN/m；随着 NaOH 质量分数从 4%增加到 8%，木棉纤维的表面能呈下降趋势，从 140.06 mN/m 下降到 125.05 mN/m。

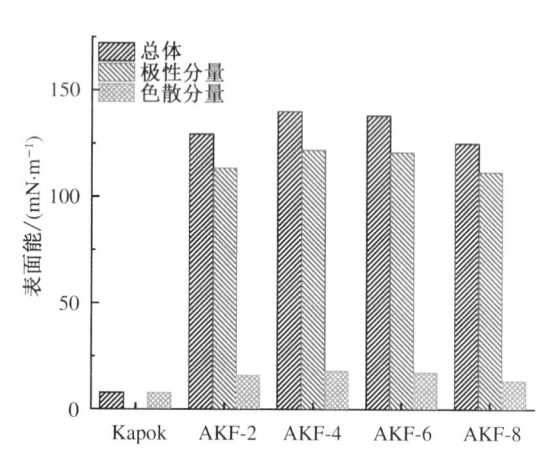

图 1-10　碱处理前后木棉纤维的表面能

1.8　化学组成

采用化学分析法对碱处理前后的木棉纤维成分进行定量分析。样品为未处理木棉纤维(Kapok)及 AKF-2、AKF-4、AKF-6 和 AKF-8。具体如下：

1.8.1　苯醇抽出物含量的测定

参照 GB/T 2677.6—1994《造纸原料有机溶剂抽出物含量的测定》。

a. 称取样品。称取 2 g 干燥样品(精确至 0.000 1 g)，并记录其质量(m_2)，烘干烧杯的质量标记为 m_1。

b. 样品抽提。首先将待抽提样品放置在用于专门滤纸内，并确保其固定在索氏抽提器的抽提筒中。随后，加入 170 mL 体积比为 2∶1 的苯-乙醇溶液。将冷凝器与抽提筒正确连接后，通水浴，加速溶剂蒸汽的冷凝。抽提 6 h 后，进行离心处理，将苯-乙醇溶液和固体分离。

c. 蒸发。将分离得到的苯-乙醇溶液移至烧杯中,进行蒸发至干燥,然后在约 105 ℃ 的烘箱中烘干至恒重,记录干燥后的质量(m_0)。

d. 计算。根据下式计算样品中苯醇抽出物含量:

$$X_1 = (m_2 - m_1)/m_0 \times 100\% \tag{1-2}$$

其中:X_1 为苯醇抽出物含量(%);m_0 为干燥样品的质量(g);m_1 为烘干烧杯的质量(g);m_2 为烘干烧杯和苯醇抽出物的质量(g)。

1.8.2 综纤维素含量的测定

参照 GB/T 2677.10—1995《造纸原料综纤维素含量的测定》。

a. 将上述试验中苯醇抽提的 2 g 试样移入 250 mL 锥形瓶,再加入 65 mL 蒸馏水、0.5 mL 冰乙酸、0.6 g 亚氯酸钠,摇匀,扣上 25 mL 锥形瓶,置于 75 ℃ 水浴中加热 1 h。在加热过程中,不间断地旋转并摇动锥形瓶,间隔 1 h 后,不断加入 0.5 mL 冰乙酸和 0.6 g 亚氯酸钠。如此重复,至纸质试样变白。

b. 从水浴锅中取出锥形瓶,冷却后用 1G2 砂芯过滤器抽吸并过滤,用蒸馏水反复洗涤至滤液呈中性,置于 105 ℃ 烘箱中烘干至恒重,记录干燥后的质量,此烘干的质量即样品中综纤维素的质量。

1.8.3 纤维素含量的测定

将上述试验获得的综纤维素干燥之后称重,置于 250 mL 的锥形瓶中,并加入 100 mL 的 17.5% NaOH 溶液,再放入 20 ℃ 水浴锅中反应 1 h,然后进行过滤并称重,称得的质量即纤维素的质量。

1.8.4 木质素含量的测定

(1) 参照 GB/T 2677.8—1994《造纸原料中酸不溶木素含量的测定》。

a. 试样称取和处理。称取 1 g 样品,并按 GB/T 2677.6 的规定进行苯-乙醇抽提。

b. 72%硫酸水解。将经过苯-乙醇抽提的 1 g 试样包倒入 100 mL 锥形瓶中,并加入 15 mL 冷却至 12~15 ℃ 的 72%硫酸溶液,再置于 20 ℃ 水浴中反应 2.5 h,并不时摇晃锥形瓶,使瓶内反应均匀。

c. 3%硫酸水解。将上述锥形瓶内的样品在漂洗情况下移入 1 000 mL 锥形瓶中,并添加蒸馏水(包括漂洗用)至总体积为 560 mL,再置于电炉上煮沸 4 h,其间不断加水,以保证总体积为 560 mL。

d. 过滤及干燥。用玻璃滤器过滤上述溶液,再置于 105 ℃ 烘箱中烘干至恒重,然后称重,即得试样中酸不溶木素的含量。

(2) 参照 GB/T 2677.8—1994《造纸原料酸溶木素含量的测定》。

a. 试样溶液的准备。过滤出酸不溶木素下沉后得到的上层清液,作为试样的溶液;

b. 试样溶液的测定。将试样溶液倒入比色皿中,以 3% 硫酸溶液为参比溶液,用紫外分光光度计在 205 nm 处测试吸收值;如试样溶液的吸收值大于 0.7,则另取 3% 硫酸溶液,在容量瓶中稀释滤液,再进行测定,得到 0.2～0.7 的吸收值。

c. 结果计算。按下式计算滤液中酸溶木素含量(B),以克每升(g/L)表示:

$$B = A/110 \times D \tag{1-3}$$

其中:A 为吸收值;D 为滤液的稀释倍数;110 为吸收倍数。

然后,按下式计算酸溶木棉的含量(%):

$$X_4 = (B \times V \times 100)/(1\,000 \times m_1) \tag{1-4}$$

其中:V 为滤液的总体积(mL);m_1 为绝干试样的质量(g)。

将木棉纤维各成分在碱处理之后的得率进行标准化,结果如表 1-4 和图 1-11 所示。

表 1-4 碱处理前后木棉纤维的化学成分

样品	项目	纤维素含量/%	半纤维素含量/%	木质素含量/%	苯醇抽出物含量/%	其他成分含量/%
Kapok	得率	100%				
	测试值（标准化后）[a]	39.95	37.01	15.55	2.3	5.19
AKF-2	得率	71.2%				
	测试值	51.48	22.88	19.01	0.75	5.88
	标准化后	36.65	16.29	13.53	0.53	4.18
AKF-4	得率	62.69%				
	测试值	58.41	16.21	18.55	0.43	6.40
	标准化后	36.61	10.16	11.63	0.26	4.01
AKF-6	得率	60.82%				
	测试值	60.56	13.73	20.20	0.6	5.09
	标准化后	36.83	8.35	12.17	0.36	3.09
AKF-8	得率	59.5%				
	测试值	62.71	11.30	20.70	0.61	4.68
	标准化后	37.31	6.72	12.31	0.36	2.78

[a] 未处理木棉纤维(Kapok)各组分的总体得率为 100%,因此各组分含量的归一化值等于测试值。

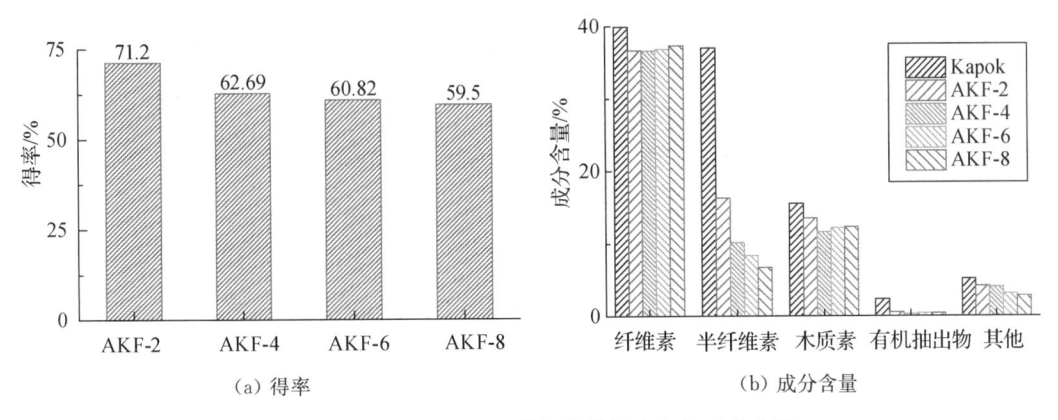

图 1-11 碱处理前后木棉纤维的得率和各成分含量

如表 1-4 和图 1-11(a)所示,当碱液浓度从质量分数为 2%增加到 8%时,纤维得率从 71.2%下降到 59.5%。如表 1-4 和图 1-11(b)所示,木棉纤维主要由纤维素(39.95%)、半纤维素(37.01%)、木质素(15.55%)、苯醇抽出物(2.30%)和其他(5.19%)组成。碱处理使木棉纤维成分发生不同程度的变化。纤维素含量的变化不大,随着碱液浓度增加,在 39.95%和 36.61%之间波动。半纤维素含量呈现出较大程度的下降,AKF-2、AKF-4、AKF-6 和 AKF-8 的半纤维素含量分别为 16.29%、10.16%、8.35%和 6.72%,分别比未处理木棉纤维下降 55.98%、72.54%、77.43%和 81.82%。木质素含量呈现出较小幅度的下降,在 15.55%和 11.63%之间波动。苯醇抽出物含量也呈现出较大程度的下降,AKF-2、AKF-4、AKF-6 和 AKF-8 的苯醇抽出物含量分别为 0.53%、0.26%、0.36%和 0.36%,分别比未处理木棉纤维下降 76.95%、88.70%、84.35%和 84.35%。

参考文献

[1] George M, Mussone G P, Bressler C D. Modification of the cellulosic component of hemp fibers using sulfonic acid derivatives: Surface and thermal characterization[J]. Carbohydrate Polymers, 2015,134230-239.

[2] Kang S M, Xiao L P, Meng L Y, et al. Isolation and Structural Characterization of Lignin from Cotton Stalk Treated in an Ammonia Hydrothermal System[J]. International Journal of Molecular Sciences,2012,13(11):15209-15226.

[3] Popescu C, Popescu M, Vasile C. Characterization of fungal degraded lime wood by FT-IR and 2D IR correlation spectroscopy[J]. Microchemical Journal,2010,95(2):377-387.

[4] Faix O. Classification of Lignins from Different Botanical Origins by FT-IR Spectroscopy[J]. Holzforschung-International Journal of the Biology, Chemistry, Physics and Technology of Wood, 2009,45(s1):21-28.

[5] Sun R C, Sun X F, Fowler P, et al. Structural and physico-chemical characterization of lignins solubilized during alkaline peroxide treatment of barley straw[J]. European Polymer Journal,2002,38(7):1399-1407.

[6] French D A. Increment in evolution of cellulose crystallinity analysis[J]. Cellulose,2020,27(10):1-4.

[7] Yao W Q, Weng Y Y, Catchmark M J. Improved cellulose X-ray diffraction analysis using Fourier series modeling[J]. Cellulose,2020,27(prepublish):1-17.

第 2 章　木棉纤维获取与基本性能

2.1　木棉果实与纤维分布

生长成熟的木棉果为细长形柱状,见图 2-1(a)所示,长度一般在 100~400 mm,中部周长为 100~180 mm,外皮坚硬,呈淡褐色,表面有凹凸细纹。木棉纤维位于木棉果壳体内侧,如图 2-1(b)所示。手工掰开或用辅助工具打开的木棉果,一般会呈现图 2-1(c)所示的对开形态;用手工或辅助工具去除木棉果的中心部分,再去除木质壁及其上粘连的短绒,如图 2-1(d)所示;去除短绒等芯部物质的木棉果内部结构如图 2-1(e)所示。木棉果内部结构可分为外围层和中心层:外围层是纯净纤维层,厚度约 10 mm,呈紧密折叠的束状,见图 2-1(b)和(f),纤维长度整齐,手扯长度一般在 17 mm 以上;中心层是由短绒、木棉籽、木质壁组成的柱状果芯。纤维层与果芯之间无粘连。果芯被木质壁分为 5 室,如图 2-1(g)所示。长度为 6~10 mm 的短绒包裹着木棉籽,黏附在木质壁上,如图 2-1(d)所示。短绒与木质壁之间的附着力较大,而与木棉籽之间的附着力比较小,轻轻抖动种子,即可使其脱落。由于纤维层的纤维长度与果芯的短绒长度之间的差异很大,两者混在一起,会降低木棉纤维的长度整齐度和利用价值。

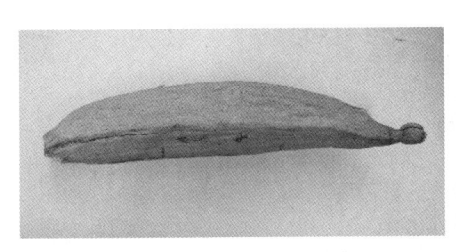

(a) 木棉果外形

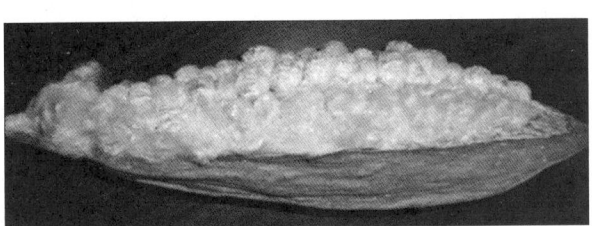

(b) 去掉部分外壳的木棉果

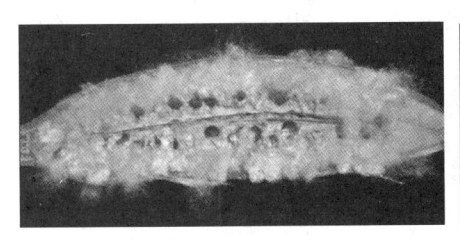

(c) 木棉果内部结构

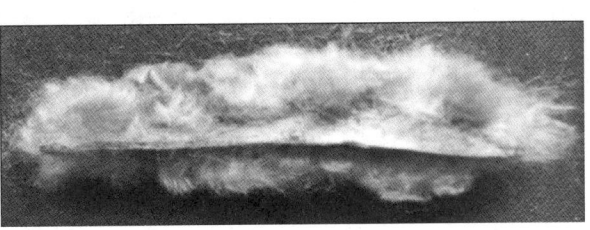

(d) 木棉果芯部的木质壁与其上粘连的短绒

(e) 去除短绒等芯部物质的木棉果内部结构

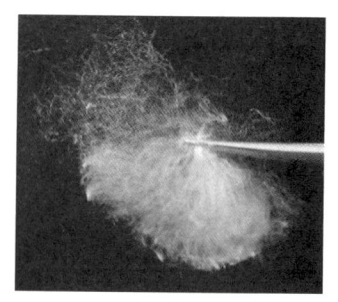

(f) 木棉果壳内壁纤维层中的纤维束

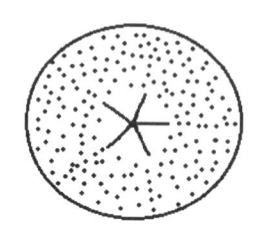

(g) 木棉果横截面(阴影部分为纤维束层,中间为短绒和木棉籽的组合层)

图 2-1　木棉果外形及内部结构

2.2　木棉纤维获取

木棉树均高超过 20 m,因此木棉纤维获取主要有两种途径。一种是木棉果实成熟后裂开,木棉纤维从果实中散出,由于木棉纤维在果壳体内壁的附着力较小,分离较为容易,纤维随风飘落至地面,由人工捡拾。这种途径获取的木棉纤维量有限,很难满足现代纺织加工需求,只能用作填充料,目前在海南、云南红河州等地还有使用。

另一种是半机械化加工木棉纤维原料的方法,主要在印尼和爪哇地区使用,具体步骤如下:

(1) 原料获得。在一根长杆的一端绑上刀片,由此将木棉果割落,再收集起来。

(2) 加工流程及设施。主要加工流程包括晾晒、去壳、脱籽、分级、打包(成品)和再打包(精成品)。

① 晾晒。晾晒需在专门的晾晒厂进行,其尺寸根据加工量和地形条件确定,场地采用平整的水泥地面,全区域覆盖较密的铁丝网,并用木棒、金属柱或水泥柱支撑,支撑高度约为 2.5 m。

② 去壳、脱粒与分级。与木棉果晾晒场紧密连接的是木棉纤维加工厂。木棉果去壳在晾晒场完成,随后纤维连同木棉籽被送入加工厂的第一个车间,在鼓风机的作用下,较轻的纤维向前移动,次轻的纤维紧随其后,而较重的籽粒则留在最后,由此达到脱粒与分级的目的。落在最远端的纤维就是最好的一级品。整个加工过程在密闭环境下完成。

③ 打包。采用打包机打包,每包纤维质量通常为 110～120 kg。包装材料为塑料编织袋,并采用宽约 2 cm 的铁皮带捆扎固定。

2.3 纤维长度

纤维长度是决定纺纱性能的重要指标,它与纺纱工艺密切相关,是确定纤维品质必须检验的项目之一。为准确了解木棉果的纤维长度分布情况,比较不同品种的木棉纤维长度差异。随机采集两个印尼爪哇岛木棉果(吉贝种)及两个海南岛木棉果(木棉种),分别标记为 Y1♯、Y2♯ 及 H1♯、H2♯,其基本信息见表 2-1。沿木棉果长度方向,从头端至根部,将其划分为头、中、尾三个部分,每个部分大约占木棉果长度的 1/3(图 2-2),分别测量各部分的纤维长度。研究内容仅涉及木棉果内的纤维束部分,不包括果实中心的短绒部分。

表 2-1 木棉果基本信息

产地与品种	标记符号	果长/mm	果中部周长/mm
印尼爪哇岛吉贝木棉	Y1♯	204	156
	Y2♯	280	156
中国海南岛攀枝花木棉	H1♯	232	171
	H2♯	305	171

采用逐根测试法对木棉果内纤维长度进行测试。具体测量步骤:用镊子夹取纤维在黑绒板上滑行,使得纤维在绒板绒毛的摩擦力作用下伸直,然后用直尺测量纤维长度,直尺分度为 0.5 mm,测试中目测读数精确到 0.2 mm。GB/T 16257—2008《纺织纤维 短纤维长度和长度分布的测定 单纤维测量法》规定,天然纤维

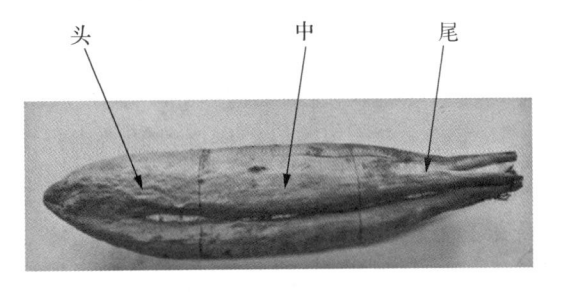

图 2-2 木棉果分段

的测试根数为 500,由于测试中计数纤维的准确根数太耗费精力,实际测试纤维约 500 根。通过此法可直接测得纤维长度根数分布,将纤维视为粗细均匀的等线密度材料,通过换算可得到纤维长度质量分布。基于纤维长度质量分布,可进一步计算木棉纤维的质量平均长度、主体长度、标准差、变异系数及各个长度区间的质量含量。

将试验测得的纤维长度数据分组,长度在 4.5 mm 以下的为第一组,之后每增加 2 mm 为一组,以此类推。由于长度超过 30 mm 的纤维根数很少,因此把 30.5 mm 以上的归为一组。由此得到纤维长度根数分布直方图,如图 2-3 所示。

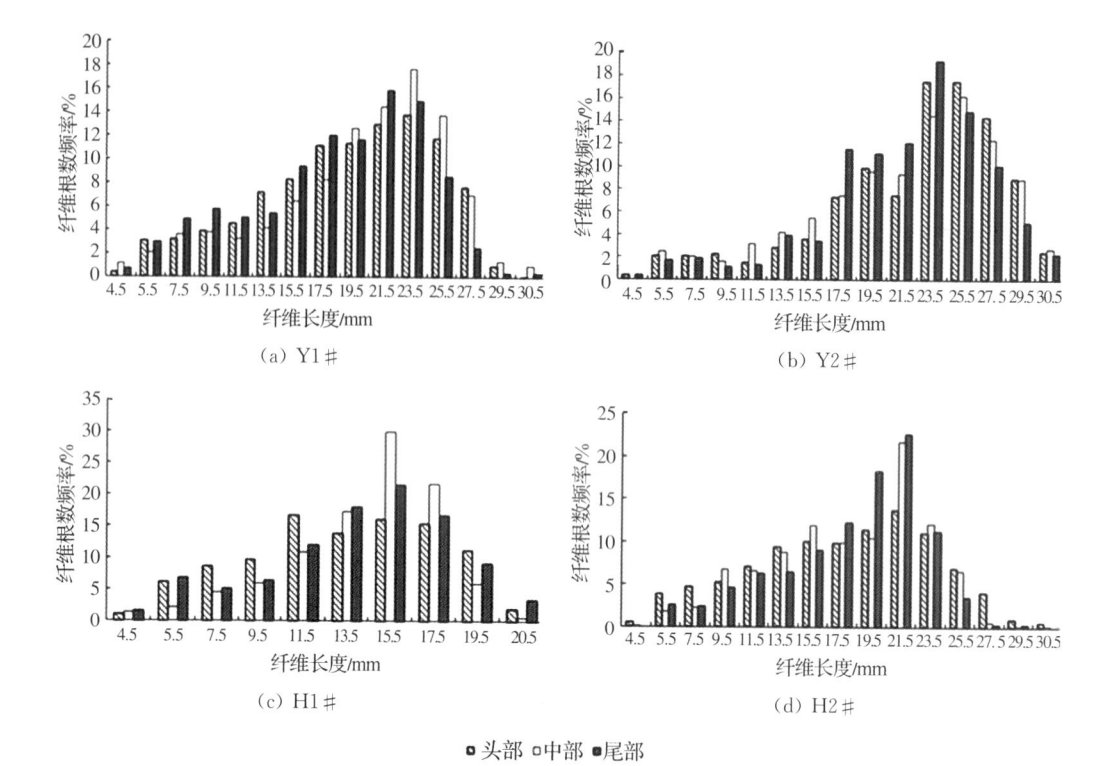

图 2-3 (a)Y1# (b)Y2# (c)H1# (d)H2# ▨头部 ☐中部 ■尾部

图 2-3 木棉纤维长度根数分布直方图

从图 2-3(a)～(d)可看到，无论是印尼木棉还是海南岛木棉，也无论是木棉果的哪个部位，木棉纤维长度根数分布直方图的基本形状一致，呈右偏态分布。另外可看到，较短的印尼木棉果 Y1# 的纤维长度主要分布在 15.5～27.5 mm，较长的印尼木棉果 Y2# 的纤维长度集中在 17.5～29.5 mm；较短的海南木棉果 H1# 的纤维长度集中在 11.5～19.5 mm，较长的海南木棉果 H2# 的纤维长度则在 11.5～25.5 mm。

为进一步比较印尼木棉纤维和海南岛木棉纤维的长度差异，假设木棉纤维粗细均匀，将纤维长度根数分布转换成纤维长度质量分布，进而计算各类纤维长度指标，得到木棉果三个部位的纤维长度，如表 2-2 所示。

表 2-2 木棉果不同部位的纤维长度

木棉纤维编号	根数平均长度/mm	质量平均长度/mm	主体长度/mm	最大纤维长度/mm	纤维长度标准差/mm	纤维长度变异系数/%
Y1#头部	19.13	21.0	23.3	31.6	5.9	31.1
Y1#中部	19.92	21.7	23.2	34.8	6.0	29.9
Y1#根部	18.18	20.0	20.7	34.0	5.8	32.0
Y2#头部	22.33	24.0	25.3	41.6	6.0	26.6
Y2#中部	21.81	23.5	25.5	43.7	6.1	28.0

(续表)

木棉纤维编号	根数平均长度/mm	质量平均长度/mm	主体长度/mm	最大纤维长度/mm	纤维长度标准差/mm	纤维长度变异系数/%
Y2#根部	21.63	23.0	23.9	35.1	5.5	25.2
H1#头部	13.43	14.8	17.1	28.0	4.3	31.6
H1#中部	14.33	15.2	16.0	21.6	3.4	24.0
H1#根部	14.04	15.1	15.9	26.5	4.1	29.7
H2#头部	17.56	19.7	21.9	40.0	6.1	34.8
H2#中部	17.86	19.4	21.6	31.6	5.2	29.3
H2#根部	17.92	19.3	21.2	30.2	4.9	27.6

从表2-2可以看到，印尼木棉纤维的质量平均长度约为20.0～24.0 mm，而海南岛木棉纤维的质量平均长度约为15.0～20.0 mm；印尼木棉纤维的质量平均长度、主体长度都比海南岛木棉纤维的大，说明海南岛木棉纤维偏短。同时可看到，印尼木棉纤维最长可达到43.7 mm，海南岛木棉纤维最长也达到40 mm。

为了给木棉种植业以及纺织应用提供有效的信息，分别设定短绒界限（即纤维长度下限）为10.5 mm、12.5 mm、14.5 mm和16.5 mm，计算印尼木棉果和海南岛木棉果中有利用价值的纤维质量含量，见表2-3和表2-4所示。

表2-3 印尼木棉果中有用纤维质量含量(%)

纤维长度下限/mm	Y1#			Y2#		
	头部	中部	尾部	头部	中部	尾部
>10.5	95.9	96.0	93.9	97.8	98.0	98.4
>12.5	93.2	94.2	90.8	97.0	96.3	97.7
>14.5	88.1	91.4	86.8	95.3	93.8	95.2
>16.5	81.4	86.4	78.8	92.6	89.9	92.8

表2-4 海南岛木棉果中有用纤维质量含量(%)

纤维长度下限/mm	H1#			H2#		
	头部	中部	尾部	头部	中部	尾部
>10.5	85.6	92.5	89.8	93.6	94.7	95.7
>12.5	71.3	83.8	79.9	88.8	90.4	91.2
>14.5	57.5	67.6	62.5	81.7	83.6	86.7
>16.5	39.2	35.2	38.6	72.5	73.1	78.5

从表 2-3 和表 2-4 可以看出,印尼木棉纤维长度在 16.5 mm 以上的质量含量达到 79%～93%,而海南岛木棉纤维长度在 16.5 mm 以上的质量百分含量为 39%～79%。这表明,不同木棉果品种之间存在较大的差异。

综上所述,印尼和海南岛两个产地的木棉比较发现,无论果实长短,海南岛木棉的纤维长度都比印尼木棉的短,且有利用价值的纤维质量含量低,足以看出木棉品种间的差异显著。尽管这两种木棉是目前广为人知的,有一定的代表性,但对于长果木棉及其他木棉品种还需要进一步研究,以便筛选出更优良的木棉品种以及更好地利用木棉纤维。

另外,通过显著性 T 检验,可知木棉果的头部、中部、尾部的纤维长度无显著差异,所以从木棉果中剥离纤维时不需要考虑部位。

2.4 纤维细度

纤维细度也是影响纺织可加工性的非常重要的指标,因此需要纤维直径和纤维线密度这两个指标探讨木棉纤维细度。

2.4.1 纤维直径

针对木棉纤维的高中空结构,可设计一种基于图像技术的测试方法,进而为木棉纤维直径测试方法的建立提供借鉴。

(1) 计算依据。纤维中空度被定义为,从纤维横截面观察,中空部分面积占总横截面积的百分数。木棉纤维是天然的高中空纤维。设木棉纤维的中空度为 80%,壁厚为 a,直径为 d,则根据中空度的定义,得到下式:

$$\frac{\left(\frac{d-2a}{2}\right)^2 \times \pi}{\left(\frac{d}{2}\right)^2 \times \pi} = 80\% \tag{2-1}$$

由式(2-1)计算得到,在中空度为 80% 的情况下,木棉纤维的壁厚 a 与直径 d 的比值 (a/d) 约为 0.053,即当木棉纤维中空度为 80% 或更大时,a/d 小于或等于 0.053。由此可见,木棉纤维的壁厚远远小于其直径。

因此,忽略木棉纤维的壁厚,并假设:将一根未受力的木棉纤维的横截面看作一个空心圆,如图 2-4(a)所示。对此木棉纤维施加压力,将其横截面充分压扁,再将其看作一个短轴长度 a 近似为 0、长轴长度 $L=b$ 的极限椭圆,如图 2-4(b)所示。

被充分压扁的木棉纤维的周长不变,因此有下式:

$$\pi \times d = 2L \tag{2-2}$$

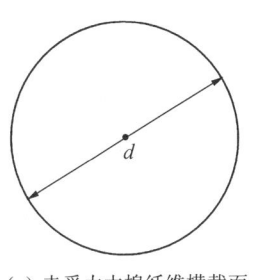

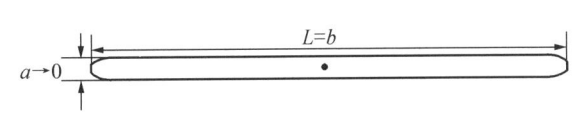

(a) 未受力木棉纤维横截面　　(b) 被充分压扁的木棉纤维横截面

图 2-4　纤维直径测试原理

$$d = \frac{2l}{\pi} \quad (2-3)$$

其中：d 为木棉纤维直径，即待测直径；L 为极限椭圆长轴长度，可以由测量软件直接读取。

（2）试样。产自印尼的 Y1♯木棉纤维和 Y2♯木棉纤维及产自海南的 H1♯木棉纤维和 H2♯木棉纤维。

（3）木棉纤维直径。可使用北昂 F6 纤维细度仪测量木棉果不同部位的木棉纤维被充分压扁后的长轴长度 L。每个木棉果的头部、中部、根部的纤维各制备四个样本，每个样本测试 50 个有效数据，即每个木棉果的头部、中部、根部各测定 200 个有效数据，以充分保证测试结果的稳定性。利用式（2-3），将 L 换算成纤维直径 d。每个木棉果的纤维直径及木棉纤维平均直径统计结果如表 2-5 所示。

表 2-5　不同木棉果及总体木棉纤维直径统计结果

项目	Y1♯	Y2♯	H1♯	H2♯	总体
纤维直径/μm	9.82～20.44	9.87～22.50	11.04～26.96	10.89～28.28	9.82～28.28
纤维平均直径/μm	14.76	15.02	18.38	17.74	16.48

从表 2-5 可以看出，所研究的印尼和海南岛两个产地的木棉纤维的平均直径为 16.48 μm，直径在 9.82～28.28 μm。

（4）不同产地的木棉纤维直径比较。对印尼木棉（吉贝种）和海南木棉（木棉种）纤维的平均直径进行比较，如图 2-5 所示。

从图 2-5 可以很明显地看出，海南木棉纤维的平均直径大于印尼木棉的平均直径，两者相差较大，为 3.17 μm。这说明木棉纤维直径主要与品种有关系，印尼木

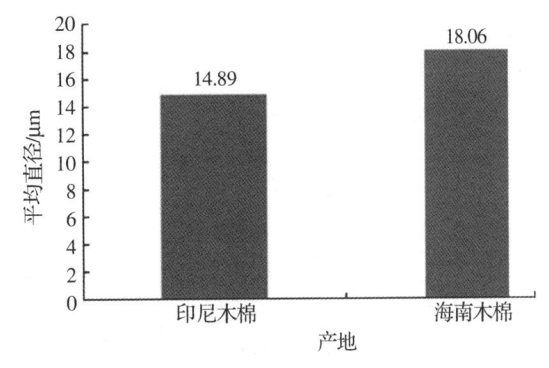

图 2-5　木棉纤维直径与产地的关系

棉为吉贝种木棉，海南木棉为木棉种木棉（攀枝花木棉）。

(5) 木棉纤维直径分布的讨论。根据木棉纤维直径测试计算值，用 Origin 软件绘制出四个木棉果纤维的直径-频率分布如图 2-6 所示，可以发现木棉纤维直径基本服从正态分布。

(a) Y1#木棉纤维直径分布

(b) Y2#木棉纤维直径分布

(c) H1#木棉纤维直径分布

(d) H2#木棉纤维直径分布

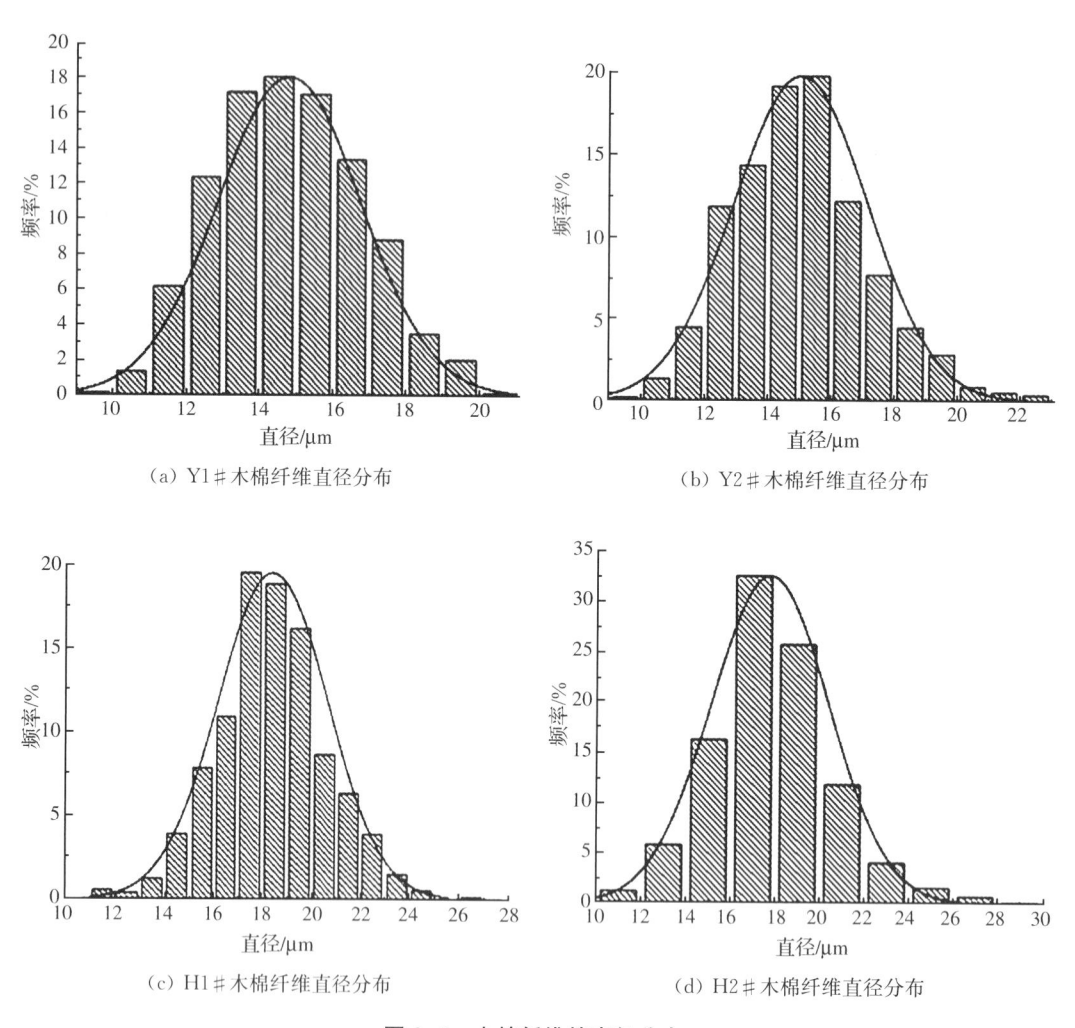

图 2-6 木棉纤维的直径分布

2.4.2 纤维线密度

(1) 试样。产自印尼的木棉 Y1#、Y2# 以及产自海南的木棉 H1#、H2#。

(2) 方法。采用切断称重法，纤维线密度可按下式计算：

$$Dt = \frac{m \times 10^{-3}}{L \times 10^{-6} \times n} \times 10 = \frac{m \times 10^{3}}{n} \tag{2-4}$$

式中：Dt 为纤维线密度（dtex）；m 为中段纤维质量（mg）；L 为纤维切断长度，$L=$

10 mm；n 为纤维根数。

(3) 木棉纤维线密度。对木棉果的头部、中部、根部的纤维各进行四次测试，木棉纤维线密度统计结果如表 2-6 所示。

表 2-6 木棉纤维线密度统计结果

木棉果	部位	平均线密度/dtex	果实平均线密度/dtex	不同部位的变异系数/%
Y1#	头部	0.67	0.68	6.12
	中部	0.73		
	根部	0.65		
Y2#	头部	0.71	0.65	7.99
	中部	0.62		
	根部	0.62		
H1#	头部	1.03	1.08	5.26
	中部	1.06		
	根部	1.14		
H2#	头部	0.80	0.82	5.32
	中部	0.87		
	根部	0.79		
木棉纤维平均线密度/dtex			0.81	—

对比印尼木棉和海南木棉纤维的平均线密度，结果如图 2-7 所示。

从图 2-7 可以看出，海南木棉纤维的平均线密度大于印尼木棉的平均线密度，两者相差 0.28 dtex，进一步说明，产地（品种）对木棉纤维的线密度的大小有较大影响。另外，通过显著性 T 检验，可知木棉果的头、中、尾三个部分的木棉纤维细度无显著差异，木棉纤维直径与生长部位之间没有明显的关系。

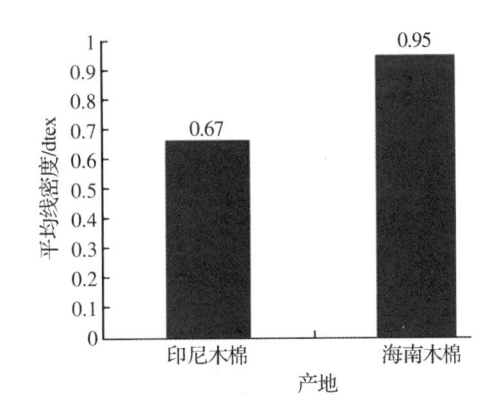

图 2-7 木棉纤维平均线密度与产地之间的关系

2.5 纤维壁厚与中空度

在讨论木棉纤维直径时，忽略了木棉纤维的壁厚，实际上，薄壁大中空是木棉纤维的突出特征之一。本书提出一种木棉纤维壁厚的测试方法,再根据木棉纤维直径和纤维壁厚计算木棉纤维中空度。

2.5.1 纤维壁厚

考虑到目前印尼木棉纤维的用量大和代表性强,试样采用印尼 Y2♯木棉纤维,测试仪器为北昂 F6 纤维细度仪。将取自木棉果头部、中部、根部的木棉纤维分别与染色的羊毛纤维混合,再利用哈氏切片器,逐一制作成纤维横截面切片。将纤维横截面切片放置于显微镜的观察台上,打开纤维图像采集识别平台软件,采集纤维横截面图像,如图 2-8 所示。然后,利用图像测量工具软件测量出木棉纤维的壁厚,如图 2-8 中线标所示。头部、中部、根部的纤维各测试 100 个壁厚数据。

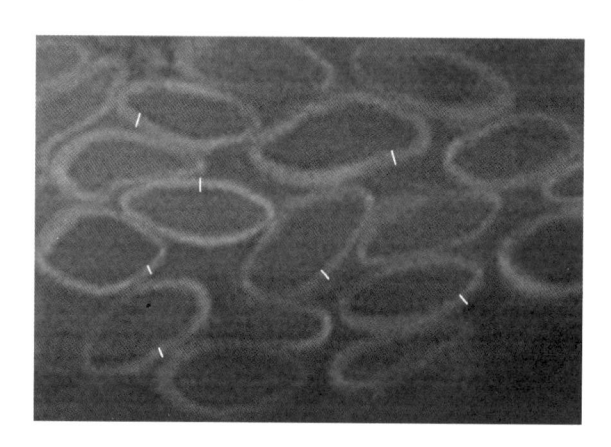

图 2-8　木棉纤维横截面图像采集识别及测量

Y2♯的头部、中部、根部的纤维壁厚统计结果见表 2-7。

表 2-7　Y2♯的木棉纤维壁厚统计结果

部位	平均壁厚/μm	最大值/μm	最小值/μm	CV/%
头部	1.21	1.69	0.80	16.65
中部	1.24	1.69	0.78	14.97
根部	1.19	1.83	0.80	16.07
总体	1.21	1.83	0.78	15.93

从表 2-7 可以看出,Y2♯的木棉纤维的平均壁厚为 1.21 μm,分布在 0.78～1.83 μm。将头部、中部、根部的木棉纤维的平均壁厚以柱状图的形式反映,如图 2-9 所示。

从表 2-7 或图 2-9 都可以看出,头部、中部、根部的木棉纤维的平均壁厚之间差异非常小。通过显著性 T 检验,也可知木棉果头部、中部、尾部的纤维壁厚之间没有显著性差异。将三个部位的木棉纤维壁厚数据合并,绘制出壁厚的频率分布柱状图,如图 2-10 所示。

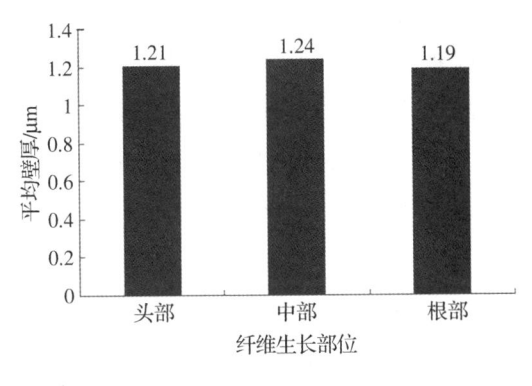

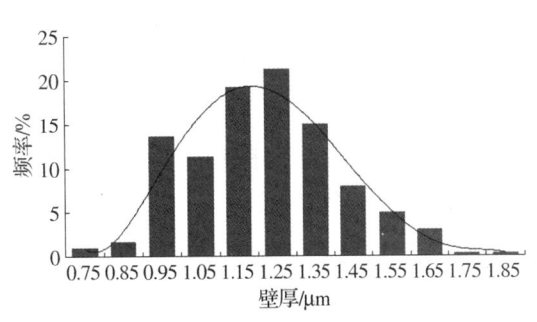

图 2-9　头、中、根部木棉纤维平均壁厚

图 2-10　木棉纤维壁厚分布

从图 2-10 可以看出，木棉纤维的壁厚集中分布在 0.95～1.65 μm，壁厚分布接近正态分布。

2.5.2　纤维中空度

假设未受任何作用力的木棉纤维横截面是一个圆环，木棉纤维的中空度即图 2-11 中阴影部分圆的面积和大圆的面积之比。

根据纤维中空度的定义，可列出式(2-5)。

$$H = \frac{\pi r^2}{\pi R^2} = \frac{\pi \left(\frac{d-2t}{2}\right)^2}{\pi \left(\frac{d}{2}\right)^2} \qquad (2-5)$$

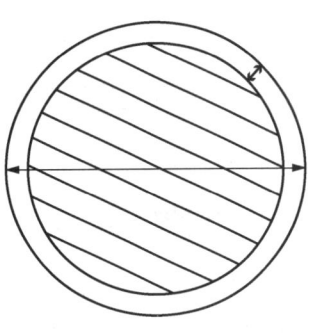

图 2-11　纤维中空度计算

式中：H 为中空度(%)；t 为壁厚(μm)。

由前文可知，Y2#的纤维壁厚范围为 0.78～1.83 μm，该印尼木棉果的纤维直径范围为 9.87～22.50 μm。由于测试时壁厚与直径之间不是一一对应的，因此任何一组壁厚与直径配对的产生概率一致。取 $t=0.78$ μm，$d=22.50$ μm，可计算出可能的最大中空度，$H≈86.6\%$；取 $t=1.83$ μm，$d=9.87$ μm，可计算出可能的最小中空度，$H≈39.6\%$。因此，Y2#的纤维中空度范围为 39.6%～86.6%，说明木棉纤维中空度在一定范围内变化。

2.6　纤维回潮率

参照 GB/T 9995—1997《纺织材料含水率和回潮率的测定》，采用烘箱干燥法测试取自 Y1♯、Y2♯ 的木棉纤维的吸湿性能。先将试样置于 Y802A 恒温烘箱内进行(45±2)℃预烘(0.5~1 h),使纤维回潮率大大低于其标准回潮率;然后将试样取出并快速置于温度为(20±2)℃、相对湿度为(65±5)%的恒温恒湿室内,立即称取试样的初始质量,并尽量使纤维保持蓬松状态;之后每隔 5 min 称取试样的质量并记录,直至试样达到吸湿平衡状态。最后将试样烘干,称取其干燥质量。另取棉纤维和亚麻纤维作为对照样品。

木棉纤维的吸湿曲线如图 2-12 所示。

从图 2-12 可以看出,在初始阶段,木棉纤维的吸湿速率较快,随着时间的增加,回潮率变化逐渐趋缓,约 3.5 h 后可基本达到吸湿平衡。此时,木棉纤维的吸湿回潮率为 9.98%,高于棉纤维(7.52%)和亚麻纤维(8.42%)的吸湿回潮率。

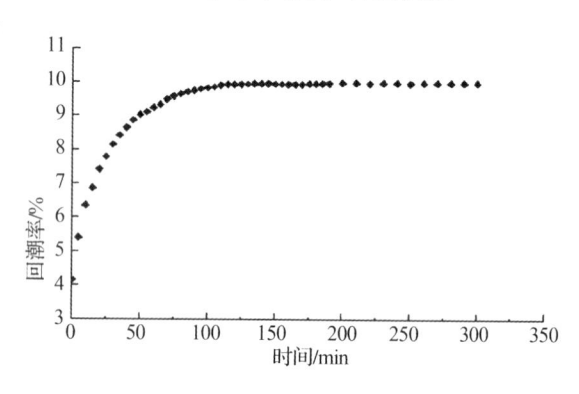

图 2-12 木棉纤维的吸湿曲线

2.7 木棉纤维的力学性能

2.7.1 拉伸性能

采用 XQ-2 型纤维强伸度仪对木棉纤维的拉伸性能进行测试。试样为印尼木棉 Y1♯、Y2♯ 以及海南木棉 H1♯、H2♯。由于木棉纤维的强力较低且易脆断,用张力夹夹起纤维时,只有少数纤维可以承受仪器配备的最小张力夹产生的张力而不断裂,而且这些纤维中只有更少数的纤维可以抵抗气动夹持器引起的最小的瞬时夹持力而不断裂,因此采用"纸夹法",即将木棉纤维固定在剪成 U 形的纸夹上,以起到伸直和保护纤维的作用。制样方法如图 2-13 所示,有效测试根数定为 100。

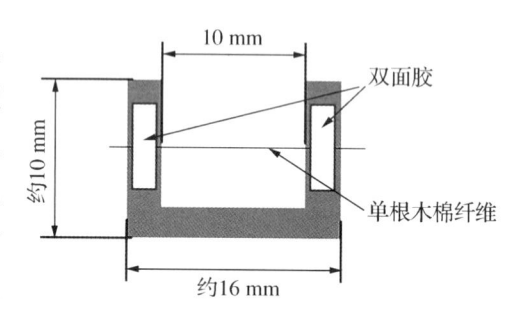

图 2-13 木棉纤维制样方法

木棉纤维的强伸性能统计结果见表 2-8,采用分组绘制柱状图的方法得到四种木棉纤维的断裂强力及断裂伸长率与频率的关系,如图 2-14 和图 2-15 所示,可以发现木棉纤维的断裂强力及断裂伸长率具有一定的离散性,呈正态或偏正态分布。

表 2-8　木棉纤维的强伸性能统计结果

指标		Y1#	Y2#	H1#	H2#	总体
断裂强力/cN	均值	1.40	1.66	2.14	1.55	1.69
	范围	0.71～2.52	0.77～2.93	0.94～3.68	0.90～2.87	0.71～3.68
	CV/%	24.83	26.66	27.86	25.33	26.06
断裂伸长率/%	均值	2.81	3.27	3.26	2.77	3.03
	范围	1.42～4.98	1.52～5.78	1.58～5.62	1.54～5.68	1.42～5.78
	CV/%	21.65	21.56	24.90	20.72	22.95
平均断裂强度/(cN·dtex^{-1})		2.00	2.56	1.98	1.90	2.11
初始模量/(cN·dtex^{-1})		64.54	63.61	51.18	54.73	58.52

(a) Y1#

(b) Y2#

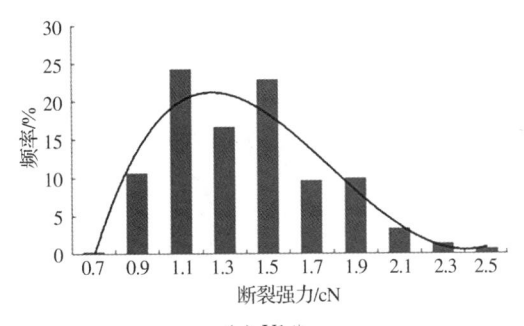

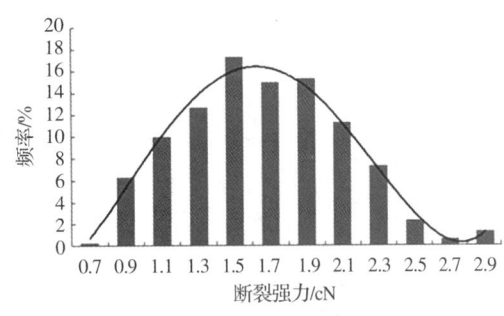

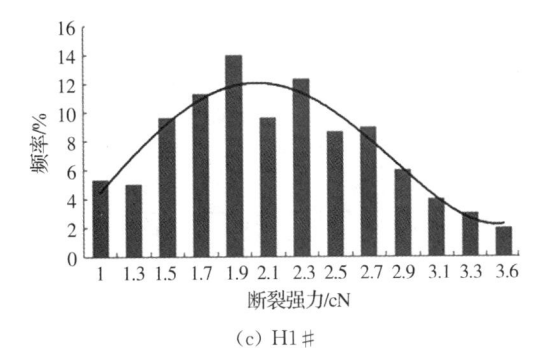

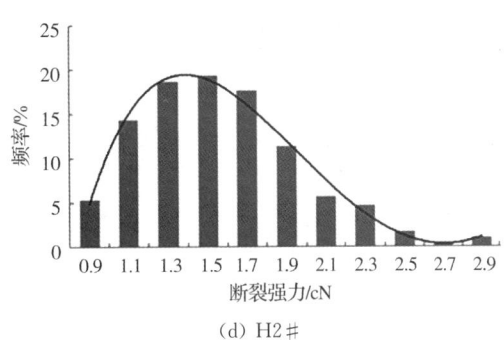

(c) H1#

(d) H2#

图 2-14　木棉纤维的断裂强力分布

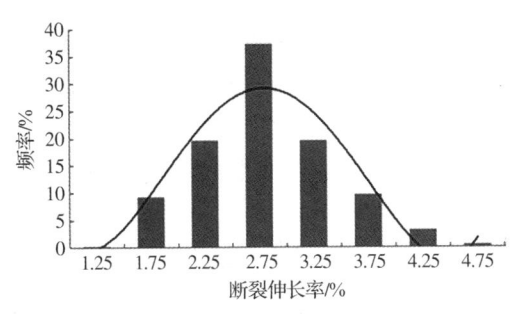

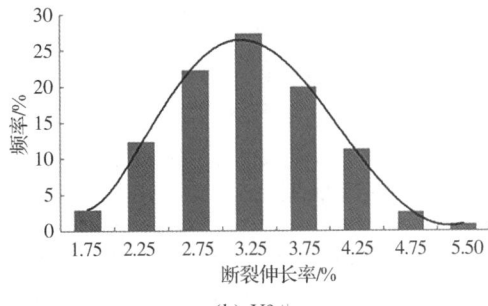

(a) Y1#

(b) Y2#

(c) H1#

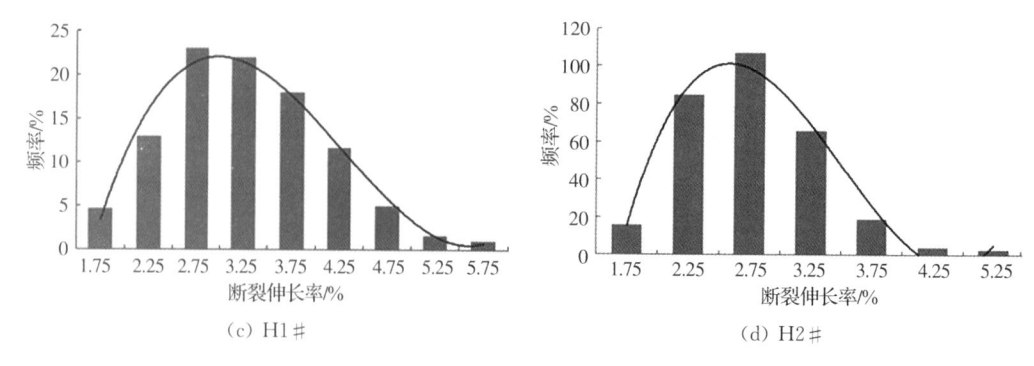

(d) H2#

图 2-15 木棉纤维断裂伸长率分布

2.7.2 弯曲性能

将木棉纤维平行排列成纤维片,利用 KES-FB2 纯弯曲试验仪测试纤维片的弯曲刚度,进而折算单纤维弯曲刚度,并将木棉纤维的弯曲刚度和棉纤维进行比较,为木棉产品的开发提供基础的参考数据。木棉纤维与棉纤维的弯曲刚度如图 2-16 所示。

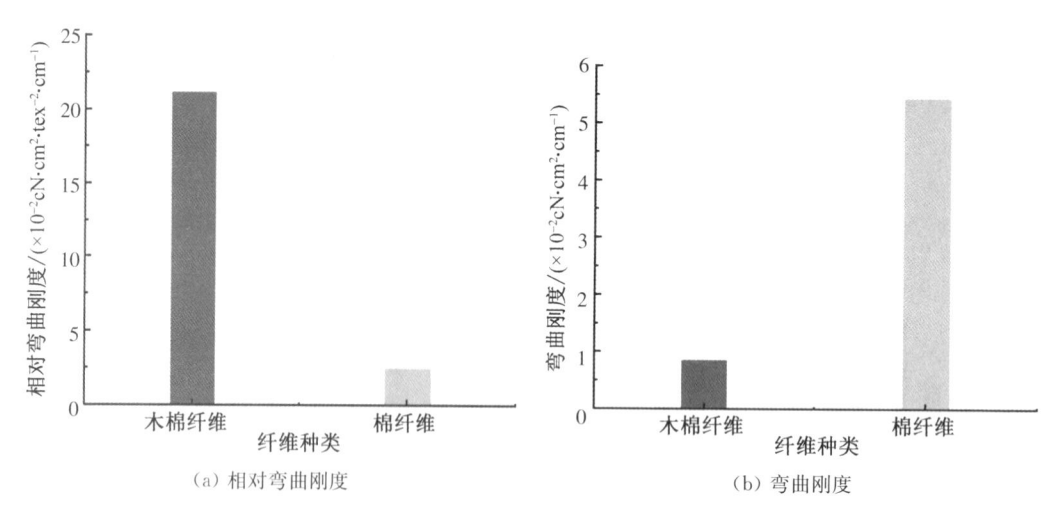

(a) 相对弯曲刚度

(b) 弯曲刚度

图 2-16 木棉纤维与棉纤维的弯曲刚度

从图 2-16 可以看出,木棉纤维的相对弯曲刚度远远大于棉纤维。因此,相较于棉纤维,木棉纤维不易弯曲,因此木棉纤维制品在日常使用中表现出极脆、极易碎的特点。尽管如此,由于木棉纤维的线密度不到棉纤维线密度的一半,单根木棉纤维的弯曲刚度远小于单根棉纤维,因此木棉纤维的手感比棉纤维柔软。

2.7.3 压缩性能

采用 KES-FB3 压缩测试仪测试木棉纤维集合体的压缩性能。试样选取印尼产吉贝木棉纤维。考虑到纤维堆砌形式会对试样压缩性能产生影响,试样形式确定为平行纤维束。对木棉纤维进行干处理、湿处理和加压处理等预处理，具体条件如表 2-9 所示。

表 2-9　压缩性能测试中木棉纤维试样的预处理条件

预处理条件编号	环境相对湿度/%	压力/kPa	加压时间/s
Ⅰ（干处理）	15	0	0
Ⅱ（湿处理）	99	0	0
Ⅲ（加压处理）	99	100	15

表 2-9 中，在预处理条件Ⅰ和Ⅱ的情况下，即木棉纤维未受到压力作用时能够很好地保持木棉纤维中空。此处，利用 JSM-5600LV 型扫描电镜，对预处理条件Ⅲ（即湿处理和加压处理联合作用）情况下集合体内的木棉纤维进行观察，发现其中多数木棉纤维的圆中空结构发生变形。三种不同压缩程度的木棉纤维截面及其纵向形态分别如图 2-17 (a)、(b)、(c)所示。从图 2-17(a)可以看到，未受到压力作用的木棉纤维保持良好的圆形高中空结构，且纵向结构饱满、形态一致，呈圆柱形；而被部分压扁的木棉纤维则呈现出椭圆形截面，并出现压力引起的纵向转曲或扭转，如图 2-17(b)所示，表明木棉纤维气囊内部分空气被挤出；图 2-17(c)展示了完全被压扁的木棉纤维形态，当木棉纤维体中腔内的空气完全被挤出时，纤维体呈现出完全扁平的横截面及条带状腔体，甚至纵向结构出现破损。

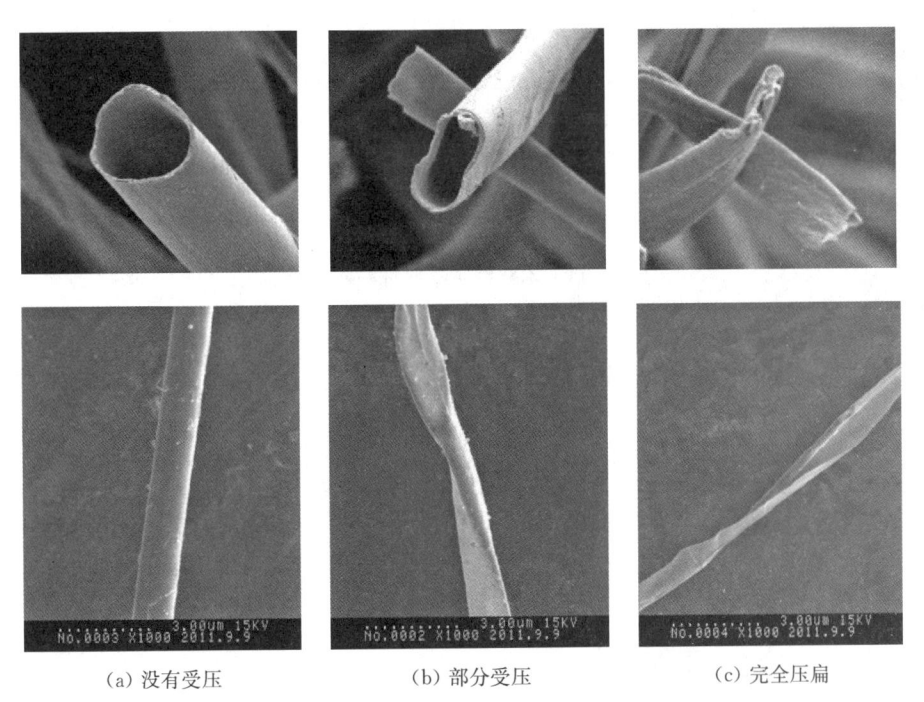

（a）没有受压　　　　　　（b）部分受压　　　　　　（c）完全压扁

图 2-17　不同预处理条件下纤维束内木棉纤维的截面和纵向表面形态

利用 KES-FB3 压缩性能测试仪,在低压缩载荷($0\sim50$ cN/cm^2)下,测试经不同预处理的木棉纤维集合体的压缩性能。预处理条件Ⅰ下,测试木棉试样 15 个,预处理条件Ⅱ和Ⅲ下,测试木棉试样 10 个,测试结果取平均值,结果如表 2-10 所示。可以看出,不同预处理下压缩性能有显著性差异,潮湿状态下的加压处理会对木棉纤维集合体的蓬松结构产生影响,使其压缩曲线呈现出显著变化,进一步说明外加压力作用缩小了潮湿木棉纤维集合体的内部空隙。纺织加工希望保持木棉纤维的圆中空结构时,应该尽量降低环境湿度或纤维回潮率,而需要压扁木棉纤维或压缩木棉集合体时(如纺纱前的纤维预处理、打包)应该提高环境湿度或纤维回潮率。

表 2-10 不同预处理条件下木棉纤维集合体的压缩性能测试结果

预处理条件	压缩功/(cN·cm·cm^{-2})	压缩功回复率/%	蓬松度/(cm^3·g^{-1})	压缩厚度差/mm	最大压力下的试样厚度/mm	压缩曲线的线性度
Ⅰ:RH 15%+0 Pa	9.07	41.83	132.94	11.49	3.26	0.32
Ⅱ:RH 99%+0 Pa	8.49	24.91	125.28	10.92	2.99	0.31
Ⅲ:RH 99%+100 kPa(15 s)	2.35	44.77	35.50	2.24	1.70	0.42

2.8 木棉纤维的功能性

对印尼吉贝木棉纤维的生物功能性进行评价,结果如表 2-11 所示,可以看出,木棉纤维的抗菌、防霉、驱螨及防蛀等性能较好。

表 2-11 木棉纤维功能性检测结果

检测项目	检测依据	检测结果	备注
抗菌性	JIS L 1902:1998 定量试验	(1) 对金黄色葡萄球菌 ATCC 6538P 的杀菌活性值为-1.7,抑菌活性值为 0.6 (2) 对大肠杆菌 NBRC 3301 的杀菌活性值为 2.6,抑菌活性值为 6.0	(1) JIS L 1902 合格标准:杀菌活性值≥0,抑菌活性值≥2.0 (2) 使用的试验菌液中添加了 0.05%界面活性剂(Tween 80)
灭螨驱螨性	参照农业部农药检定所:农药检(生测)函〔2003〕45 号	对照组平皿中螨虫数 345 只,试验组平皿中螨虫数 43 只,驱螨率达到 87.54%	—

(续表)

检测项目	检测依据	检测结果	备注
抗真菌性	ASTM G21:1996	防霉等级达到1级	(1) 评级标准:0—无长霉;1—长霉面积小于10%;2—霉菌生长覆盖面积为10%~30%;3—霉菌生长覆盖面积为30%~60%;4—霉菌生长覆盖面积大于60% (2) 试验菌种:黑曲霉 ATCC 16404,球毛壳菌 GIM 3.52,绿黏帚菌 AS 3.398 7,绳状青霉 GIM 3.103,出芽短梗菌 GIM 3.44
防蛀性	TWC TM25 FZ/T 20004—1991	表面损害为2A级,防蛀合格	—

第 3 章 木棉纤维吸附性能与机理分析

木棉纤维表面有致密的蜡质,天然拒水亲油,木棉纤维细、中空度高使其具有大比表面积,同时为液体运输与储存提供了空间。吸附性能是木棉纤维非常重要的性能,是决定纤维制品性能和用途的重要指标。因此本章将系统阐述木棉纤维吸附性能,并对吸附机理进行分析。

3.1 纤维吸附性能

样品为木棉纤维,采用质量分数为 2%、4%、6%、8% 的 NaOH 溶液处理木棉纤维(分别命名为 AKF-2、AKF-4、AKF-6 和 AKF-8)。液滴在单根纤维上的形态采用接触角测试仪(OCA15EC)上自带的光学显微镜和 CCD 组件观察并记录。首先,将单根纤维的两端固定在样品架上,该样品架可通过自带的水平螺旋杆绷紧纤维,从而保证纤维处于水平状态;然后,使用直径为 3 cm 的聚四氟乙烯导管将加湿器产生的尺度在 1~10 μm 的水雾引导到纤维表面,以模拟微尺度水滴在其表面的凝聚和生长过程;最后,观察并记录液滴在纤维表面扩展到临界尺寸并最终掉落的整个动态过程。

3.1.1 吸附形态

采用导管将液体引导到木棉单纤维表面,液滴在木棉单纤维上生长,呈现出不同的形态,如图 3-1 所示。当液滴完全位于纤维下方时,液滴继续增大直至完全脱落,如图 3-2 所示。

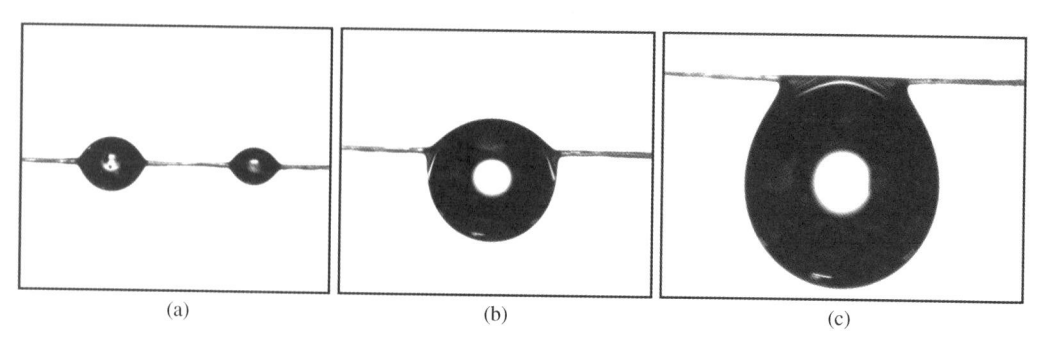

图 3-1 不同体积的液滴在碱处理木棉单纤维上的形态

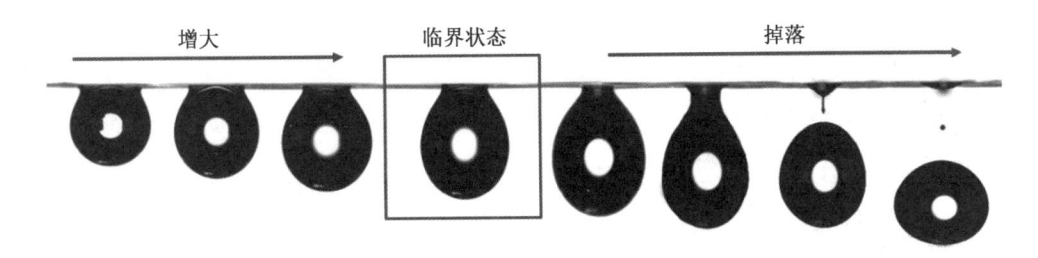

图 3-2　液滴从碱处理木棉单纤维上脱落的过程

根据 Carroll 和 McHale 的研究，一个忽略重力的小液滴在单根纤维上有两种典型形态：一种是对称的贝壳形状，如图 3-1(a)所示；另一种是不对称的贝壳形状，如图 3-1(b)所示。随着液滴质量的增加和重心向下移动，重力的影响变得更加显著，液滴完全在纤维下方，呈现为近似椭球形状，如图 3-1(c)所示。

如图 3-2 所示，当液滴完全在纤维下方时，液滴与纤维之间的三相接触线将随液滴增加而持续收缩。当三相接触线收缩到一定值时，三相接触线上的黏附张力将无法平衡液滴重力，液滴将脱落。液滴在纤维上的平衡状态取决于液滴与纤维之间的相互作用力，即液滴重力等于黏附张力。

3.1.2　三相接触线

在探索纤维和液滴的平衡结构之前，有必要明确三相接触线的结构，因此使用光学显微镜图像观察接触区域，重点关注界面接触区域，如图 3-3 所示。

如图 3-3 所示，对于一个悬挂在纤维上接近阈值的液滴，观察到纤维和液体的接触区域呈现出一个不完全润湿区域，由三部分组成，其中上表面是非润湿的纤维，下表面和末端表面是润湿的纤维。如图 3-3(d)所示，液滴通过两端的接触点悬挂在纤维上。三相接触线结构的形成可能是由于纤维不同部位的曲率存在差异。Lorenceau 等人发现，在锥形纤维上，液滴倾向于自发地从尖端移动到粗端，这归因于液滴内部不同部位的拉普拉斯压力梯度。纤维直径越小，曲率越大，液体的拉普拉斯压力越大，推动液滴不断地从细端移动到粗端。三相接触线结构应该遵循类似的机制。碱处理后的木棉单纤维呈现出不平整和微凹凸的表面，导致了悬挂液滴内部拉普拉斯压力梯度，液滴移动需要克服由中间区域和接触点之间的曲率差异导致的空间势垒。因此，液滴悬挂在接触点的中间区域，从而形成三相接触线的结构。

对于纤维上悬挂的液滴，平衡其重力的力是沿着固-液-气三相接触线的黏附张力。由于纤维长度的不均匀性，纤维对液滴的黏附张力增加。同时，表面能的变化也使得黏附张力增加。与木棉原纤维(表面能为 7.80 mN/m)相比，碱处理木棉纤维的表面能迅速增加到 129.38 mN/m，其中极性成分占表面能的大部分。亲水性羟基的暴露有利于纤维和基质的黏附，促进液体和纤维表面的黏结反应。一方面，这种效应能提高纤维与水滴之间的机械抓握强度；另一方面，它会增强界面之间的相互作用。

(a) 俯视图　　　　　　　　　　　　　(b) 俯视图示意

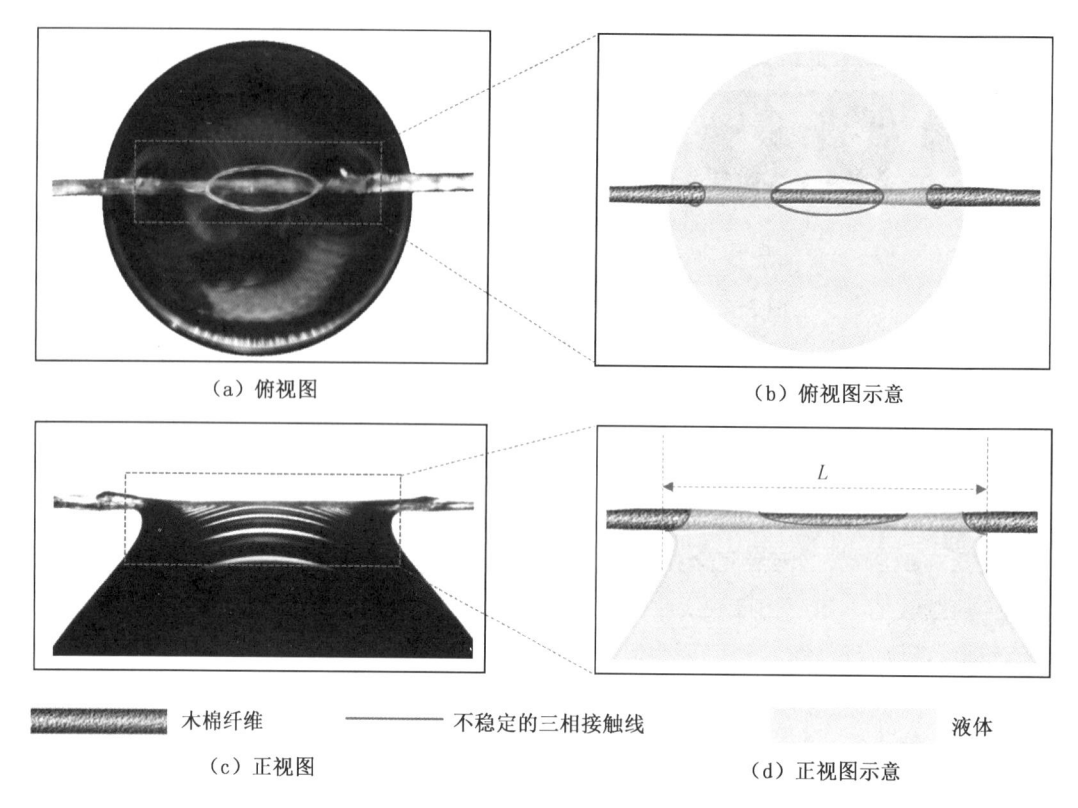

(c) 正视图　　　　　　　　　　　　　(d) 正视图示意

图 3-3　纤维上不稳定的三相接触线：(a)和(c)为高倍率光学显微镜图像；
(b)和(d)为纤维上的润湿区域轮廓

3.2　吸附体积理论

已有文献报道了一种模拟悬挂在单根纤维上的大液滴的方法，认为三相接触线的周长由两个独立的圆形环组成，对应的最大体积 $V_m = \dfrac{4\pi b \gamma}{\rho g}$，其中 ρ 为液体的密度，g 为重力加速度。但是，这种方法对于计算木棉纤维上悬挂的液滴的最大体积存在一定的局限性，并不能准确地描述液体的体积。如前所述，三相接触线由三部分组成，可以描述为沿纤维轴向延伸，而不仅仅局限于被润湿纤维的两个端部，三相接触线的周长可能远大于两个圆环。因此，采用液体的重力等于黏附张力的条件来计算悬挂液滴的体积，如图 3-4 所示。

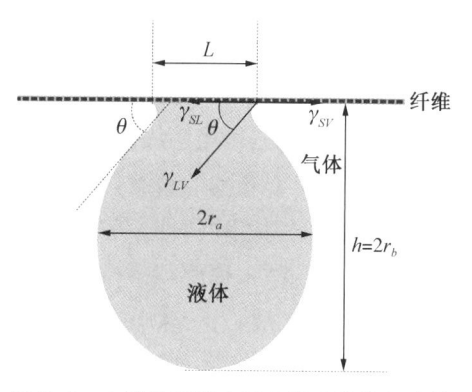

图 3-4　木棉单纤维上悬挂的液滴体积计算

当液滴与纤维表面接触时,液滴保持稳定的润湿状态,根据 Young-Dupre 方程,纤维与液体的黏合张力 F_P 可以表示为下式:

$$F_P = P\gamma_{LV}\cos\theta \tag{3-1}$$

其中:P 为液体与纤维接触的周长;γ_{LV} 为液体-气体间的表面张力;θ 为平衡接触角。

将 P 分为两部分:最外层近似矩形的部分和中间封闭的部分。为了便于液滴体积的计算,用 L 表示两个封闭的三相接触线末端之间接触区域的总长度。最外层近似矩形部分的周长标记为 $2(L+d)$,而中间封闭部分的周长标记为 $2\int_a^b \sqrt{(dx)^2+(dy)^2}$,则 P 可按下式计算:

$$P = 2\left[L + d + \int_a^b \sqrt{(dx)^2+(dy)^2}\right] \tag{3-2}$$

其中:L 和 d 是变量;a 和 b 是常数。

如图 3-4 所示,基于上述观察,可以得到在平衡润湿情况下单根纤维上的液滴接近阈值的形态。即,在重力和黏附张力的共同作用下,液滴呈现平衡状态:

$$P\gamma_{LV}\cos\theta = g\rho V_m \tag{3-3}$$

其中:g 是重力加速度;ρ 是密度;V_m 是接近阈值的液滴体积。

V_m 可按下式计算:

$$V_m = 2\gamma_{LV}\cos\theta \frac{L + d + 2\int_a^b \sqrt{(dx)^2+(dy)^2}}{g\rho} \tag{3-4}$$

由此,可以计算悬挂在碱处理木棉纤维上接近阈值的液滴体积。

3.3 纤维集合体的吸附性能

采用 DCAT11 表面张力仪测试木棉纤维集合体(Kapok、AKF-2、AKF-4、AKF-6 和 AKF-8)对水和两种类人胶原蛋白(Trauer 和 MeiQ)的吸附性能。3 种试验液体的基本性能参数如表 3-1 所示。

表 3-1 试验液体的基本性能参数

类型	密度/(g·cm^{-3})	黏度/(mPa·s)	表面张力/(mN·m^{-1})	pH 值
Trauer	1.00	1.65	48.14	5.42
MeiQ	1.01	20.98	37.90	5.33
水	1.01	1.07	68.38	7.18

首先,将 0.2 g 样品均匀地放入一个圆柱形容器,样品填充密度为 0.084 g/cm³。然后,用样品架将样品容器挂在微量天平下,并将装有测试液的烧杯放置在升降梯上的液体槽中。测试开始后,升降台向上运动,当液面接触到样品管的下方时,液体通过芯吸而渗入样品内部,通过微量天平检测到质量的变化,并实时记录在电脑上。每个样品测试三次,取三次测试结果的平均值。

木棉纤维中腔的吸附性能采用偏光显微镜(ECLIPSE LV 100 POL)进行测试,将待测样品置于载玻片上,并使用一次性移液管滴下液滴,然后观察并记录。

3.3.1 吸附平衡量和吸附平衡时间

通过表面张力仪测试纤维与液体的吸附曲线,得到吸附平衡量和吸附平衡时间,分别用 q_e 和 t_s 表示,如表 3-2 和图 3-5 所示,可以发现,未处理木棉纤维(Kapok)的吸附量约为 0.6 g/g,仅为碱处理木棉纤维吸附量的 1/21。由于 Kapok 的吸附量几乎可以忽略不计,其吸附快速达到平衡,因此,没有进一步分析吸附曲线。

表 3-2 和图 3-5(a)比较了 AKF-2、AKF-4、AKF-6 和 AKF-8 对三种液体的吸附平衡量(q_e)。AKF-2 对水、MeiQ 和 Trauer 的平衡吸附量分别为 12.61 g/g、11.96 g/g 和 12.10 g/g。在相同的填充密度下(0.084 g/cm³),AKF-2 对三种液体的平衡吸附量没有明显差异,最小的平衡吸附量与最大的平衡吸附量相差 0.65 g/g。同样的,AKF-4 对水、MeiQ 和 Trauer 的平衡吸附量分别为 12.58 g/g、12.06 g/g 和 11.64 g/g,AKF-6 对水、MeiQ 和 Trauer 的平衡吸附量分别为 12.61 g/g、11.88 g/g 和 11.63 g/g,AKF-8 对水、MeiQ 和 Trauer 的平衡吸附量分别为 13.04 g/g、12.11 g/g 和 12.01 g/g,与 AKF-2 呈现同样的趋势。

对同一种液体来说,AKF-2、AKF-4、AKF-6 和 AKF-8 的平衡吸附量之间的差异较小。比较 AKF-2 和 AKF-8 的平衡吸附量,差异仅为 0.1 g/g。有研究表明,木棉纤维集合体的吸附性能取决于纤维间有效孔隙体积和中腔结构。因此,由于填充密度相同和孔隙体积相似,上述四种经不同浓度碱液处理的木棉纤维的平衡吸附量差异较小。

表 3-2 和图 3-5(b)比较了 AKF-2、AKF-4、AKF-6 和 AKF-8 对三种液体的吸附平衡时间。AKF-2 对 MeiQ 的吸附平衡时间为 1 399.80 s,对水和 Trauer 的吸附平衡时间分别为 274.80 s 和 300.00 s,比 MeiQ 短 4~5 倍。AKF-4、AKF-6 和 AKF-8 呈现出类似的规律。液体黏度是造成同一种纤维对不同种类液体的吸附平衡时间差异的主要因素。样品对水和 Trauer 的吸附平衡时间相似,因为这两种液体的黏度几乎没有差异,但 MeiQ 的黏度为 20.98 mPa·s,大约是水和 Trauer 的黏度的 20 倍。纤维表面对低黏度液体的附着力弱,对高黏度液体的附着力强。高黏度的 MeiQ 由于附着力强,更容易大量围绕木棉纤维集合体的孔隙周围。当大量液体附着在纤维上时,很容易造成木棉纤维集合体的毛孔堵塞,这也是木棉纤维对 MeiQ 的吸附平衡时间较短的原因之一。

对同一种液体来说,随着碱液浓度的增加,AKF-2、AKF-4、AKF-6 和 AKF-8 的平衡吸附时间呈减小趋势。AKF-2 对 MeiQ 的吸附平衡时间为 1 399.80 s,对水和 Trauer 的吸附平衡时间仅为 274.80 s 和 300.00 s。AKF-4 对水、MeiQ 和 Trauer 的吸附平衡时间分别为 160.20 s、1 050.00 s 和 169.80 s,分别比 AKF-2 短 41.70%、24.99% 和 43.40%。AKF-6 的吸附平衡时间与 AKF-4 的趋势相同,分别比 AKF-2 短 52.62%、42.99% 和 53.40%。AKF-8 的吸附平衡时间与 AFK-2 之间的差距更明显,三种液体的吸附平衡时间分别缩短了 77.07%、49.98% 和 46.80%,因为随着碱液浓度的增加,纤维表面暴露出更多的亲水性基团。

表 3-2 液体在碱处理前后的木棉纤维上的吸附平衡量和平衡时间

样品编号	指标	Trauer	MeiQ	水
Kapok	$q_e/(g \cdot g^{-1})$	0.63	0.70	0.62
	t_s/s	31.00	45.00	36.00
AKF-2	$q_e/(g \cdot g^{-1})$	12.10	11.96	12.61
	t_s/s	300.00	1 399.80	274.80
AKF-4	$q_e/(g \cdot g^{-1})$	11.64	12.06	12.58
	t_s/s	169.80	1 050.00	160.20
AKF-6	$q_e/(g \cdot g^{-1})$	11.63	11.88	12.61
	t_s/s	139.80	798.00	130.2
AKF-8	$q_e/(g \cdot g^{-1})$	12.01	12.11	13.04
	t_s/s	159.60	700.20	63.00

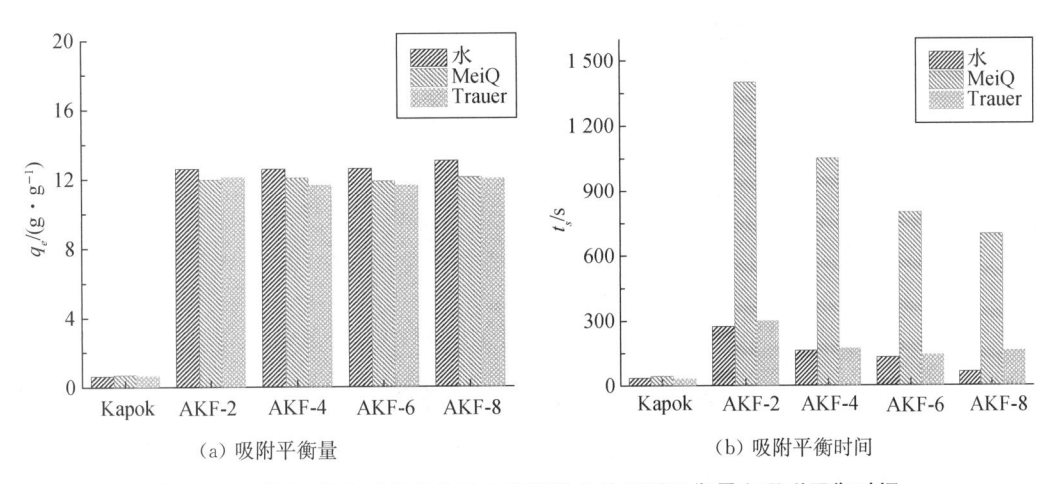

(a) 吸附平衡量　　(b) 吸附平衡时间

图 3-5　不同液体在碱处理前后木棉纤维上的吸附平衡量和吸附平衡时间

3.3.2　吸附动力学

为了考察经不同浓度碱处理的木棉纤维对液体的吸附行为,测试了纤维对液体的吸附质量随时间变化的曲线。如图 3-6 所示,在相同的密度下,AKF-2、AKF-4、AKF-6 和 AKF-8 的吸附曲线存在一定差异。纤维集合体吸附液体时,除了纤维自身会吸附液体,纤维间空隙对于液体吸附也有至关重要的作用。

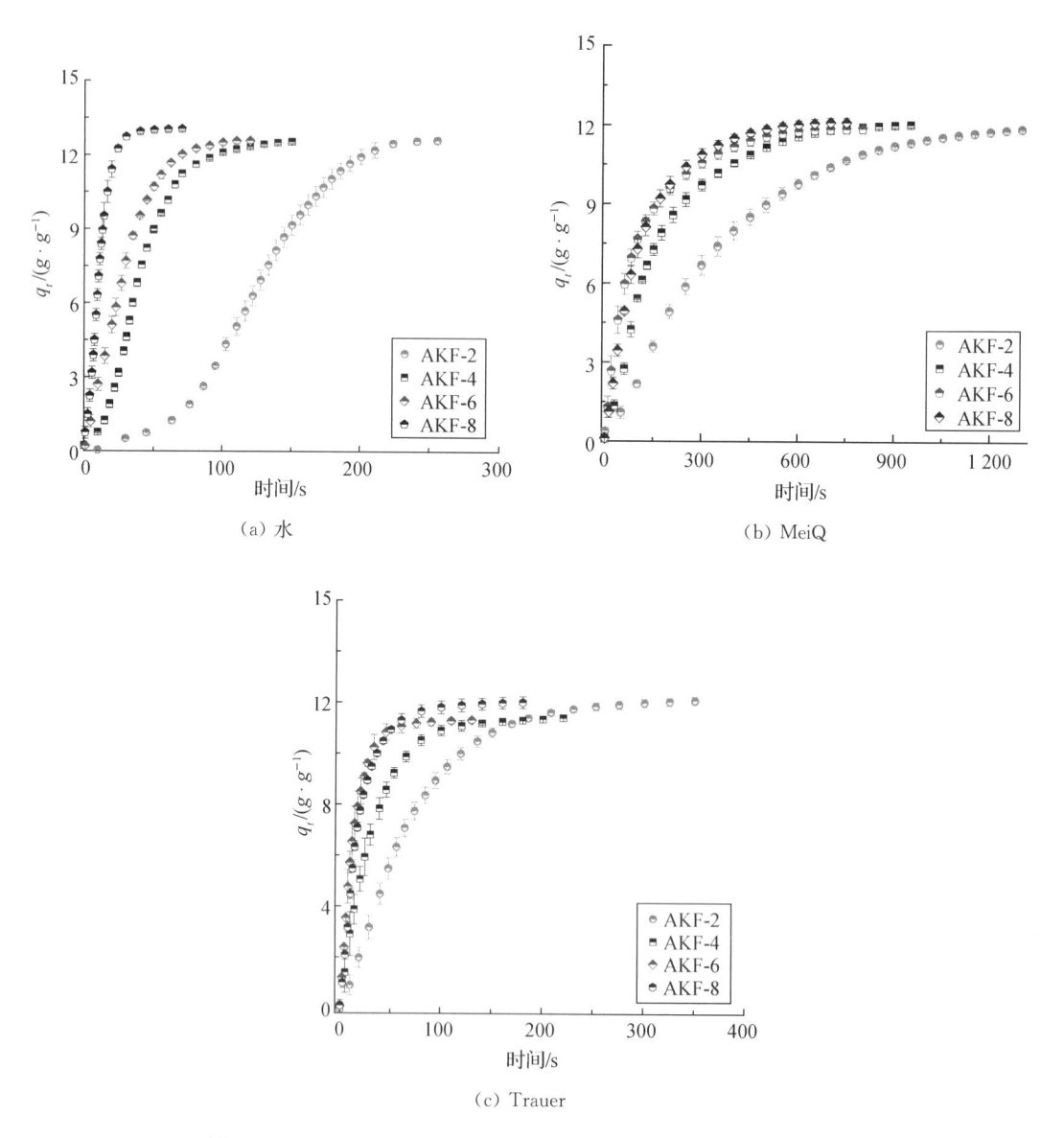

图 3-6 不同碱处理木棉纤维在水、MeiQ 和 Trauer 上的吸附曲线

为了研究不同碱处理木棉纤维对液体的吸附机理,采用吸附动力学模型对吸附曲线进行拟合,通过准一阶动力学模型、准二阶动力学模型和 Weber-Morris 内扩散模型描述吸附过程。

(1) 准一阶动力学模型。准一阶动力学模型是基于固体吸附的一阶速率方程,应用于液相吸附。它是最常见的模型之一,可以用下式表示:

$$\log(q_e - q_t) = \log q_e - \frac{k_f}{2.303}t \qquad (3-5)$$

其中：q_e 为平衡吸附量(g/g)；q_t 为 t 时刻的吸附量(g/g)；k_f 为准一阶吸附动力学常数。

(2) 准二阶动力学模型。准二阶动力学模型是基于化学吸附机理，控制吸附速率的动力学模型。化学吸附主要是指吸附剂与吸附质之间存在电子共享和电子转移。准二阶动力学模型用下式表示：

$$\frac{t}{q_t} = \frac{1}{k_s q_e^2} + \frac{1}{q_e}t \qquad (3-6)$$

其中：k_f 为准二阶吸附动力学常数。

(3) Weber-Morris 动力学模型。Weber-Morris 动力学模型常用来分析反应中的控制步骤，计算吸附剂颗粒的内扩散速率常数，公式如下：

$$q_t = k_{ip} t^{1/2} + C \qquad (3-7)$$

其中：C 为与厚度和边界层有关的常数；k_{ip} 为内扩散速率常数。

准一阶动力学模型的拟合参数如表 3-3 所示，拟合结果如图 3-7 所示；准二阶动力学模型的拟合参数如表 3-4 所示，拟合结果如图 3-8 所示。其中，$q_{e,\exp}$ 和 $q_{e,\mathrm{cal}}$ 分别为试验和模型计算的平衡吸附量，R 为拟合系数。

表 3-3 准一阶动力学模型的拟合参数

吸附剂	吸附质	$q_{e,\exp}/(\mathrm{g \cdot g^{-1}})$	准一阶动力学模型		
			$q_{e,\mathrm{cal}}/(\mathrm{g \cdot g^{-1}})$	$k_f/(\times 10^{-3}\ \mathrm{s^{-1}})$	R^2
AKF-2	水	12.615	12.364	21.991	0.845
	Trauer	11.965	15.528	18.400	0.995
	MeiQ	12.105	13.564	3.039	0.998
AKF-4	水	12.630	12.406	36.251	0.992
	Trauer	11.440	9.153	25.056	0.983
	MeiQ	12.063	12.316	7.254	0.992
AKF-6	水	12.583	12.365	51.112	0.992
	Trauer	11.309	8.574	55.018	0.982
	MeiQ	11.869	12.533	8.198	0.975
AKF-8	水	13.055	12.299	114.632	0.984
	Trauer	12.014	8.592	36.341	0.984
	MeiQ	12.018	12.552	8.544	0.982

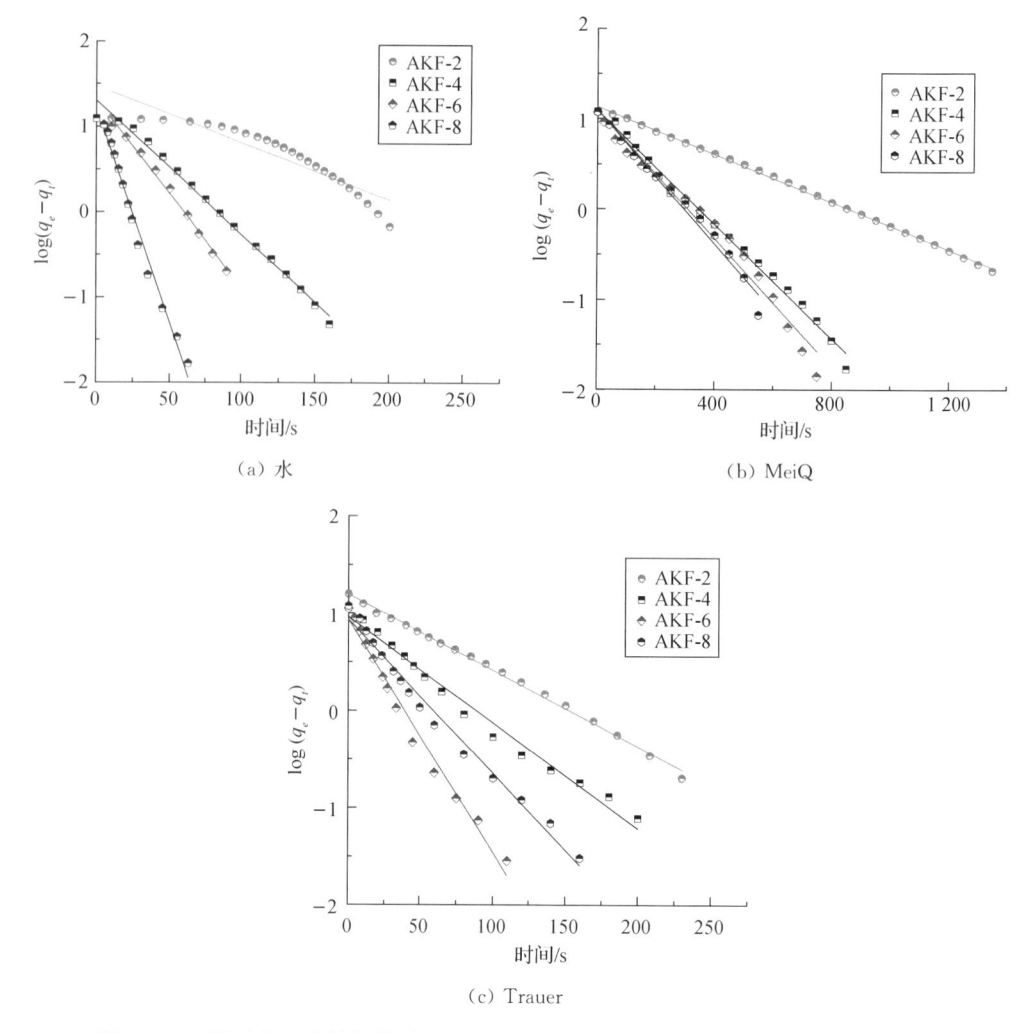

图 3-7 不同碱处理木棉纤维对三种液体的吸附行为的准一阶动力学模型拟合结果

表 3-4 准二阶动力学模型的拟合参数

吸附剂	吸附质	$q_{e,\exp}/(g \cdot g^{-1})$	准二阶动力学模型		
			$q_{e,\mathrm{cal}}/(g \cdot g^{-1})$	$k_s/$ $(\times 10^{-3} g \cdot g^{-1} \cdot s^{-1})$	R^2
AKF-2	水	12.615	6.854	10.962	0.572
	Trauer	11.965	15.318	0.817	0.941
	MeiQ	12.105	15.413	0.174	0.957
AKF-4	水	12.630	35.842	0.774	0.223
	Trauer	11.440	13.349	2.523	0.992
	MeiQ	12.063	13.762	0.556	0.989
AKF-6	水	12.583	21.353	2.178	0.872
	Trauer	11.309	12.766	6.673	0.992
	MeiQ	11.869	12.755	1.316	0.998

(续表)

吸附剂	吸附质	$q_{e,\exp}/(\mathrm{g \cdot g^{-1}})$	准二阶动力学模型		
			$q_{e,\mathrm{cal}}/(\mathrm{g \cdot g^{-1}})$	$k_s/$ $(\times 10^{-3}\ \mathrm{g \cdot g^{-1} \cdot s^{-1}})$	R^2
AKF-8	水	13.055	18.382	2.949	0.887
	Trauer	12.014	13.430	4.603	0.992
	MeiQ	12.018	13.518	0.957	0.992

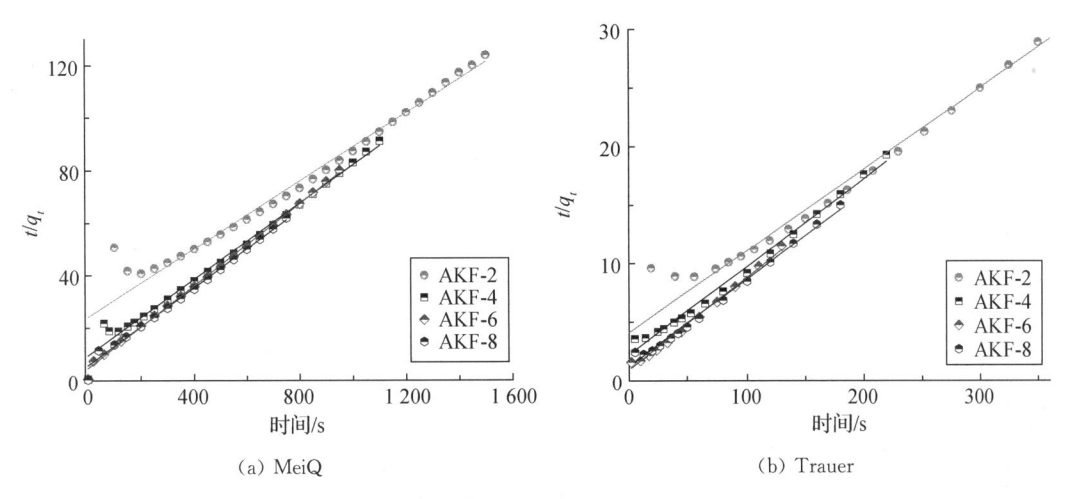

(a) MeiQ

(b) Trauer

图 3-8　不同碱处理木棉纤维对 MeiQ 和 Trauer 的吸附行为的准二阶动力学模型拟合结果

如表 3-3、表 3-4 及图 3-7、图 3-8 所示，在木棉纤维吸附水的拟合试验中，由于两个平衡吸附量（$q_{e,\exp}$ 和 $q_{e,\mathrm{cal}}$）更接近，R^2 的值更高，所以准一阶动力学模型比准二阶动力学模型的拟合效果更好。如表 3-3 和表 3-4 所示，对类人胶原蛋白的拟合结果表明，木棉纤维对其的吸附过程既符合准一阶动力学模型，又符合准二阶动力学模型。因此，木棉纤维对水的吸附更可能是物理吸附而不是化学吸附，这是由范德华效应引起的，而木棉纤维对类人胶原蛋白的吸附则是物理吸附和化学吸附都在发生。

如表 3-3 所示，在准一阶动力学模型中，三种液体的吸附常数 k_f 随液体黏度增加而减小。由于水的黏度最低（1.07 mPa·s），所以其吸附常数最大。这是因为与黏度较低的液体相比，黏度较高的液体在纤维集合体的小孔隙中更难扩散。如表 3-4 所示，在准二阶动力学模型中，吸附常数 k_s 也呈现出与 k_f 类似的变化趋势，结果表明，高黏度液体对纤维的作用力比低黏度液体更强。

采用 Weber-Morris 模型，进一步评价了木棉纤维对三种液体的吸附过程中的表面扩散和间隙扩散，如表 3-5 和图 3-9 所示。在 Weber-Morris 模型中，假设 q_t 和 $t^{1/2}$ 的关系是线性的且经过原点，说明 Weber-Morris 扩散由单一速率控制。

表 3-5 Weber-Morris 模型的拟合参数

吸附剂		AKF-2			AKF-4			AKF-6			AKF-8		
	吸附质	水	Trauer	MeiQ	水	Trauer	MeiQ	水	Trauer	MeiQ	水	Trauer	MeiQ
Weber-Morris 模型	第1阶段 C_1	0.468	0.023	0.178	0.165	0.133	0.072	1.039	0.143	0.219	0.728	0.079	0.038
	K_{WM1} (g·g^{-1}·s^{-1})	0.199	0.267	0.161	0.183	0.698	0.382	1.135	0.965	0.720	1.384	0.668	0.553
	R_1^2	0.850	0.948	0.963	0.963	0.986	0.988	0.924	0.995	0.972	0.959	0.978	0.998
	第2阶段 C_2	16.079	3.014	2.473	7.98	0.989	0.247	4.775	1.103	2.846	5.815	1.294	0.414
	K_{WM2} (g·g^{-1}·s^{-1})	2.030	1.210	0.512	2.328	1.361	0.584	2.237	2.092	0.464	3.886	1.88	0.660
	R_2^2	0.994	0.985	0.987	0.977	0.978	0.952	0.99	0.97	0.962	0.968	0.947	0.957
	第3阶段 C_3	8.113	8.848	7.101	9.891	9.973	7.391	9.512	10.308	10.034	11.835	11.024	8.444
	K_{WM3} (g·g^{-1}·s^{-1})	0.284	0.182	0.133	0.214	0.099	0.165	0.29	0.093	0.064	0.168	0.076	0.146
	R_3^2	0.933	0.886	0.925	0.902	0.942	0.923	0.828	0.82	0.777	0.845	0.92	0.931

(a) 水

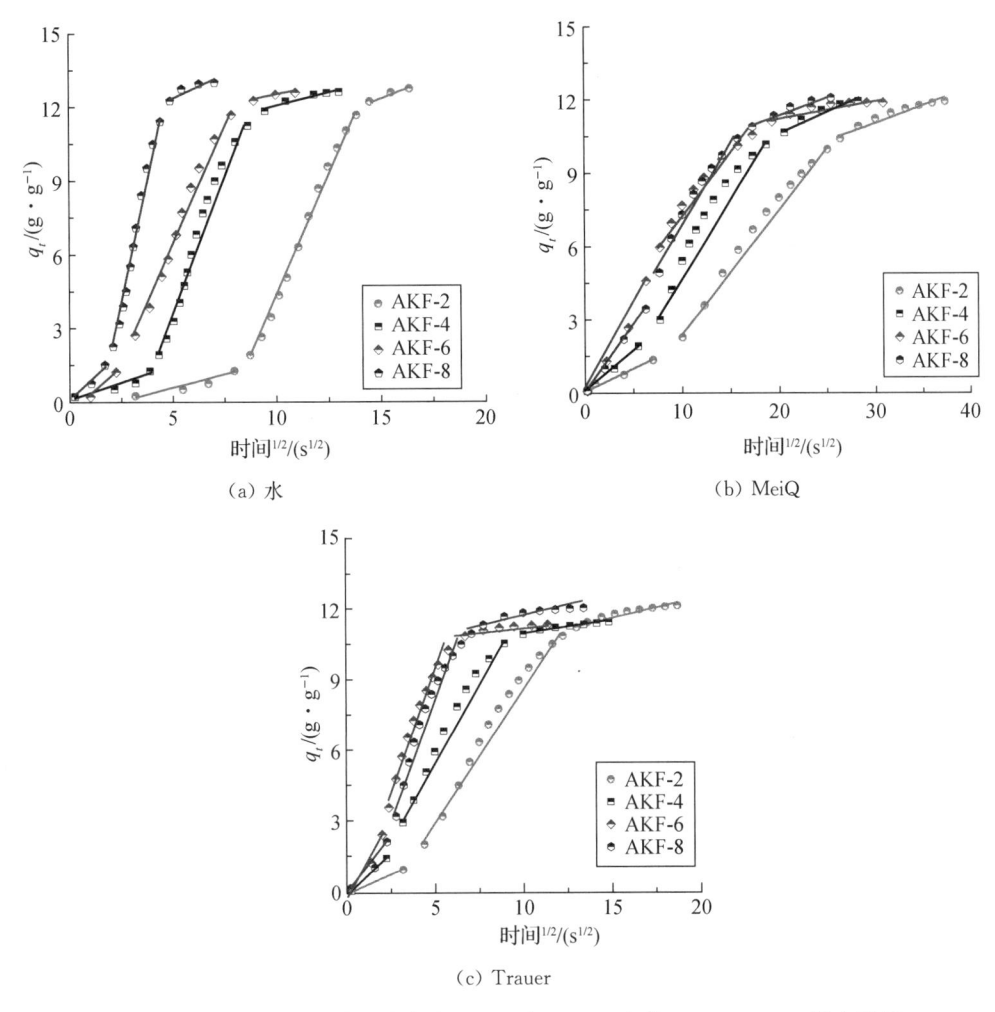

(b) MeiQ

(c) Trauer

图 3-9 不同碱处理木棉纤维在水、MeiQ 和 Trauer 上的 Weber-Morris 拟合结果

如图 3-9 所示，q_t 与 $t^{1/2}$ 呈线性关系，但不经过原点，说明内扩散在吸附步骤发挥了一定的作用，并不是控制吸附阶段的唯一因素，还受到其他吸附阶段的控制。如表 3-5 和图 3-9 所示，q_t 与 $t^{1/2}$ 曲线分为三个线性阶段，说明吸附过程有三个连续的步骤。在三个吸附阶段，即第 1 阶段、第 2 阶段、第 3 阶段，AKF-2 对三种液体的吸附量分别占总吸附量的 7.42%～19.23%、64.38%～84.61% 和 5.55%～16.39%；AKF-4 对三种液体的吸附量分别占总吸附量的 8.74%～24.91%、57.21%～81.08% 和 9.79%～18.73%；AKF-6 对三种液体的吸附量分别占总吸附量 21.49%～50.50%、43.78%～70.57% 和 5.72%～12.29%；AKF-8 对三种液体的吸附量分别占总吸附量的 17.48%～28.90%、55.32%～75.92% 和 5.68%～15.74%。由此可见，在三个吸附阶段中，第 2 阶段是主要吸附阶段。

如表 3-5 所示，吸附常数 k_{ip} 随着液体黏度增加而减小，说明黏度低的液体更容易在纤维中扩散。

由以上分析可知,碱处理木棉纤维对液体的吸附过程既包括表面扩散,也包括纤维内扩散,其中内扩散占主导地位。

3.3.3 吸附过程分析

如图3-10所示,液体在木棉纤维集合体中的扩散过程分为表面扩散、纤维间扩散和中腔扩散三个阶段。

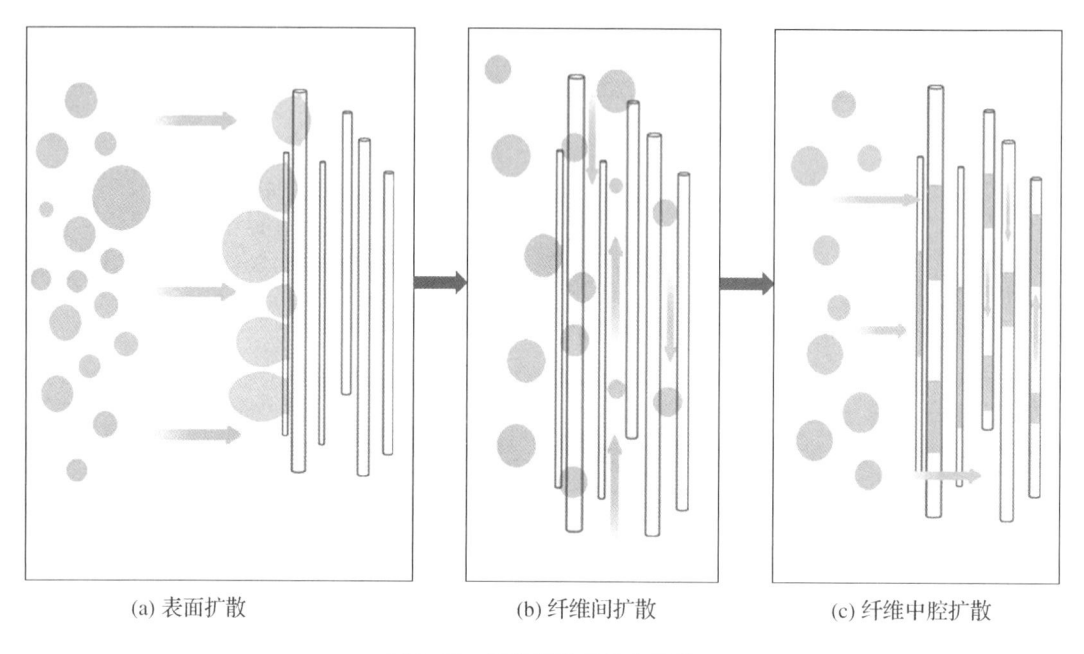

(a) 表面扩散　　　　　　　(b) 纤维间扩散　　　　　　　(c) 纤维中腔扩散

图3-10　液体扩散的三个阶段

如图3-10(a)所示,在表面扩散阶段,液体首先黏附在纤维的表面,并随着液滴的扩散慢慢形成更大的液滴,正如在单纤维吸附形态描述的一般。如图3-10(b)所示,在纤维间扩散阶段,纤维在毛细力作用下产生芯吸现象,导致被吸附的液体分子向纤维深处扩散。如图3-10(c)所示,在纤维中腔扩散阶段,由于纤维细胞壁上存在大量的多级屈曲微孔以及纤维两端有开口,液体分子能够进入纤维中腔,这些微孔连接中空腔和纤维表面之间的液体,形成用于液体流动的微孔通道。需要注意的是,纤维间扩散和纤维中腔扩散是由有效孔隙体积和中腔对液体的毛细作用引起的内扩散。因此,木棉纤维对液体的吸附表现为纤维间孔隙和纤维中腔的双尺度液体吸附行为,这也是木棉纤维具有较好的吸附性能的原因之一。

采用显微镜对液体进入木棉纤维中腔的现象进行观察,如图3-11所示。由图3-11(a)可明显观察到,在自然状态下,木棉纤维中腔被压扁后呈带状。如图3-11(b)所示,在木棉纤维上滴下液体,可以看到纤维慢慢地变成管状,并能明显观察到液体进入纤维中腔。

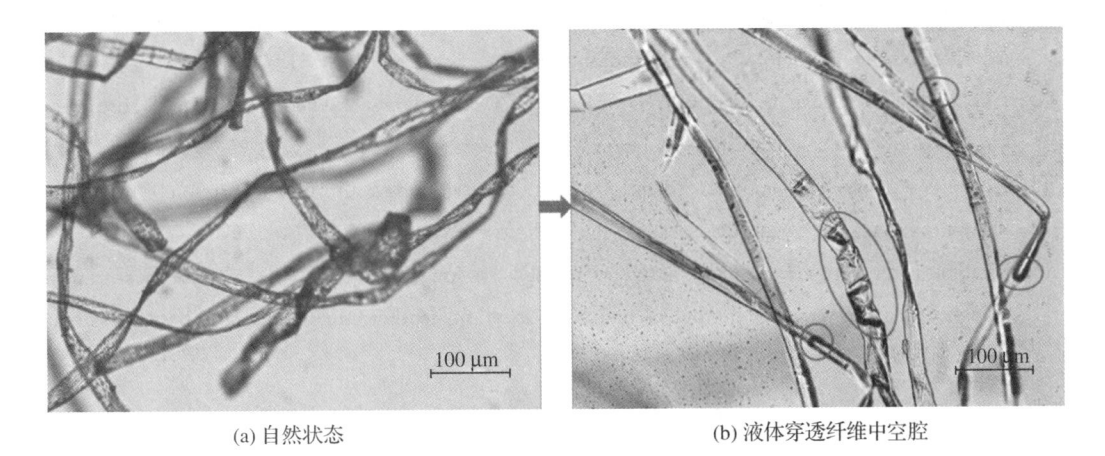

(a) 自然状态　　　　　　　　　　　(b) 液体穿透纤维中空腔

图 3-11　碱处理木棉纤维在自然状态和液体穿透木棉纤维中腔的显微镜图像

参考文献

[1] Carroll B J. The accurate measurement of contact angle, phase contact areas, drop volume, and Laplace excess pressure in drop-on-fiber systems[J]. J. Colloid. Interf. Sci., 1976, 57(3): 488-495.

[2] Carroll B J. Equilibrium conformations of liquid drops on thin cylinders under forces of capillarity. A theory for the roll-up process[J]. Langmuir, 1986, 2(2): 248-250.

[3] Mchale G, Newton M I. Global geometry and the equilibrium shapes of liquid drops on fibers[J]. Colloids & Surfaces A Physicochemical & Engineering Aspects, 2002, 206(1-3): 79-86.

[4] Eral H B, Ruiter J D, Ruiter R D, et al. Drops on functional fibers: from barrels to clamshells and back[J]. Soft Matter, 2011, 7(11): 5138-5143.

[5] Élise Lorenceau, Christophe Clanet, David Quéré. Capturing drops with a thin fiber[J]. Journal of Colloid And Interface Science, 2004, 279(1): 192-197.

[6] Dong T, Wang F M, Xu G B. Sorption kinetics and mechanism of various oils into kapok assembly [J]. Marine Pollution Bulletin, 2015, 91(1): 230-237.

[7] Abdullah M, Rahmah U A, Man Z. Physicochemical and sorption characteristics of Malaysian Ceiba pentandra (L.) Gaertn. as a natural oil sorbent[J]. Journal of Hazardous Materials, 2009, 177(1): 683-691.

[9] Rengasamy R, Das D, Karan P C. Study of oil sorption behavior of filled and structured fiber assemblies made from polypropylene, kapok and milkweed fibers[J]. Journal of Hazardous Materials, 2011, 186(1): 526-532.

[10] Cai Z, Remadevi R, Faruque A A M, et al. Fabrication of a cost-effective lemongrass (Cymbopogon citratus) membrane with antibacterial activity for dye removal[J]. RSC Advances, 2019, 9: 34076-34085.

[11] Tanzifi M, Yaraki M T, Kiadehi A D, et al. Adsorption of Amido Black 10B from aqueous

solution using polyaniline/SiO_2 nanocomposite: Experimental investigation and artificial neural network modeling[J]. Journal of Colloid and Interface Science, 2018, 510: 246-261.

[12] Hubbe M A, Azizian S, Douven S. Implications of apparent pseudo-second-order adsorption kinetics onto cellulosic materials: A review[J]. Bioresources, 2019, 14(3): 7582-7626.

[13] Haque A M N A, Remadevi R, Rojas J O, et al. Kinetics and equilibrium adsorption of methylene blue onto cotton gin trash bioadsorbents[J]. Cellulose, 2020, 27(11): 6485-6504.

[14] Bortoluz J, Ferrarini F, Bonetto L R, et al. Use of low-cost natural waste from the furniture industry for the removal of methylene blue by adsorption: isotherms, kinetics and thermodynamics [J]. Cellulose, 2020, 27(11): 6445-6466.

第 4 章 木棉纱线、织物制造技术与应用

4.1 木棉纱线及其性能

4.1.1 木棉纺纱技术

从纺纱加工的角度来说,木棉纤维由于存在细、轻、短,以及强度低、无天然卷曲、抱合力差、缺乏弹性等缺点,难以单独成纱。同时,在纺纱过程中,木棉纤维的质量损失比较严重。因此,除了对木棉纤维进行纺纱前养生处理外,还需要突破纺纱过程中的关键技术难题,以及对设备适应性进行改造。含木棉纱线因成纱方式不同、工艺不同,其纺纱过程存在一定的差异。

(1) 清花工序。木棉纤维与其他纤维混合,在清棉工序进行混合成卷,采取多松少排的工艺,降低清棉工序中各设备的落棉隔距,除去类似粉尘的短纤维。与木棉混纺的纤维含杂都很少,因此主要作用就是开松混合。由于木棉纤维特别蓬松,易成卷发泡,可在清棉机上的成卷部位少量喷雾,并采取重加压工艺。

(2) 梳棉工序。梳棉工序的主要任务是增加单纤维混合度,同时去除木棉中的超短纤维。木棉纤维的短绒率较高,既要落下 5 mm 以下的短纤维,又要保留较长纤维,进而能顺利成条。其他纤维和木棉纤维混合,可起到骨架作用。在梳棉工序要增加落棉,包括车肚和盖板花等落物。木棉纤维质轻,很容易随气流转移,故而在后车肚仍要采用低刀、大角度的工艺,以去除细杂和超短绒。盖板是去除短绒最有利的地方,所以盖板花要尽量多落。盖板速度调到最大,前上罩板隔距也调到最大,并与锡林间加强分梳。盖板针布采用加密型,使纤维尽可能分离成单纤维状。锡林和刺辊的速度要低,以减少纤维损伤。

(3) 并条工序。并条工艺对成纱条干有关键性的影响,特别是牵伸倍数及其分配、罗拉隔距,它们会直接影响熟条的条干和平行伸直度。木棉纤维的长度整齐度较差,与之混纺的纤维长度大、长度整齐度高,所以并条工艺要兼顾二者,以降低质量不匀为重点,提高纤维平行伸直度。由于木棉的吸放湿性能好而且质轻,纤维易飘散,在并条工序应采用局部加湿的措施,将相对湿度控制在 70% 左右。

(4) 粗纱工序。粗纱工序的主要任务是进一步提高纤维平行伸直度,改善条干,控制伸长率。粗纱工序宜采用"重加压、低速度、轻定量、小张力、大捻度"的工艺原则。粗纱卷装不宜过大,并结合较大的轴向卷绕密度,可减少细纱退绕时的意外张力和断头,影响细纱的正常纺纱。粗纱捻系数宜偏大控制,采用较小的粗纱张力,防止粗纱意外伸长而产生细节,恶化成纱质量。要发挥主牵伸区的主导作用,在能牵伸开的情况下,仍然尽量采用小隔距,有利于控制浮游纤维。后区隔距适当放大,可保证纤维在后区充分伸直,并减少纤维损伤。

(5) 细纱工序。细纱工序主要以降低成纱毛羽、条干不匀、细节、粗节为重点。使用紧密纺技术可大幅减少成纱毛羽;采用较慢的车速、较小的后区牵伸倍数、合适的罗拉隔距、罗拉加压,保证成纱条干优良;成纱捻度偏大掌握,以保持须条间的紧密度,增加纤维间的抱合力,提高成纱强力。在专件的选用上:牵伸区以尽可能控制摩擦力界、缩小浮游区长度为原则;选用带压力棒隔距块、低硬度高弹性胶辊,降低条干不匀;卷捻部分,钢领选用自润滑功能较强的合金材质,钢丝圈选用光洁度高、耐磨性好的,同时钢丝圈偏重掌握,控制气圈,降低毛羽。

(6) 络筒工序。络筒工序采用"低速度、小张力"的工艺原则,合理配置电清工艺,以减少纱疵,保证成纱质量。

4.1.2 木棉/棉混纺纱线结构与性能

采用山东某企业纺制的木棉/棉混纺纱线,对比分析木棉/棉(20/80)混纺纱线与棉纱线的性能,纱线规格参数如表4-1所示。

表4-1 纱线规格参数

纱线编号	原料混比/%	线密度/tex	捻度/(捻·m^{-1})	捻系数	纺纱方式
1#	木棉20/棉80	16.0	1 115.30	185.90	紧密纺
2#	木棉20/棉80	14.2	1 151.12	182.00	紧密纺
3#	木棉20/棉80	11.1	1 236.12	174.80	紧密纺
4#	木棉20/棉80	9.1	1 331.38	171.90	紧密纺
5#	棉100	16.1	902.54	150.42	环锭纺
6#	棉100	14.5	863.44	136.62	环锭纺
7#	棉100	11.4	1 052.20	148.83	环锭纺
8#	棉100	9.1	1 178.10	152.09	环锭纺

(1) 纱线形态结构。采用扫描电子显微镜观察纱线纵向和截面形态,其中纱线横截面采用哈氏切片器制样。由图4-1和图4-2可以发现,木棉纤维分布在木棉/棉混纺纱线的外部,木棉纤维虽被不同程度地压扁,但仍有较大的中空结构。

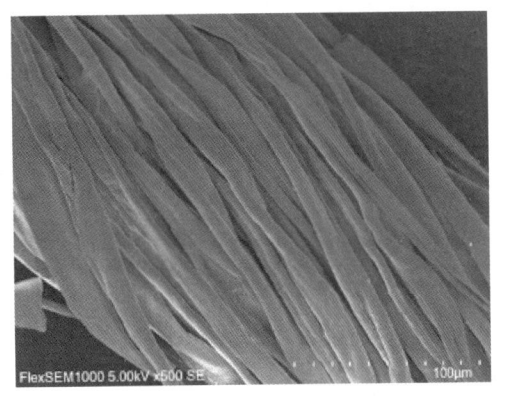

(a) 放大 100 倍　　　　　　　　　　(b) 放大 500 倍

图 4-1　木棉/棉混纺纱线纵向表面形态

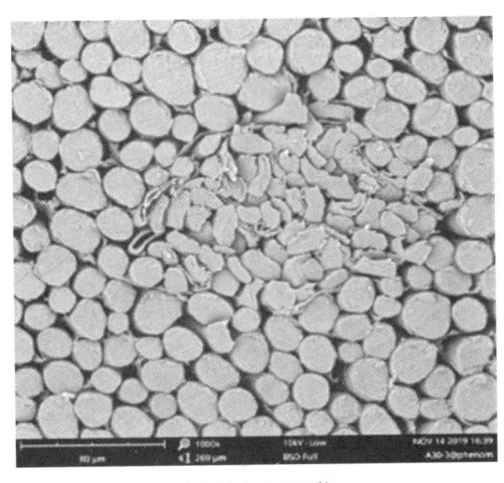

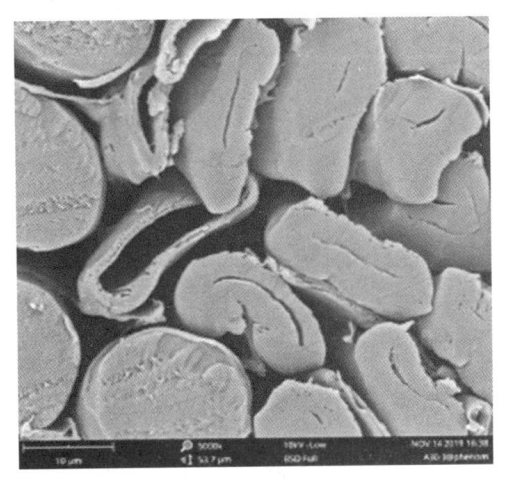

(a) 放大 1 000 倍　　　　　　　　　(b) 放大 5 000 倍

图 4-2　木棉/棉混纺纱线截面形态

(2) 条干均匀度。纱线条干均匀度用纱线条干变异系数,即条干 CV 表征。根据乌斯特条干均匀度测试指标,选择千米细节(-30%)、千米细节(-40%)、千米细节(-50%)、千米细节(-60%)、千米粗节(+35%)、千米粗节(+50%)、千米粗节(+70%)、千米棉结(+140%)、千米棉结(+200%)9 个衡量指标,结果如表 4-2 所示。

表 4-2　纱线条干均匀度

纱线编号	1#	2#	3#	4#	5#	6#	7#	8#
CV/%	15	16	18	19	11	12	14	15
千米细节(-30%)	169	121	86	119	21	29	65	68
千米细节(-40%)	42	31	77	69	5	14	50	52
千米细节(-50%)	7	8	4	32	0	7	28	3

(续表)

纱线编号	1#	2#	3#	4#	5#	6#	7#	8#
千米细节(-60%)	1	3	1	5	0	0	3	1
千米粗节(+35%)	46	46	20	37	14	18	33	19
千米粗节(+50%)	10	12	31	36	1	8	30	25
千米粗节(+70%)	29	5	7	16	3	3	8	4
千米棉结(+140%)	74	67	62	53	62	60	30	44
千米棉结(+200%)	44	11	30	14	8	8	12	18

由表4-2给出的纱线粗细节分布可知,木棉/棉混纺纱线的条干不匀率略大于纯棉纱线的条干不匀率,木棉/棉混纺纱线的粗节和细节比纯棉纱线多,八种纱线的粗细节主要集中在40%以内,对于后期上机织造的影响不大。

(3) 毛羽。纱线毛羽指数分布如图4-3所示。可以看出,木棉/棉混纺纱线的表面主体为1~2 mm的毛羽,毛羽数量大于纯棉纱线。

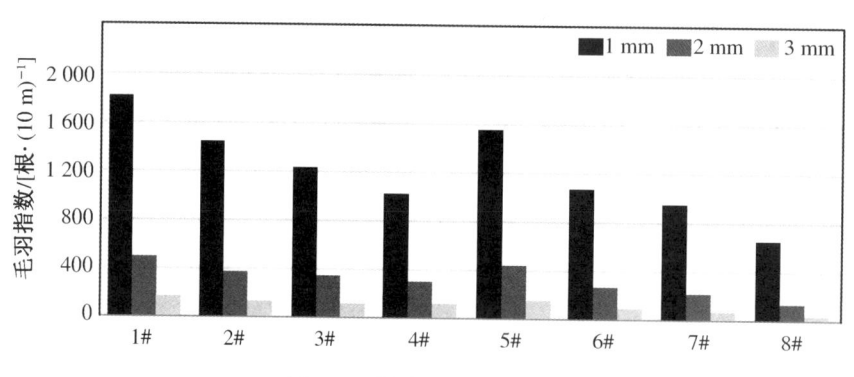

图4-3 纱线毛羽指数分布

(4) 强伸性。木棉/棉混纺纱线和棉纱线的强伸性能如表4-3所示。可以看出,木棉/棉混纺纱线与棉纱线的断裂强度和断裂伸长率均在一定范围内波动,从数值上看,存在一定的差异。

表4-3 纱线强伸性能

纱线编号	断裂强力/cN	断裂强度/(cN·tex^{-1})	断裂伸长率/%
1#	256.13	16.00	6.46
2#	294.37	20.73	6.37
3#	224.96	20.27	5.69
4#	170.23	18.71	5.33
5#	204.55	12.63	6.27

(续表)

纱线编号	断裂强力/cN	断裂强度/(cN·tex^{-1})	断裂伸长率/%
6#	257.30	17.62	5.77
7#	167.20	14.41	4.76
8#	151.35	16.65	4.89

4.2 木棉纱线及织物后整理技术

木棉纤维表面存在硅烷、脂肪酸等蜡质组分，亲水性较差，大分子依附性不好，染色前要进行前处理，以清除这些杂质。前处理能去除木棉纤维表面附着的蜡质和油污等杂质，提高纤维表面的大分子附着力，使得染料中的大分子能充分进入木棉纤维的纤维素大分子孔隙。

4.2.1 碱处理对含木棉纱线性能的影响

（1）碱煮练对不同木棉含量的纱线性能的影响。采用不同混纺比的 28 tex 木棉/棉混纺纱线，进行碱煮练加工，测试纱线的失重率、断裂强度和芯吸高度（毛效），结果如表4-4所示。

表4-4 碱煮练加工后木棉/棉混纺纱线的性能

原料配比/%	性能	碱液浓度/(g·L^{-1})				
		0	4	6	8	10
棉100	失重率/%	0	6.8	7.2	7.5	7.6
	断裂强度/(cN·tex^{-1})	15.42	15.74	15.76	15.80	15.72
	芯吸高度/cm	0	7.6	8.0	8.7	9.1
木棉40/棉60	失重率/%	0	7.5	7.9	8.35	8.4
	断裂强度/(cN·tex^{-1})	14.85	15	15.05	15.17	14.98
	芯吸高度/cm	0	8.0	8.3	8.9	9.3
木棉60/棉40	失重率/%	0	9.3	9.7	10.12	10.2
	断裂强度/(cN·tex^{-1})	12.73	12.84	12.9	12.93	12.8
	芯吸高度/cm	0	9.3	9.8	11.3	11.7
木棉70/棉30	失重率/%	0	10.2	10.52	10.9	11.05
	断裂强度/(cN·tex^{-1})	10.47	10.56	10.62	10.68	10.4
	芯吸高度/cm	0	9.8	10.5	11.4	11.9

由表4-4可知，当碱液浓度≤8 g/L时，随着碱液浓度提高，各类纱线的失重率、芯吸高度、纱线强度均不同程度地增大；当碱液浓度超过8 g/L时，继续增加碱液浓度，纱线的芯吸高度、失重率趋于稳定，纱线强度出现下降趋势。

（2）碱丝光对不同木棉含量的纱线形态结构的影响。选取在NaOH溶液浓度为8 g/L条件下经过碱煮处理的木棉/棉混纺纱线，以不同的碱液浓度（180 g/L、220 g/L、250 g/L、280 g/L）进行丝光处理，采用扫描电镜观察处理前后纱线表面结构特征，部分结果如图4-4所示。

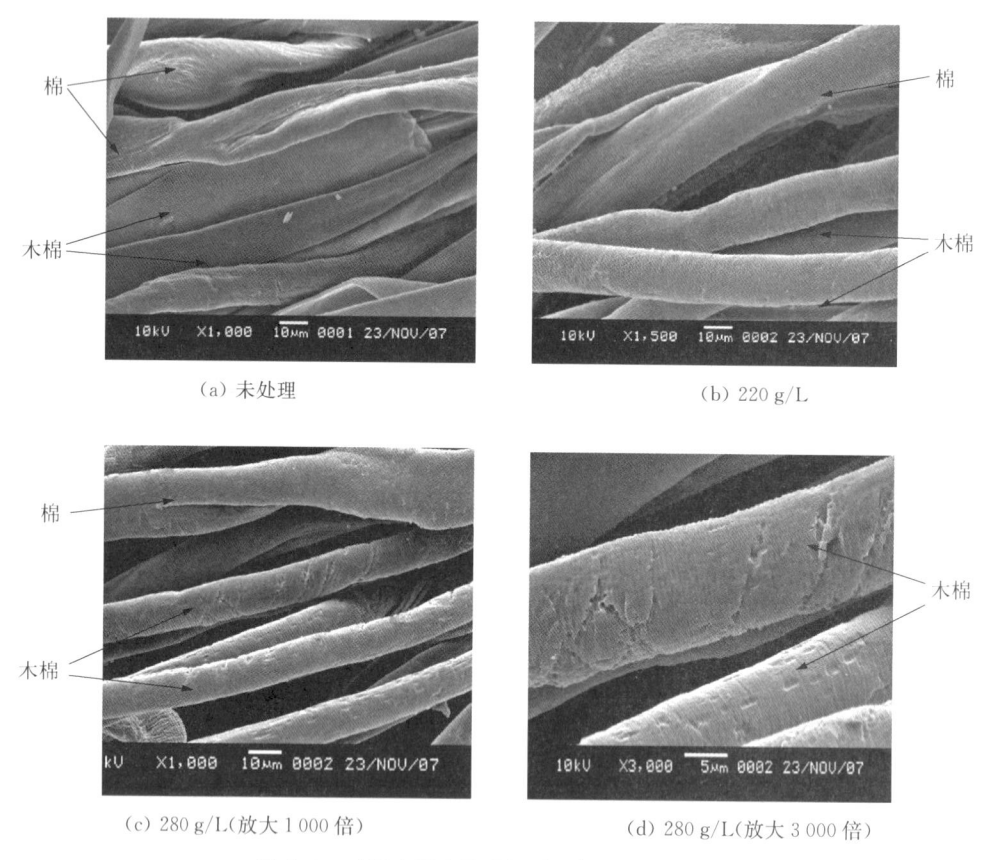

(a) 未处理

(b) 220 g/L

(c) 280 g/L(放大1 000倍)

(d) 280 g/L(放大3 000倍)

图4-4 碱丝光后木棉/棉混纺纱线的纵向形貌

图4-4(a)所示为未经丝光处理的木棉/棉混纺纱线，棉纤维表面卷曲且没有明显的纤维素微纤结构，微纤的取向角为20°～25°；而木棉纤维表面光滑、扁平、平直、无卷曲，没有纤维素微纤结构。图4-4(b)所示为以220 g/L的NaOH溶液进行丝光处理后的木棉/棉混纺纱线，木棉纤维和棉纤维都发生溶胀效应，纤维圆滑，木棉纤维由扁平恢复到原中空结构，棉纤维的卷曲减少。图4-4(c)所示为以280 g/L的NaOH溶液进行丝光处理后的木棉/棉混纺纱线，木棉纤维表面具有较棉纤维更加明显的凹凸不平的斑痕和坑穴，部分木棉纤维出现破损，如图4-4(d)所示，说明木棉纤维的耐碱性不如棉纤维，原因是木棉纤维的结晶度较棉纤维低。在较高的碱液浓度下，碱液中的—OH具有更高的扩

散能力和水解能力，有结构较疏松的木棉纤维表面的非结晶区域和结晶有缺陷区域的大分子链被碱剂水解而溶蚀，产生斑痕和坑穴，甚至出现破裂。因此，对含木棉纱线进行丝光处理时，应选择较棉纤维温和的工艺条件。

（3）碱丝光对含木棉纱线的微观结构的影响。采用红外光谱测试木棉、棉纤维和木棉/棉(70/30)混纺纱线经 250 g/L 碱丝光处理前后的微观结构，如图 4-5 所示。

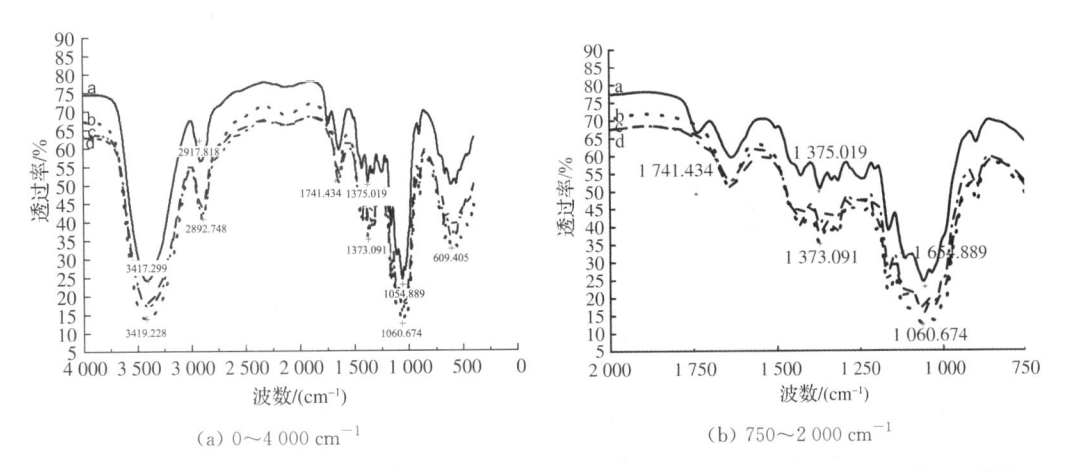

图 4-5 碱丝光处理前后棉纱线、木棉纱线及木棉/棉混纺纱线的红外光谱：a—木棉/棉混纺纱线；b—碱丝光后棉纱线；c—棉纱线；d—碱丝光后木棉/棉混纺纱线

从图 4-5 可见，经 250 g/L 碱液丝光处理后，棉纱线（曲线 b）及木棉/棉混纺纱线（曲线 d）的红外光谱上，纤维素纤维特有的特征峰位置没有变化，表明碱丝光对纤维素的化学组成无明显的影响；与碱丝光前的棉纱线（曲线 c）及木棉/棉混纺纱线（曲线 a）的红外光谱相比，碱丝光后两种纱线的红外光谱上，在纤维素特征峰 3 417 cm^{-1} 附近的—OH 特征峰位置的吸收度都有所增大，羟基特征峰的宽度增加，相对面积变大，说明纤维素大分子中葡萄糖环上的游离羟基数量增多。对比碱丝光前后棉纱线的红外光谱（曲线 c、曲线 b），可见除吸收强度略有变化以外，特征吸收光谱带无明显变化；而如图 4-5(b)所示，比较碱丝光前后木棉/棉混纺纱线的红外光谱（曲线 d、曲线 a），位于 1 741 cm^{-1} 和 1 245 cm^{-1} 的一对特征峰消失，这是由木质素中的乙酰基水解引起的，同时，木质素骨架特征苯环对应的主峰（1 600 cm^{-1} 和 1 500 cm^{-1}）显著变小，几乎消失，说明碱液可以溶解木棉纤维中的木质素，但纤维素对应的主峰位置没有变化。

图 4-6 所示为碱丝光前后棉纱线、木棉纱线及木棉/棉混纺纱线的的 X 射线衍射曲线。

由图 4-6 可看出，经碱丝光处理后，棉纱线（曲线 b）和木棉/棉混纺纱线（曲线 d）的 X 射线衍射峰都发生变化，含木棉纤维纱线（即木棉/棉混纺纱线）的结晶度变化较棉纱线的大，表明碱液对木棉纤维的作用更剧烈，这是由于木棉纤维的结晶度较低、结构疏松，碱液中的—OH 具有更高的扩散能力和催化水解能力而产生的。

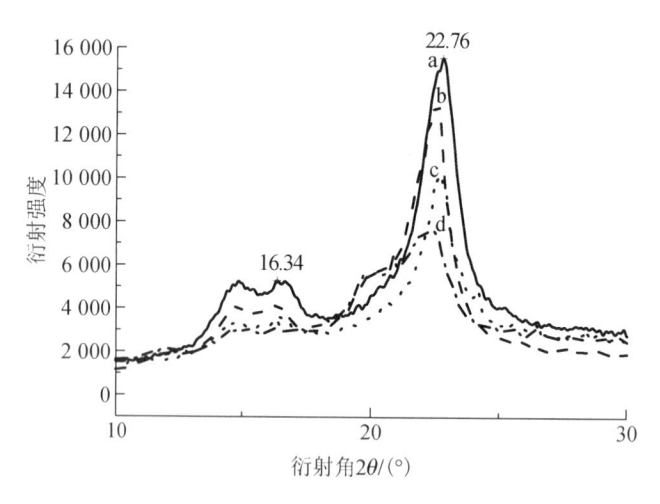

图 4-6　碱丝光前后棉纱线、木棉纱线及木棉/棉混纺纱线的 X 射线衍射曲线：a—棉纱线；
b—碱丝光后棉纱线；c—木棉/棉混纺纱线；d—碱丝光后木棉/棉混纺纱线

（4）碱丝光对不同木棉含量的木棉/棉混纺纱线强伸性能的影响。采用不同质量浓度的 NaOH 溶液，在室温下处理（处理时间为 3 min）不同混纺比（70/30、60/40、40/60）的木棉/棉混纺纱线（线密度均为 28 tex），然后测试三种木棉/棉混纺纱线及 28 tex 棉纱线的断裂强度、断裂伸长率，结果如图 4-7 所示。由此图可以看到，由于木棉纤维短、强度低，木棉/棉混纺纱线比棉纱线的强度低，并且随着木棉含量的增加，混纺纱线的强度明显下降；混纺纱线的断裂伸长率，在木棉混纺比低于 60% 时高于棉纱线，当木棉混纺比超过 60% 时则急剧下降。碱丝光后纱线的断裂强度均比碱丝光前有所提高，这是因为碱液作用改变了纤维取向因子和螺旋角，弱化了纤维长度方向的弱点，去除了低聚合度的纤维素成分。

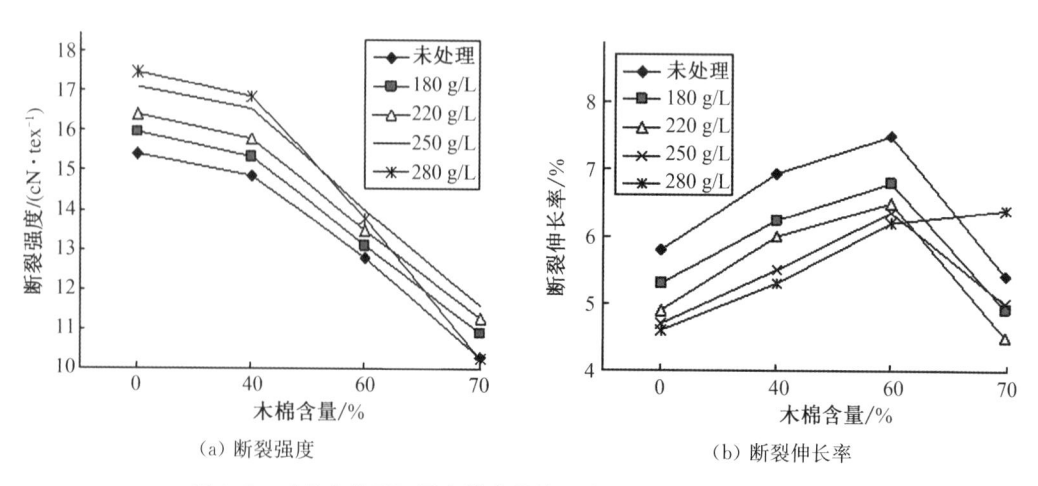

(a) 断裂强度　　(b) 断裂伸长率

图 4-7　碱丝光前后不同木棉含量的木棉/棉混纺纱线的强伸性能

图 4-8 所示为碱丝光前后不同木棉含量的木棉/棉混纺纱线的回潮率,可见碱丝光后纱线的回潮率均变大,表明纱线的吸湿性能都有所提高,且随着木棉含量的增加,纱线的回潮率显著提高。当碱液浓度达到一定值时,会引起纤维膨化,纤维结晶体由纤维素 Ⅰ 转变成纤维素 Ⅱ,结晶度下降,结构变疏松,游离羟基数量增多,纤维内外表面积增加,因此碱丝光后木棉/棉混纺纱线的吸湿性提高。同时,木棉纤维具有大中腔,内部孔隙率大,水分子可以更多地进入木棉纤维的无定型区、孔隙进行表面吸附作用,导致混纺纱线的回潮率随着木棉含量增加呈现出增大的趋势。

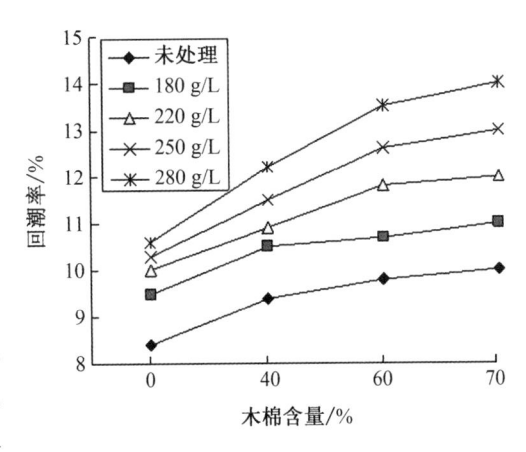

图 4-8 碱丝光前后不同木棉含量的木棉/棉混纺纱线的回潮率

(5) 碱丝光对不同木棉含量的木棉/棉混纺纱线上染率的影响。采用直接染料 4BS 大红,在相同的条件下,分别对碱丝光后不同木棉含量的木棉/棉混纺纱进行染色,在最大吸收波长(500 nm)位置测定吸光度,通过思维士颜色测试系统测定 4BS 大红染料(2% o.w.f.)的染色结果,如表 4-5 所示。

表 4-5 碱丝光后不同木棉含量的混纺纱线的染色性能

木棉含量/%	上染率/%	K/S 值	色差 ΔE
0	90.15	20.87	0.66
40	88.78	17.87	0.82
60	88.24	16.94	0.88
70	87.14	15.30	0.95

从表 4-5 可见,随着木棉纤维含量的增加,纱线上染率有所降低,显深色性变差,色差较大。这主要源于木棉纤维与棉纤维的结构和成分之间的差异,与棉纤维相比,木棉纤维含有大量木质素和半纤维素,特别是木质素,化学稳定性好,不易完全去除;同时木棉纤维的平均折射率为 1.717,高于棉的 1.596,因此木棉纤维光泽明亮,纤维显深色性差;另外,木棉纤维具有较大的中腔,胞壁比表面积比棉纤维大,单位面积的染料浓度比棉纤维小,导致纱线得色量低,表观色泽浅,匀染性差,染色变异性也较大。

4.2.2 含木棉织物后整理技术

(1) 木棉混纺织物的前处理工艺。木棉纤维主要由纤维素、半纤维素、木质素以及少量表面脂肪、蜡质、油脂等杂质组成,前处理的目的是在不破坏木棉纤维本身结构的条件下除去纤维表面蜡质、油脂等杂质。采用三种不同的前处理工艺(表4-6),分别处理木棉/棉(20/80)混纺纱(32^s)针织坯布(采用纬平针圆机织造),得到三种前处理织物。

表4-6 前处理工艺

工艺参数	工艺一	工艺二	工艺三
助剂	1 g/L 除油剂 EWN	1 g/L 皂洗剂 SC	1 g/L 除油剂 EWN
	3 g/L 纯碱	3 g/L 纯碱	—
	2 g/L 双氧水	—	3 g/L 茶皂素 B-101
	0.5 g/L 稳定剂 TX166	—	—
温度/℃	98	98	98
时间/min	60	30	45

注:双氧水和茶皂素 B-101 的作用是漂白,稳定性好;除油剂 EWN 和皂洗剂 SC 的作用是去除纤维油脂、油污;稳定剂 TX166 的作用是在氧漂加工中控制双氧水分解,被称为双氧水稳定剂。

(2)三种前处理工艺对木棉/棉针织坯布的漂白效果。图4-9给出了三种前处理织物和未处理坯布的表观颜色。

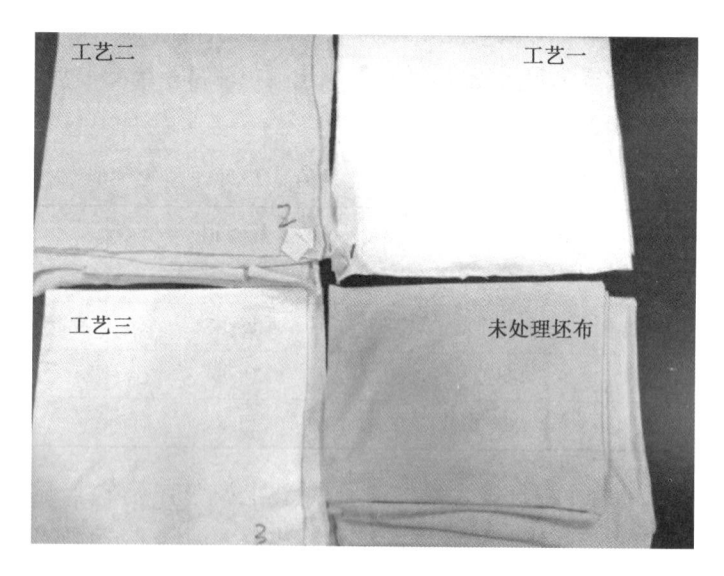

图4-9 三种前处理织物及未处理坯布的表观颜色

由图4-9可知,未经前处理的木棉/棉混纺针织坯布呈暗黄色,经工艺一和工艺三处理的织物外观呈亮白色,说明工艺一中的双氧水和工艺三中的茶皂素 B-101 有漂白的作用;经工艺二处理的织物表观颜色与未处理坯布之间无明显差异,说明皂洗剂和纯碱在工艺二的条件下无漂白作用。由此可知,木棉混纺织物的前处理工艺中可以适当加入双氧水和茶皂素 B-101,以提升织物的白度。

(3)三种前处理工艺对木棉/棉混纺织物中木棉纤维的作用。利用扫描电镜观察未处理坯布及三种前处理织物,结果如图 4-10～图 4-13 所示。

图 4-10　未处理坯布中木棉纤维表观形貌

图 4-11　工艺一处理织物中木棉纤维表观形貌

从扫描电镜图像可知,未处理坯布中木棉纤维被不同程度地压扁,三种前处理织物中木棉纤维的中空度得到不同程度的回复,说明前处理能够有效地提升木棉混纺织物中木棉纤维的中空度。同时可见,工艺一处理的织物中木棉纤维表面光滑;工艺二处理的织物中木棉纤维受到一点损伤,纵向表面有明显的细纹;工艺三处理的织物中,木棉纤维形貌变化明显,大多数纤维表面出现网状纹路,其深度较工艺二处理的织物明显,且有一部分出现纵向沟槽。

图 4-12　工艺二处理织物中木棉纤维表观形貌

图 4-13　工艺三处理织物中木棉纤维表观形貌

（4）三种前处理工艺对木棉纤维主要组分的影响。前处理在有效去除木棉纤维表面脂肪、蜡质、油脂等杂质的同时，可能会对木棉纤维中的半纤维素和木质素产生作用。采用红外光谱测试前处理织物，并根据特征吸收峰分析其成分的变化，具体如表 4-7 所示。

表 4-7 木棉混纺织物的特征吸收峰结果分析

试样	仪器及测试方法	特征吸收峰对应波数/(cm^{-1})	测试结果分析
织物试样直接测试	傅里叶红外光谱仪（Nicolet 5700）取样器直接测试法 吸光度 A-波数曲线图	1 735.64 1 241.95	半纤维素：工艺一几乎无损伤，工艺二略微损伤，工艺三损伤程度较大
		1 519.65 1 558.22	木质素：工艺一减少最多，工艺二其次，工艺三最少

从表 4-7 可以看出，对于半纤维素，工艺一的损伤最小，工艺二有一点损伤，工艺三的损伤程度较大，说明茶皂素 B-101 对半纤维素的损伤更大，建议在不需要漂白的情况下不使用茶皂素 B-101，非浅色织物不进行漂白；对于木质素，工艺一、二的损伤较多，工艺三的损伤最少，说明碱液会对木质素造成明显损伤。另外，前处理过程中，温度越高，越容易损伤木棉中的半纤维素和木质素，可通过降低处理温度来降低木质素的损伤程度。

4.3 木棉纤维产品开发

通过组合应用纺纱、织造和染整技术，可开发并生产系列木棉家居服及木棉防钻绒织物、袜类、毛巾、高档婴幼儿服装等，如图 4-14 所示。本节以含木棉纤维的家居服织物和防钻绒织物为例，做比较详细的介绍。

图 4-14 木棉系列产品实物

4.3.1 含木棉纤维家居服织物

(1) 含木棉家居服织物试织。选用 16.0 tex、14.2 tex、11.1 tex、9.1 tex 木棉/棉混纺纱线和 30 D 氨纶(晓星氨纶有限公司、伊邦氨纶有限公司),采用纬平针组织、罗纹组织、双罗纹组织制备四种织物,其规格参数见表 4-8。

表 4-8 织物规格参数

织物编号	织物原料	织物厚度/mm	面密度/(g·m^{-2})	纵向密度/[横列·(5 cm)$^{-1}$]	横向密度/[纵行·(5 cm)$^{-1}$]	织物组织
1	16.0 tex 木棉/棉(20:80)+30D 晓星氨纶(9%)	0.770	180	124	79	纬平针
2	14.2 tex 木棉/棉(20:80)+30D 晓星氨纶(9%)	0.704	175	131	90	纬平针
3	11.1 tex 木棉/棉(20:80)+30D 伊邦氨纶(15%)	0.770	180	121	70	罗纹
4	9.1 tex 木棉/棉(20:80)	0.817	180	73	80	双罗纹

(2) 织造工艺。采用佰源 BYS 系列单面机(泉州佰源机械科技有限公司)编织平纹组织和罗纹组织,采用野马牌棉毛机(南星工业机械有限公司)编织双罗纹组织。设备参数如下:

① 泉州佰源机械科技有限公司针织大圆机

机号:28 针/(25.4 mm);筒径:762.00 mm(30 in);路数:102 F;总针数:2 976;转速:16 r/min。

② 泉州佰源机械科技有限公司 BYD 系列双面机

机号:22 针/(25.4 mm);筒径:762.00 mm(34 in);路数:60 F;总针数:2 356;转速:16 r/min。

③ 野马牌棉毛机

机号:28 针/(25.40 mm);筒径:762.00 mm(34 in);路数:84 F;总针数:3 472;转速:16~24 r/min。

(3) 织物染整工艺。织物染整工艺路线:毛坯预定→染色→烘干→成品定型(亲水柔软)。

毛坯织物经过前处理,去除纱线表面杂质,使织物组织排列整齐,织物表面更加光滑平整。前处理主要在高温、碱性环境条件下进行,织物的前处理工艺流程如图 4-15 所示。染色工艺流程如图 4-16 所示。

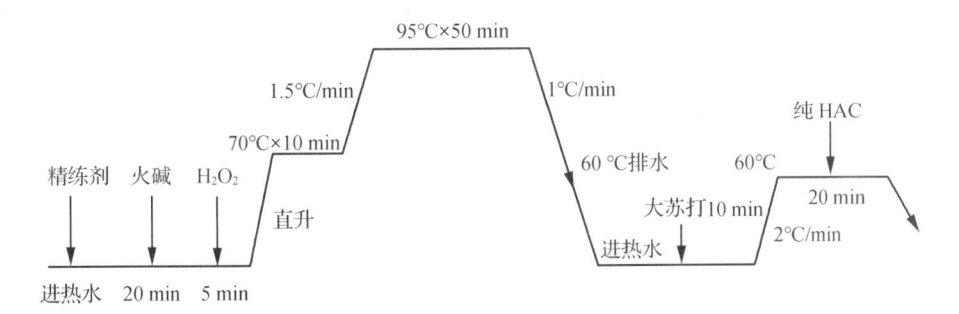

图 4-15　前处理工艺流程

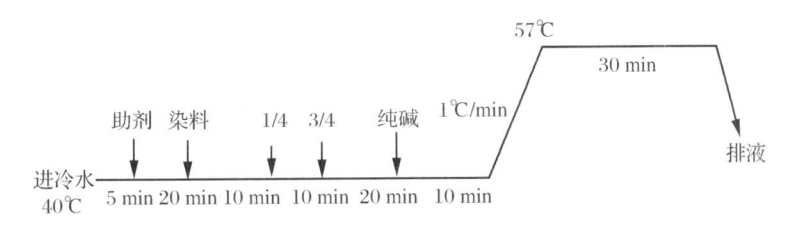

图 4-16　染色工艺流程

木棉/棉/氨纶织物热定型：将染色后的木棉/棉/氨纶织物进行热定型处理，使织物的尺寸稳定，褶皱减少。热定型温度设定为 190 ℃，车速为 26 m/min。织物过热水加渗透剂 0.3%，超喂率为 4.5%。

(4) 织物结构与性能。

① 织物表观形貌。图 4-17 给出了前处理后含木棉织物表观形貌，可以看出织物表面有较多纤维，织物中的木棉纤维依然保持较高的中空状态而没有被完全压扁。

(a) 木棉纤维在织物中的形态

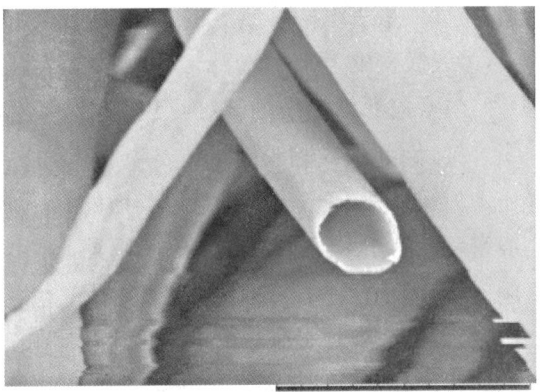

(b) 木棉纤维中空结构

图 4-17　前处理后织物表观形貌

② 织物强伸性能。四种含木棉纤维织物的强伸性如表4-9所示，可以看出含氨纶的罗纹组织、纬平组织的木棉/棉混纺针织物的拉伸断裂强力小于不含氨纶的双罗纹组织的木棉/棉混纺织物，表明织物的拉伸断裂强力与织物组织结构相关。含木棉纤维织物纵向和横向的断裂伸长率都超过80%，均具有很好的延展性。

表4-9　含木棉纤维家居服织物的强伸性

试样编号	纵向拉伸		横向拉伸		顶破强力/N
	断裂强力/N	断裂伸长率/%	断裂强力/N	断裂伸长率/%	
1	134.0	159.8	215.7	150.4	190.4
2	205.1	137.2	229.9	158.4	203.7
3	245.8	123.6	216.6	128.8	264.6
4	313.7	87.3	427.5	135.9	206.5

4.3.2　含木棉防绒织物

（1）原料选择与准备。

① 经、纬纱线的选择。制备木棉防绒织物采用的经、纬纱线规格见表4-10所示。

表4-10　经、纬纱线规格

纱线参数	种类	线密度/tex	捻度	质量占比/%
经纱	超细旦化纤长丝	10~50	无捻	≤30
纬纱	木棉/棉型纤维混纺纱	6~18	有捻	≥70

采用木棉混纺纱作为主纱（纬纱），以无捻超细旦化纤长丝作为辅纱（经纱）进行织造，主纱质量占织物总质量的70%以上。木棉混纺纱中，木棉纤维质量分数在20%以上，纱线线密度为6~18 tex。

与木棉纤维混纺的纤维可以是棉型纤维，例如棉或黏胶纤维，长度通常比木棉纤维长，且具有与棉纤维类似的线密度。由于木棉纤维长度较短、弯曲刚度低、表面平滑，与其他棉型纤维混纺时，木棉纤维较多地分布于混纺纱线的外层，如图4-18所示。木棉纤维的头端大多成为短毛羽（图4-19），可以看出木棉/棉混纺纱的表面毛羽明显多于纯棉纱。分布在纱线外侧的木棉纤

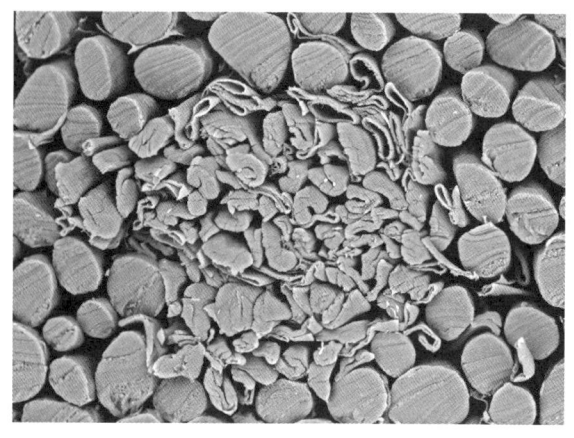

图4-18　木棉/棉混纺纱横截面

维细而软,纤维头端无束缚而成为许多短毛羽,在紧密织造的织物中,纱线外侧的木棉纤维与短毛羽易挤入经纱和纬纱交织形成的孔隙中,有利于防钻绒。另外,在染整加工过程中,木棉的中空结构回复,近一步降低织物中纱线间孔隙,提升其防绒性。

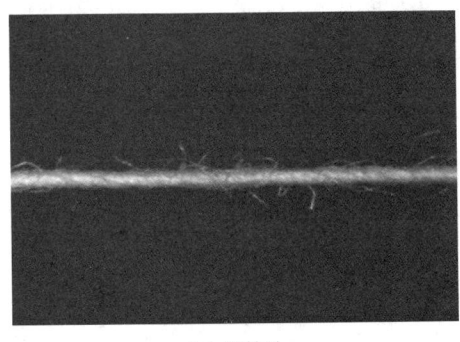

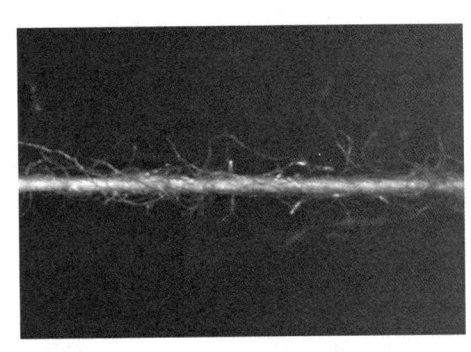

(a) 纯棉纱　　　　　　　　　　　(b) 混纺纱

图 4-19　纯棉纱和木棉/棉混纺纱的外观

在采用木棉混纺纱作为主纱的基础上,采用 10~50 dtex 超细旦化纤长丝(单纤维线密度≤0.4 dtex)作为辅助纱,超细旦化纤长丝的设计捻度为零,在织物中用于主纱的垂直方向即经向。辅助纱纤维柔软,再加上没有捻度,织物退浆和预缩后,化纤长丝成为扁平横截面,可大幅度提高经丝对织物表面的覆盖能力。在后整理轧光工序中,无捻度约束的超细化纤长丝也很容易被挤入经纬纱交织处的残留孔隙,增强防绒效果。此外,通过大量测试发现,木棉混纺纱与无捻化纤长丝之间的摩擦力远高于它与棉型纱之间的摩擦力,原因是木棉混纺纱的短毛羽多、无捻化纤长丝的摩擦面积大,经纬纱间的高摩擦力可稳定经纬纱的相对位置,这非常有利于防绒。同时,化纤长丝的直径远小于木棉混纺纱,再加上整理后呈扁平横截面,使它对织物厚度的贡献几乎可忽略不计,织物厚度接近一根木棉混纺纱的厚度,可以获得超薄、轻柔效果。

② 经纱准备。织造使用的经纱即化纤长丝是无捻度的,织造前要对经纱进行上浆整理,使丝条表面被覆一层柔韧、牢固的浆膜,以增强长丝的抱合力和耐磨性,使其能够承受织造过程中的各种摩擦力和张力,使织造生产顺利进行。采用优质浆料对超细旦无捻化纤长丝进行上浆,浆料要求耐磨性好,且适合生物酶退浆处理;对超细旦化纤长丝上浆时,浆丝的烘干温度比该长丝的定型温度低 30 ℃,以便保证化纤长丝在后整理工序有足够的收缩性能。

(2) 织造。采用平纹或斜纹组织进行高紧密度织造,选用喷气织机,织物中木棉混纺纱质量分数在 70% 以上,超细化纤质量分数在 30% 以下,防绒织物的面密度一般不超过 100 g/m²。

(3) 后整理。染整工艺流程为退浆→煮练漂白→染色(增白)→预缩→上交联剂定型→轧光→焙烘→检查验布。相对于常规后整理工艺(退浆→煮练漂白→染色→定型→轧光),木棉混纺织物的后整理技术要领在于有效组合运用现有设备和助剂,充分缩小织物中的孔隙,通过化学交联稳定织物中纤维间的相对位置,保证纤维、纱线在缝制和使用中不发生移位,即不产生意外孔隙,具体工序要求参数如下:

① 退浆工序。采用生物酶冷堆松式退浆,保证不损伤木棉和其他纤维。

② 煮练漂白联合工序。在此工序,氢氧化钠浓度为 2~8 g/L(属于弱碱,不会损伤木棉),作用是去除木棉和棉纤维表面的脂肪、蜡质及化纤表面的油剂,调节工作液的pH值为 10.5~11.5;双氧水(100%)浓度控制在 2~8 g/L,其主要作用是在碱性高温条件下与纤维色素反应,使织物更加洁白;其他助剂与全棉产品相同。煮练工艺参数为温度 (100 ± 2)℃,时间 15~30 min,这样可保证织物经纬向充分收缩,提高经纬纱排列紧密度,提高经纬纱的蓬松度。

③ 染色或增白工序。与常规全棉产品相同。

④ 预缩工序。为了让织物经纬向按照设定的工艺参数进一步收缩,特别设计了预缩加工,有两方面作用:一是提高纬密;二是使经纬纱充分蓬松,促进纺纱过程中被压扁的木棉纤维回复到中空形态,提高经纬纱对交织处孔隙的覆盖能力;经纬向缩率控制在 5%~15%。

⑤ 定型工序。(a)定型前,使织物经过装有纳米交联剂的整理液槽,经一浸一轧(带液率为 65%~70%)加工,让纳米交联剂充分渗透到织物纤维间隙,交联剂用量为成品织物质量的 1%~8%。(b)定型后落布打卷,不可落入布车,避免折痕和边道细皱产生,保证纤维之间初步形成的纳米交联剂网络不会因过分弯折而受损。定型成品门幅定为坯布门幅的 93%~96%,经向超喂率为 8%~12%,落布回潮率为 5%~10%;定型温度、时间控制与常规产品相同。

⑥ 轧光工序。用轧光压力将蓬松的经纬纱进一步压扁,增加经纬纱对织物表面的覆盖能力,并将经纬纱的边缘纤维挤入交织处的残留孔隙,同时使纳米助剂充分粘连纱线间的毛羽。轧光温度 80~160 ℃,压力 80~120 N/mm,车速 25~50 m/min。

⑦ 焙烘工序。通过焙烘,纳米交联剂进一步在纤维之间产生充分交联,形成弹性网络,稳定纤维间结构,避免充绒等加工和使用过程中因外力作用而产生纤维或纱线位移,进而形成能"跑绒"的织物孔隙。焙烘温度 120~160 ℃,车速 30~50 m/min。

(3) 防绒性能评价。四种木棉防绒织物的原料、组织、后整理方式以及成品织物规格参数如表 4-11 和表 4-12 所示。四种木棉防绒织物使用相同的经纬纱织造而成;织物 1 和 2 经过交联防绒后整理,织物 3 和 4 经过普通防绒后整理。

表 4-11 木棉防绒织物的原料、组织及后整理方式

织物编号	原料(经纱×纬纱)	组织	后整理方式
1	35 D/144 F 超细涤纶 DTY× 40^S 棉/木棉(80/20)	斜纹	交联防绒
2		平纹	
3		斜纹	普通防绒
4		平纹	

表 4-12 木棉防绒织物规格参数

织物编号	上机		成品			
	经密×纬密/[根·(10 cm)$^{-1}$]	经向紧度×纬向紧度/%	经密×纬密/[根·(10 cm)$^{-1}$]	经向紧度/%	纬向紧度/%	总紧度/%
1	66×47	48.16×66.39	710×520	51.83	73.32	87.15
2	66×41	48.16×57.81	705×470	51.47	66.27	83.63
3	66×47	48.16×66.39	685×480	50.01	67.68	83.84
4	66×41	48.16×57.81	690×425	50.37	59.93	80.11

使用 YG(L)819D 型转箱法防钻绒仪测试四种织物的钻绒根数,结果见表 4-13;由扫描电镜观察得到的织物表观形貌如图 4-20 所示,从织物中抽取的纬纱横截面如图 4-21 所示。

表 4-13 织物防钻绒性

织物编号	1	2	3	4
钻绒根数	11~12	11~12	14	17.5

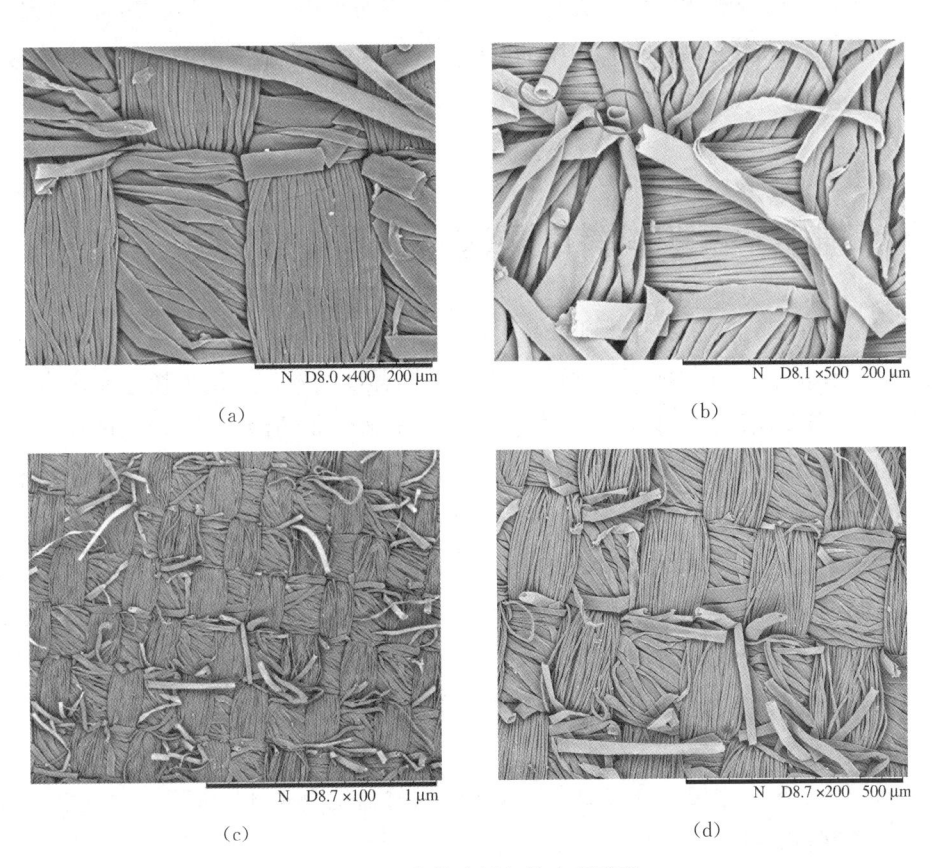

图 4-20 木棉防绒织物表观形貌

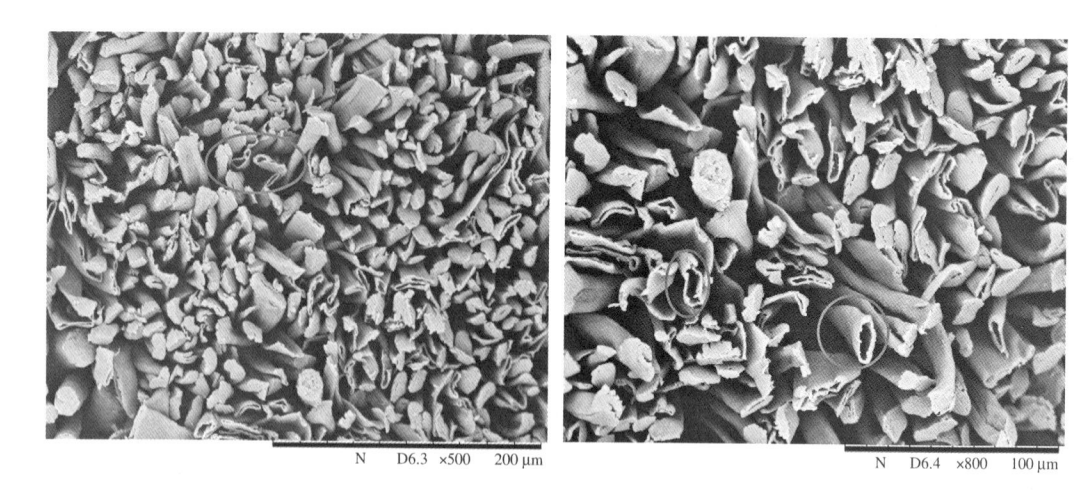

图 4-21 木棉防绒织物中抽取的纬纱横截面

从表 4-13 可知,织物有很好的防绒效果,其原因可以从图 4-20 和图 4-21 看出,木棉防绒织物表面有短毛羽存在,织物孔隙也被纤维填满,经纬纱交织处几乎看不到孔隙,自然不容易跑绒,且填充织物孔隙的多数是扁平状的木棉纤维,说明分布在纱线表层的木棉纤维是此类防绒织物物理防绒的关键因素。混纺纱中的木棉纤维经过一系列工艺,还具备回复中空的能力,如图 4-21 中的圆圈标记处,这又为此类防绒织物的吸湿透气性能、保暖性能提供了更大可能。

4.4 木棉加工过程中纤维损伤与机理分析

从原材料采摘到产品加工再到产品使用等系列过程中,木棉纤维不可避免地会受到各种机械力和化学品的侵蚀,使木棉纤维受到不同程度的损伤。巨大快速作用力会引起立即断裂,小负荷反复作用会形成一个从逐步损伤到破坏的漫长、复杂的过程。对于化学品的侵蚀,木棉纤维中半纤维素和木质素的耐碱腐蚀性能远低于纤维素,会对木棉纤维结构与性能产生重要影响。

从结构角度分析,木棉纤维细胞壁很薄,纤维素结构单元之间存在偏横向的螺旋形接缝和多层结构,纤维素结构单元之间靠半纤维素和木质素的物理黏结,导致其在加工、使用过程中更容易受到损伤,出现断裂、长度损伤、破损等情况。因此,探索木棉纤维断裂和损伤过程与机理,可以更有效地利用木棉纤维,并为其用途拓展、产品质量的提升提供借鉴。

不同受力情况下木棉纤维破损形态观测所用材料见表 4-14,采用光学生物显微镜、扫描电镜观察各类材料中木棉纤维破损形态。

表 4-14 木棉纤维破损形态观测所用材料

材料分类	材料
纤维粉末	高速离心搅拌机打碎的木棉纤维粉末
	哈氏切片器切取的木棉纤维粉末
纱线	14.58 tex 木棉/棉(20/80)混纺纱 14.58 tex 木棉/黏胶/棉(30/45/25)混纺纱
织物	已使用六周的木棉混纺毛巾,毛圈部分为木棉/黏胶/棉(30/35/35)混纺纱
	弱碱(浓度 8 g/L,时间 120 min)处理木棉/棉(40/60)混纺纱的针织坯布
	浓碱(浓度 140~320 g/L,时间 80~300 s)处理的木棉/棉(40/60)混纺纱的针织坯布
絮料	木棉被絮料使用四年后被罩角落堆积的纤维碎屑

4.4.1 木棉纤维破损形态

(1) 木棉纤维的一次性脆断形态。

① 液氮冷冻后的一次性脆断。纤维在加工过程中会经常受到一次性应力作用而发生瞬间断裂破损。液氮脆断技术能够很好地保持材料瞬间断裂的断口形貌,是扫描电镜观测样品形貌时一种常用的制样手段。采用液氮脆断木棉纤维,以便了解其在加工过程中受到瞬间应力作用时的断裂破损情况。

图 4-22 所示为木棉纤维液氮脆断断口,可以看出,在(a)所示断口,纤维胞壁沿纤维螺旋弱节线分离,相对平齐,存在胞壁径向各层分离、破碎为片状的痕迹(圆圈标注);(b)所示断口则明显不同,它不在纤维螺旋弱节线位置,各层因受到巨大外力撕裂而相互分离。这表明木棉纤维是一种多孔、径向分层材料,各层间未被半纤维和木质素填满,断口露出明显孔隙。图 4-22(b)所示断口呈现出"空洞聚集型断裂"特征,裂纹沿结构单元边缘孔洞处断裂,断口表面为海峡形断口形貌。

② 机械力打击下的一次性脆断。机械力打击断裂也是纺织品加工过程中常见的纤维损伤形式。研究在随机机械力和定向机械力作用下的木棉纤维形貌,可了解加工过程中受机械力打击时木棉纤维的损伤情况。

图 4-23 所示为高速离心搅拌机打碎的木棉粉末电镜照片,绝大多数纤维的横断面形态与图 4-22(b)所示类同,都为"空洞聚集型断裂"。值得特别关注的是,此时木棉纤维中腔变成扁椭圆形,形态接近带状,带子的边缘纤维胞壁被挤破,裂纹整体趋势沿纤维轴向,如图 4-23(a)中圆圈所示。

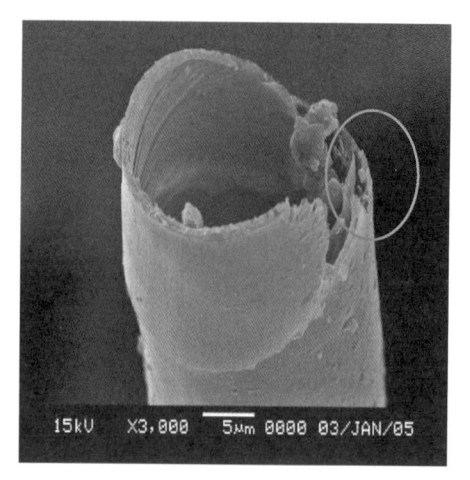

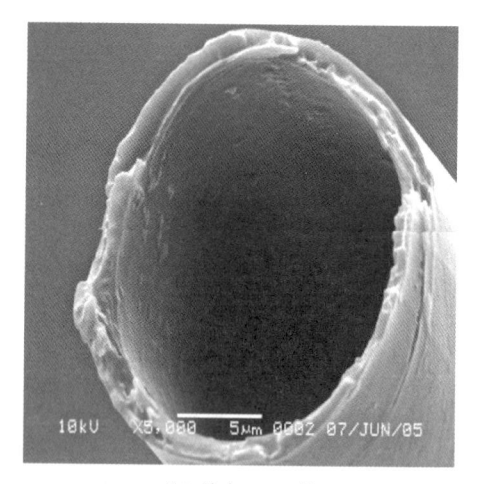

(a) 放大 3 000 倍　　　　　　　　　(b) 放大 5 000 倍

图 4-22　木棉纤维的液氮脆断断口形貌

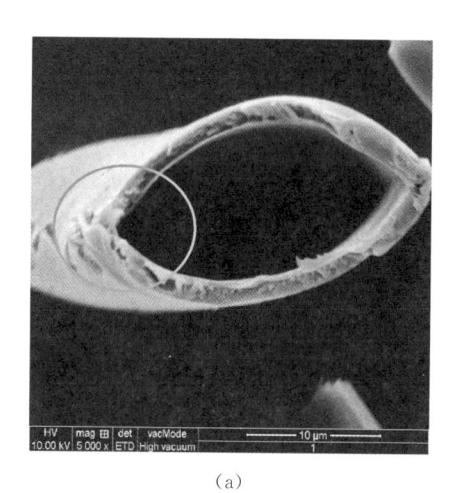

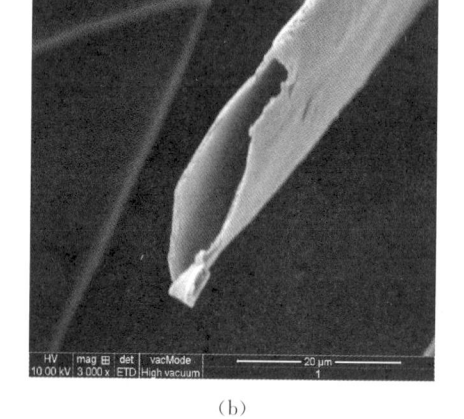

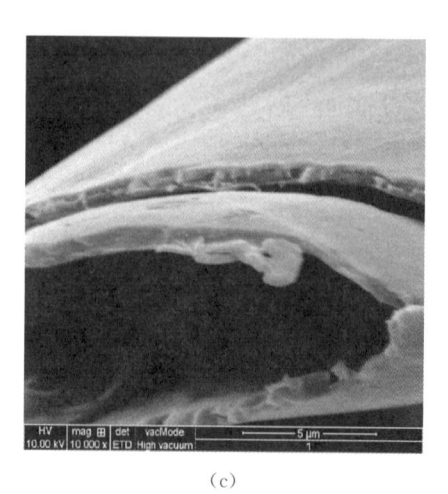

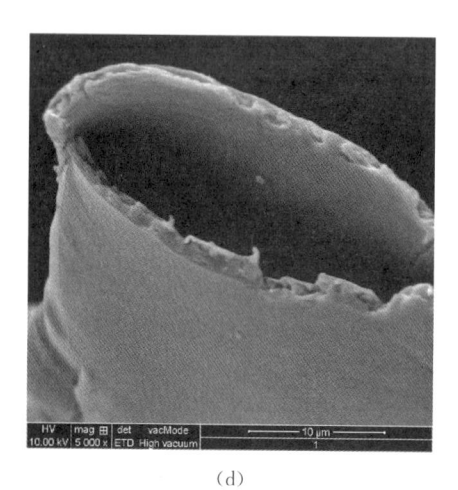

(a)　　　　　　　　　(b)

(c)　　　　　　　　　(d)

图 4-23　高速离心粉碎机打碎的木棉纤维 SEM 图像

图 4-24 所示为采用哈氏切片器手动切取的木棉纤维片段的电镜照片,制样时纤维受到沿径向的剪切力,其中纤维横截面断口比图 4-23 中的"整齐"些,但也存在空洞或凸起,也为"空洞聚集型断裂"。哈氏切片器切取的木棉纤维都保持较为完整的圆中空状态,在可视的几十根纤维中,只发现 1 根出现如图 4-23 中右侧纤维(圆圈标注)类似的圆管沿纤维轴向被挤压破损现象,这是由于使用哈氏切片器制样时纤维集合体受到的挤压力为制样者手工加压,远没有高速离心粉碎机施加的力大,而且均匀。上述差异说明构成木棉细胞壁圆管的螺旋带状单元的强力比较高,只有在受到剧烈外力并沿纤维径向作用时,带状单元才会在长度方向产生裂口,导致木棉细胞壁圆管出现沿纤维轴向的破坏痕迹。

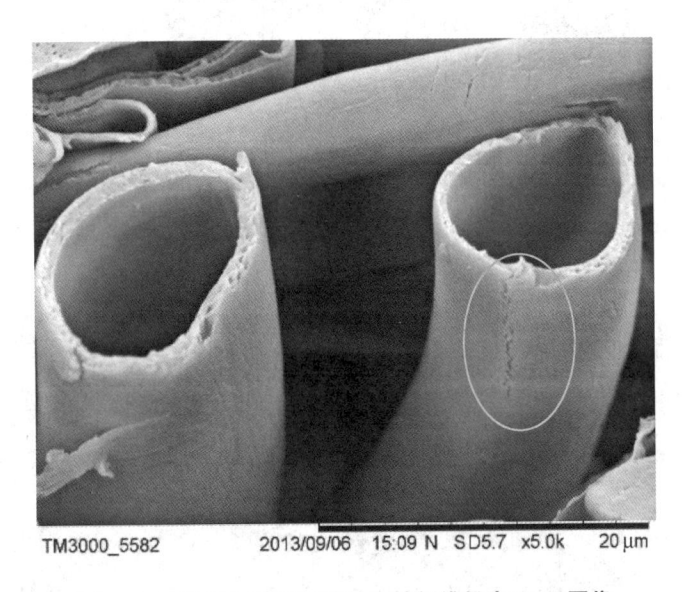

图 4-24 哈氏切片器切取的木棉纤维粉末 SEM 图像

仔细观察图 4-24(圆圈标注)中沿纤维轴向发展的裂纹细节,发现裂纹最宽处发生在纤维外层,说明外层的变形相对内层大很多。木棉纤维主体厚度层存在螺旋接缝弱节线,当纤维受到沿径向的挤压力而被压成扁平状态时,其两侧边缘受到张力而裂开;图 4-25 所示为木棉纤维轴向破损情况,其中纤维素螺旋带状单元结构并不均匀,在沿轴向的纤维边缘,每个带状单元都有自己的断裂发展趋势,最终在螺旋接缝线处相互连接,进而呈现出"锯齿状"裂纹线。

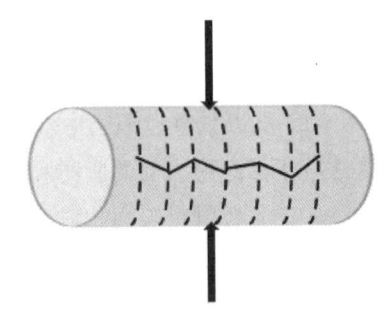

图 4-25 木棉纤维轴向破损

(2)纺纱过程中木棉纤维的断裂破损。木棉纤维本身呈头端封闭、尾端接近封闭的状态,而在其纱线中发现了木棉纤维断口,如图 4-26 所示,说明木棉纤维在纱线加工过程中受力而遭到破坏,进而发生断裂,断口方向接近与纤维轴垂直的方向。图 4-26(a)显示的是与图 4-22(b)所示部位类似的径向各层相互撕裂的"空洞聚集型断裂"断口。在图 4-26 中(b)、(c)、(d)所示部位,可看到相对齐整平滑的断面。在图 4-26(e)所示部位,被压成扁平带状的木棉纤维沿其直径方向产生对折,故呈现出来的断口线是相对不规则的。由图 4-26(d)还可以看到,木棉纤维发生了与断口方向比较一致的弯折,由此推断纤维断裂是一个渐进的过程:纤维受力,弱节部位首先发生变形、弯折,随着作用次数增加、时间累积,逐渐断裂。

(a)

(b)

(c)

(d)

(e)

图 4-26 混纺纱线中木棉纤维断口 SEM 图像

(3) 弱碱处理后织物中木棉纤维的损伤痕迹。弱碱处理一般用作前处理工艺,目的是去除天然纤维表面的脂肪和蜡质、化纤表面油剂、织物上的污垢和杂质等。后整理前,纱线中的木棉纤维表面相对比较平滑,无明显的堆砌结构特征;而经弱碱预处理去除表层脂蜡后,如图 4-27(a)所示,织物中的少数木棉纤维呈现出沿横向的不完全断口(圆圈标注)及系列间距较为均匀的横向接缝(箭头标注),可以推断纺织品中木棉纤维受力后先发生弯折,进而在弯折处发生断裂。图 4-27(b)所示为弯折部位的放大效果,发现接缝由一些小的未破损的"褶皱"构成,这些就是木棉纤维主体层内部的横向弱节部位。此外,还可发现预处理时纤维表层遭到一定程度的刻蚀,纤维表面局部显现出巨原纤结构单元沿轴向排列的痕迹。

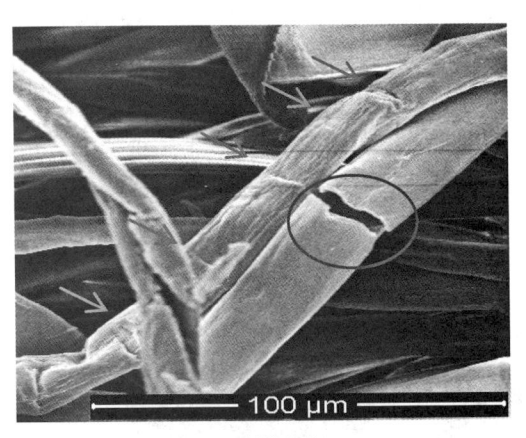

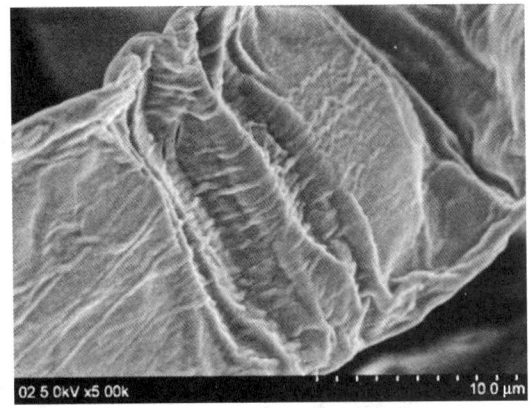

(a) 纤维整体　　　　　　　　　　　　　　(b) 弯折部位放大效果

图 4-27　预处理后混纺织物中的木棉纤维 SEM 图像

(4) 强碱处理后织物中木棉纤维损伤形态。棉与现有木棉纤维的混纺产品能否采用目前常用的强碱处理工艺，判断依据是强碱对木棉纤维的损伤程度。

根据表 4-14 给出的弱碱和强碱浓度和时间，先对木棉混纺织物实施弱碱预处理，然后实施浓碱液快速处理，使纺织品中的木棉纤维回复中空形态，混纺织物中的木棉纤维如图 4-28 所示。从图 4-28 可以看到，木棉纤维回复圆中空形态的同时，纤维沿轴向的螺旋接缝线显现出来（箭头标注），并且螺旋方向有左旋（A 处）和右旋（B 处）两种，根据图中标尺测得螺旋线间距为 8~10 μm。

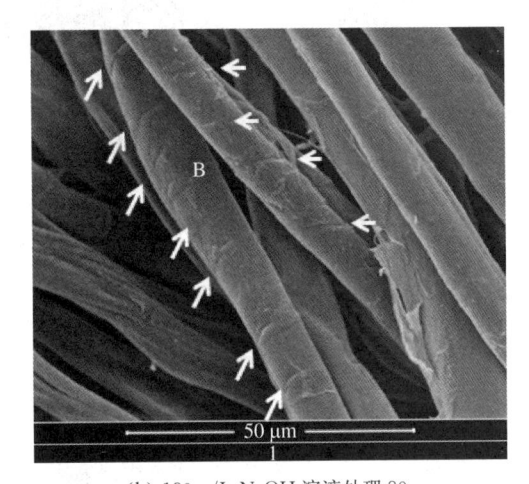

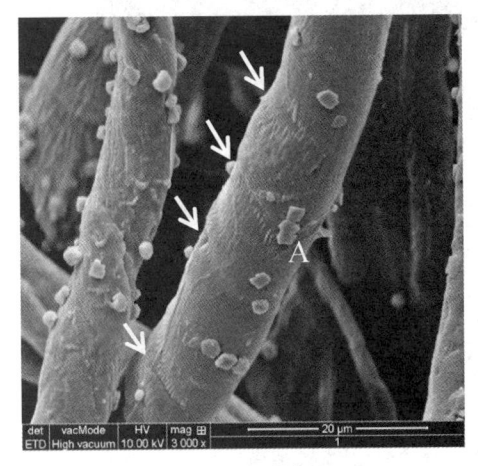

(a) 260 g/L NaOH 溶液处理 200 s　　　　　　(b) 180 g/L NaOH 溶液处理 80 s

图 4-28　强碱快速处理后混纺织物中的木棉纤维 SEM 图像

碱液处理去除了木棉细胞壁中的部分木质素和半纤维素，随着碱液浓度提高和处理时间延长，纤维内部结构显现得更加清晰。

(5) 木棉产品长期使用后木棉纤维的磨损破坏形态。图 4-29 显示了已使用四年的木棉被芯絮料散落的木棉纤维碎屑扫描电镜图像。从图 4-29 中 A 处可以看到长期使用、反复受力后，木棉纤维不再保持原有的光滑、平直形态，纤维被压扁，出现很多垂直于纤维轴向的折痕。随着时间的推移，这些折痕极有可能发展成断口，进而导致纤维片段脱落，并且脱落的片段长度应为数个折痕间距离。图 4-29 中 B、C、D 处进一步证明，木棉纤维沿横向弱环，在折痕处发生断裂，断面不平整，存在片状碎片，表明小应力下纤维断裂的发生不是瞬时的，是一个渐进的过程，每次纤维壁的一小部分破裂、分离，直至形成完整的断口。仔细观察还会发现：长时间摩擦下，木棉纤维断口平面出现向纤维胞壁腔内侧卷曲的痕迹。

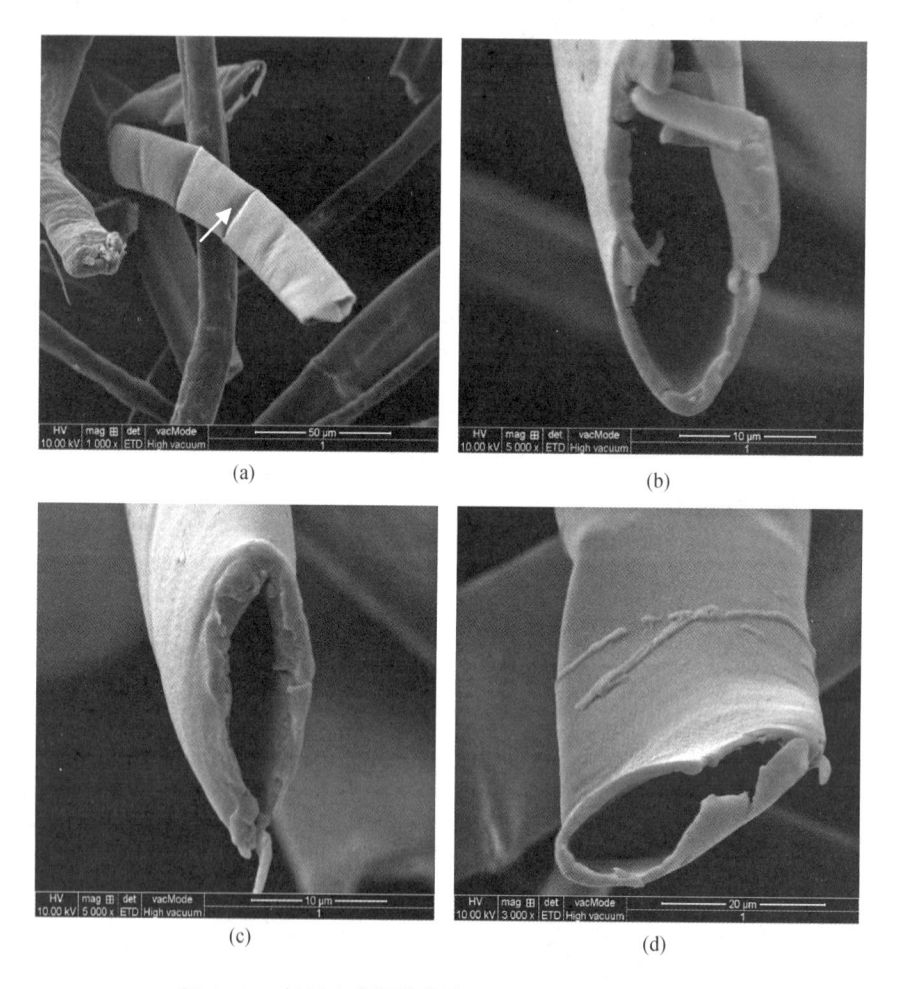

图 4-29　絮料中磨损掉落的木棉纤维碎屑 SEM 图像

从已使用六周的木棉混纺毛巾中拆取大量纤维，然后在显微镜下进行形态观察，发现其中木棉纤维破损形式主要如图 4-30 所示，可以看出，和絮料中磨损掉落的木棉纤维一样，混纺毛巾中木棉纤维也是沿着与纤维轴垂直的方向断裂的。从图 4-30 中 A 处可以明显地看到纤维的不完全断裂，断口处两边还有部分连接（圆圈标注）。

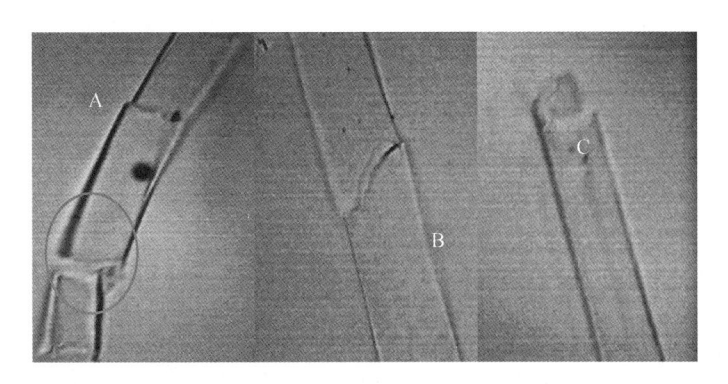

图 4-30 已使用六周的木棉混纺毛巾中的木棉纤维(放大 600 倍)

4.4.2 木棉纤维的断裂破损机理分析

木棉纤维仅含 40% 左右的纤维素，纤维素结构单元之间的螺旋状接缝和层间主要为半纤维素和木质素的"黏结"力，这是木棉纤维机械强度和耐化学腐蚀性的弱环所在。

木棉纤维的细胞壁厚度约 1.2 μm，是亚微米级天然材料，细胞壁由多层构成，其上还存在众多微小孔隙。这些特性使得木棉纤维在物理防钻绒、防水或亲水等表面助剂处理领域具备现有其他纤维材料无法比拟的优势。但是，对于强力和耐磨性，亚微米级壁厚和多层、多孔结构都会产生负面的作用。

木棉纤维主体层的螺旋接缝方向几乎垂直于纤维轴，该接缝处的纤维刚度低，所以在小外力作用下纤维会产生横向折痕，在受到反复作用的过程中，折痕逐渐发展为裂痕、断口。木棉纤维受到巨大外力作用时，会发生一次性脆断，裂口位置首先是纤维素结构单元之间黏结不充分的孔洞聚集处和螺旋形接缝处，后者断口较前者平齐。当纤维径向受到巨大挤压外力作用时，木棉纤维细胞壁也会产生轴向裂口，类似圆形管材的轴向裂口，裂口痕迹为锯齿状。

半纤维素和木质素的耐化学作用或耐腐蚀性差，木棉纤维经受碱液等后整理助剂作用时，细胞壁表面、层间和缝隙处填充的组分可能会被溶解，从而削弱结构单元间的连接，纤维轴向、径向的刚度和强度就会降低，会使纤维更容易产生折痕，对于产品耐用性有不利影响。

4.4.3 加工过程中木棉纤维的损耗情况

采用 14.58 tex 木棉/棉(20/80)混纺纱及以该纱线作为经纬纱织造而成的防羽绒织物，考察加工过程中木棉纤维的损失。用显微镜观察法对产品中的纤维进行鉴别。显微镜下对纺织品中的纤维进行鉴别时，需要先将纱线拆下，然后切取一定长度的纱线，置于载玻片上，将其中的纤维分散开，依次进行鉴别。分离纱线中纤维时，需要滴加一定的液体(通常是甘油)，使纤维吸附在载玻片上，便于观察；此处采用纤维根数比例(即某种纤维根数与纤维总根数的比值)来考察其在纺织品中的含量。该方法可以在逐根纤维鉴别的同时进行计数,便于操作实施。其中切取的纱线片段长度为40 μm,计数的纤维总根数≥1 000,每组纱线测试四次,结果取平均值,采用光学显微镜进行观察。

采用14.58 tex木棉/棉(40/60)混纺纱织造而成的针织坯布,考察织物预处理及后续浓碱处理(与棉织物丝光处理相近)过程中的木棉纤维损耗情况。

在预处理和浓碱处理过程,主要是处理助剂中的碱与织物中的纤维发生反应。考虑到棉纤维的主要成分为纤维素(含量为94%~95%),碱对棉纤维的作用主要是去除纤维表面微量碱溶性的脂蜡成分;木棉纤维中纤维素含量仅为40%,其中有大量填充在纤维弱节部位的碱溶性的半纤维素和木质素,则碱液处理过程中同时存在纤维数量损耗(片段脱落)和单根纤维质量损失(碱溶性组分溶解)情况,采用处理后织物中木棉纤维的失重率来考察织物中木棉纤维损耗情况。

忽略织物中纤维表面微量的碱溶性脂肪、蜡质成分,假设预处理及碱处理后织物损失的只是木棉纤维中的半纤维素和木质素,而织物中棉纤维、木棉纤维的含量比为60/40,则将织物失重率换算为其中木棉纤维失重率,计算公式如下:

预处理后木棉纤维失重率:

$$WT_1 = \frac{WC_1}{40\%} \times 100\% \tag{4-1}$$

浓碱处理后原织物中木棉纤维失重率:

$$WT_2 = \frac{WC_2}{(40\% - WC_1)/(1 - WC_1)} \div (1 - WT_1) \times 100\% \tag{4-2}$$

其中:WT_1代表预处理后木棉纤维失重率;WC_1代表预处理后织物失重率;WT_2代表浓碱处理后原纱中木棉纤维失重率;WC_2代表浓碱处理后织物失重率。

将纱线加工成织物的过程中,织造、染整、烧毛等工序使纱线表面的木棉纤维更易损耗。对木棉混纺纱和由其高密织造并经过常规后整理工艺而形成的木棉防绒织物,测试木棉纤维的根数比例(表4-15)。

表4-15 木棉/棉混纺纱线与防绒织物中纤维根数及木棉纤维根数比例

试样	试验次数	木棉纤维根数	棉纤维根数	木棉纤维根数比例/%
木棉混纺纱	1	229	950	20.25±0.57
	2	243	940	
	3	247	932	
	4	235	934	
织物经纱	1	149	872	14.75±0.49
	2	141	873	
	3	150	882	
	4	151	905	

(续表)

试样	试验次数	木棉纤维根数	棉纤维根数	木棉纤维根数比例/%
织物纬纱	1	191	843	17.99±0.50
	2	194	853	
	3	191	893	
	4	182	853	

从表4-15可以看出,防绒织物经、纬纱中的木棉纤维根数比例由原纱的20.25%分别变成14.75%、17.99%,木棉纤维根数比例明显降低了,说明在织造与后整理过程中木棉纤维损耗比较大。分析其原因:木棉纤维较多分布在纱线表面,在织造和后加工过程中,纱线经历很多次摩擦;染整工艺采取试剂(含有碱剂)对木棉纤维进行化学刻蚀;烧毛工艺更是优先烧掉伸在纱线表面的木棉纤维。防绒织物中经、纬纱线的木棉纤维根数比例也存在着差异,木棉纤维在经纱中的数量比例明显低于纬纱,这是因为,织造过程中经纱经历的摩擦次数高于纬纱,表面毛羽磨损更严重,纱线中木棉纤维损失量也就更多。所以,建议木棉/棉混纺纱更多地使用在针织领域或用作机织物的纬纱。

4.4.4 碱处理过程中木棉纤维的损耗情况

表4-16显示了14.58 tex木棉/棉(40/60)混纺纱针织坯布在预处理和浓碱处理后的失重率及换算的原织物中木棉纤维失重率。从表4-16可以看出,经过预处理后,织物失重率波动较小,为9.30%~9.99%。根据织物中木棉纤维含量40%换算的木棉纤维失重率为23.25%~24.98%,这与木棉纤维中半纤维素含量(21.8%~27.3%)较为一致,由此推测预处理除去了木棉纤维中绝大多数半纤维素及少量的木质素。

表4-16 不同处理后木棉/棉混纺织物及木棉纤维的失重率

试验编号	预处理后		浓碱处理条件		浓碱处理后	
	织物失重率/%	木棉纤维失重率/%	碱液浓度/(g·L^{-1})	时间/s	织物失重率/%	木棉纤维失重率/%
1	9.62	24.05	140	80	13.34	52.25
2	9.88	24.70	140	200	13.62	54.12
3	9.78	24.45	180	80	13.42	53.03
4	9.88	24.70	180	200	12.73	50.58
5	9.72	24.30	200	80	12.63	49.74
6	9.80	24.50	200	200	12.81	50.68
7	9.30	23.25	280	300	12.84	49.43

(续表)

试验编号	预处理后		浓碱处理条件		浓碱处理后	
	织物失重率/%	木棉纤维失重率/%	碱液浓度/(g·L^{-1})	时间/s	织物失重率/%	木棉纤维失重率/%
8	9.63	24.08	280	600	13.05	51.15
9	9.87	24.68	320	300	10.73	42.61
10	9.99	24.98	320	600	12.21	48.81

在浓碱处理中,织物继续失重。从表4-16可以看出,浓碱处理后,原织物中木棉纤维失重率为42.61%~54.12%,远大于木棉纤维中的木质素含量。在浓碱处理过程中,木棉纤维中剩余的木质素被溶解,同时纤维表皮层发生破损、脱落,纤维主体层的弱节连接处的组分被溶解、刻蚀,也就是说,浓碱处理使得木棉纤维结构弱节部位的连接力进一步削弱,导致后续洗涤过程中会发生纤维片段在弱节断裂、脱落的现象。因此,在后续木棉产品加工过程中,应设法避免碱液处理,或慎重用碱,以便保持木棉纤维的原生态细胞壁结构和性能。

4.4.5 使用过程中木棉纤维的损耗情况

试样采用木棉混纺毛巾,其毛圈部分为木棉/黏胶/棉(30/35/35)混纺纱,以及木棉混纤絮料的被子。分别测试新木棉混纺毛巾和洗脸用六周后旧毛巾毛圈纱中木棉纤维的根数比例变化,结果见表4-17。

表4-17 使用前后木棉混纺毛巾中纤维根数及比例

试样	试验次数	木棉纤维根数	其他纤维根数	木棉纤维根数比例/%
新毛巾	1	250	821	21.52±1.09
	2	215	835	
	3	230	858	
	4	238	890	
旧毛巾	1	131	871	14.01±0.63
	2	153	885	
	3	141	874	
	4	150	895	

从表4-17看出,新毛巾和使用六周之后的毛巾中木棉纤维根数占纤维总根数比例分别是21.52%、14.01%,两者数值差很大。使用之后,木棉毛巾中木棉纤维数量减少很多,说明在木棉毛巾"掉毛"过程中,木棉纤维发生脱落,并且比其他纤维脱落的更多。究其原因,也是表面光滑、柔软的木棉纤维在纱线表层分布较多,并且木棉纤维横向弱节明

显,因此在使用过程中极易脱落,导致产品中木棉纤维含量下降。

对使用四年以后的木棉被絮料的纤维碎屑进行尺寸统计,得到长度分布情况,见图 4-31。

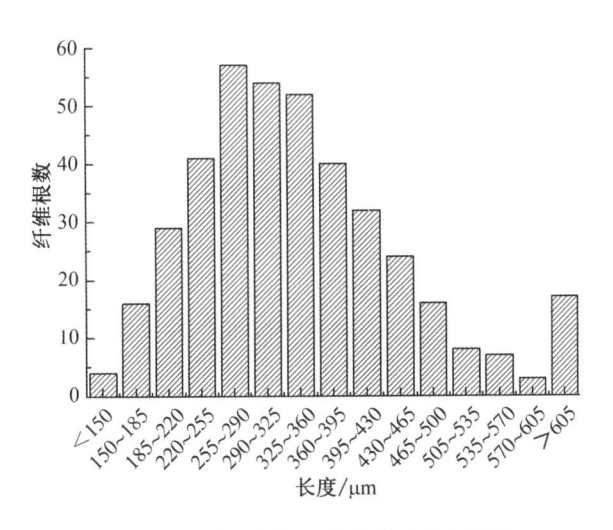

图 4-31 木棉纤维碎屑的长度分布情况

由图 4-31 可以看出,随着长度增加,纤维碎屑的根数呈现出先增加后减少的趋势。纤维碎屑长度分布主要集中在 255～360 μm(约为 7～12 倍的纤维直径);长度分布在 255～290 μm(约为 7～10 倍的纤维直径)的纤维碎屑数量最多;长度小于 185 μm 或大于 465 μm 的木棉纤维碎屑数量较少。上述统计结果表明,小应力长时间磨损下的木棉纤维碎屑长度分布比较集中,可为纤维制品的加工提供相关尺寸参数依据。

第 5 章 木棉纤维高蓬松材料的制造技术与应用

5.1 木棉高蓬松絮片制造技术

木棉纤维具有质量轻、长度较短、表面光滑、抱合力低等特性,其纺纱技术要求高。现有木棉纱主要为混纺产品,纺纱过程中木棉纤维的高中空结构被压扁,从而未能有效保留其固有特性。为最大限度地保留木棉纤维自身特性,减少其在生产加工过程中受到较强机械力作用时细胞壁很容易发生的裂口、断裂等破损现象,笔者团队一直在探索有效的非织造加工技术,先后尝试了梳理成网和气流成网技术及针刺、水刺和热黏合等加固方式,以制备木棉非织造絮片。研究发现,梳理成网和针刺加固会对纤维产生较大的损伤;采用水刺制备的木棉非织造絮片手感柔软,存在木棉纤维薄时布面均匀性问题;"木棉气流成网+热风黏合"制备非织造絮片可以有效保有木棉中空度及木棉自身的特性,并采用此方法先后开发了系列木棉、木棉/羽绒、木棉/涤纶等混纤高蓬松絮片,用于防寒服、被子、床垫、浮力材料及油液吸附材料等。本章主要介绍"气流成网+热风黏合"木棉高蓬松絮片的制造技术,并对絮片的结构与性能进行系统的评价。

5.1.1 成网技术

气流成网是目前干法成网非织造布生产中普遍采用的一种技术,其利用空气动力使纤维分散、成网,最突出特点是适用于加工抱合力较低的非常规纤维,例如梳理技术难以成网的金属纤维、木屑、玻璃纤维等。纤维在纤网中呈各向随机分布,所加工出的产品纵横向性能差异小、压缩性能明显优于水平铺网产品,而相对于垂直铺网具有成本优势。

木棉纤维因其比重轻,在气流成网技术中,容易被气流"操作"和"控制"。在高速气流的作用下,木棉纤维呈现出翻飞的动态"悬浮"状态,使得木棉纤维随机分布,所得纤网呈现出无规定向的纤维排列。同时,木棉纤维长度较短且表面较光滑,减少了木棉纤维之间以及木棉与其他混用原料之间的缠结,类似于在成网之前又进行一次充分的开松混合,使得纤网中各种原料的分布更为均匀、蓬松。

5.1.2 热黏合技术

热黏合技术是一种将纤网中热熔纤维在交叉点或轧点通过加热熔融,从而实现纤网加固的技术。笔者采用的是双组分纤维热熔黏合工艺,具体为热风穿透黏合法,纤维间以点状结构固结在一起,赋予纤网诸多的优点,如:

(1) 避免了机械加固法对木棉纤维高中空结构的损伤。

(2) 热风黏合工艺中,温度在120～140 ℃,对木棉纤维的影响比较缓和,能保证木棉纤维的天然生物特性不产生显著改变。

(3) 固结后的点状结构可在保证强力的情况下实现纤网的良好手感和扩展的空间结构。

5.1.3 絮片制备

原料包括木棉纤维(产自印尼)、乙烯-丙烯腈共聚物(ES)纤维(作为黏结纤维)以及涤纶、羽绒等。木棉纤维和ES纤维的基本性能如表5-1所示。

表5-1 原料的基本性能

原料	纤维长度/mm	线密度/dtex	中空度/%
木棉纤维	21.2	0.629	85
ES纤维	51.0	2.220	0

成网设备采用美国软聚公司产Rando(兰多)气流成网机,木棉纤维、中空涤纶纤维和ES等纤维经过开松混合后,在气流作用下凝聚在尘笼表面形成纤维网向外输出。输出的纤维网经过裁剪,放入电热恒温鼓风干燥箱(DGG-9030A)内进行加热黏合,加热黏合的温度为140 ℃,时间为30 min,通过热风黏合方式保持结构的黏合均匀性和蓬松性。

"气流成网+热风黏合"木棉高蓬松絮片制备工艺流程:黏结纤维等化纤开松→与木棉及其他纤维预混合→再混合开松→气流成网→热风黏合→结构化纤维集合体。

5.2 木棉高蓬松絮片结构与性能

5.2.1 结构特征

通过扫描电子显微镜(TM3000)对制备的木棉/ES(80/20)纤维絮片和木棉/中空涤纶/ES(40/40/20)纤维絮片中的纤维形态进行观察分析。参照GB/T 24218.1—2009《纺织品 非织造布试验方法 第1部分:单位面积和质量的测定》和GB/T 24218.2—2009《纺织品 非织造布试验方法 第2部分:厚度的测定》,测试纤维絮片的面密度和厚度,共测试10块试样,结果取平均值。絮片的孔隙率P按下式计算:

$$P = \left(1 - \frac{V_f}{V}\right)$$

$$V_f = \frac{m_k}{p_k} + \frac{m_p}{p_p} + \frac{m_{ES}}{p_{ES}} = \frac{VW}{T}\left(\frac{w_k}{p_k} + \frac{w_p}{p_p} + \frac{w_{ES}}{p_{ES}}\right)$$

(5-1)

式中：W 和 T 分别为絮片的面密度和厚度；V 为絮片的表观体积；V_f 为絮片中纤维所占体积；m_k、m_p 和 m_{ES} 分别为絮片中木棉纤维、中空涤纶纤维和 ES 纤维的质量；w_k、w_p 和 w_{ES} 分别为絮片中木棉纤维、中空涤纶纤维和 ES 纤维的质量混合比；p_k 和 p_p 分别为木棉纤维和中空涤纶纤维的胞壁密度，其值分别为 1.35 g/cm³ 和 1.38 g/cm³；p_{ES} 为 ES 纤维的密度（1.38 g/cm³）。

木棉/ES 纤维絮片和木棉/中空涤纶/ES 纤维絮片的基本结构参数如表 5-2 所示。

表 5-2 木棉/ES 纤维絮片和木棉/中空涤纶/ES 纤维絮片的基本结构参数

絮片类型		厚度/cm	面密度/($\times 10^{-2}$ g·cm⁻²)	孔隙率/%
木棉/ES 纤维絮片	最大值	1.95	3.93	98.51
	最小值	1.00	2.20	98.38
	平均值	1.40	2.95	98.45
	标准偏差	0.25	0.51	0.16
木棉/中空涤纶/ ES 纤维絮片	最大值	1.85	4.37	98.31
	最小值	0.88	2.41	97.34
	平均值	1.15	3.09	98.03
	标准偏差	0.22	0.63	0.27

从表 5-2 可以看到，木棉/ES 纤维絮片和木棉/中空涤纶/ES 纤维絮片的平均面密度分别为 2.95×10^{-2} g/cm² 和 3.09×10^{-2} g/cm²，孔隙率均大于 98%。同时，采用 YG028-500 织物撕裂强力测试仪，测得纤维絮片的断裂强度分布在 273.9~316.0 cN。

图 5-1 所示为木棉/ES 纤维絮片中纤维的黏合状态，图 5-2 和图 5-3 所示为木棉/中空涤纶/ES 纤维絮片及其中的木棉纤维和中空涤纶纤维的截面形态。

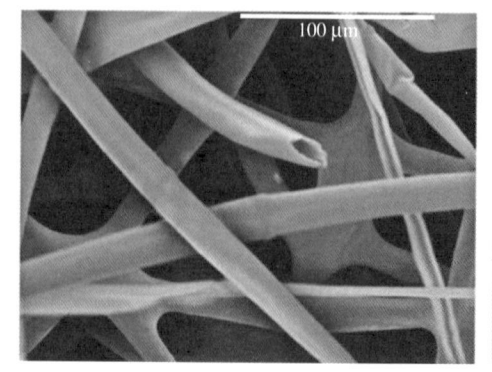

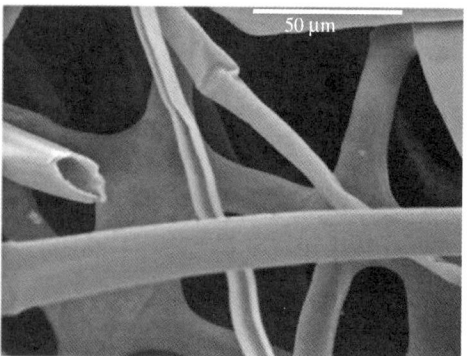

图 5-1 木棉/ES 纤维絮片中纤维的黏合状态

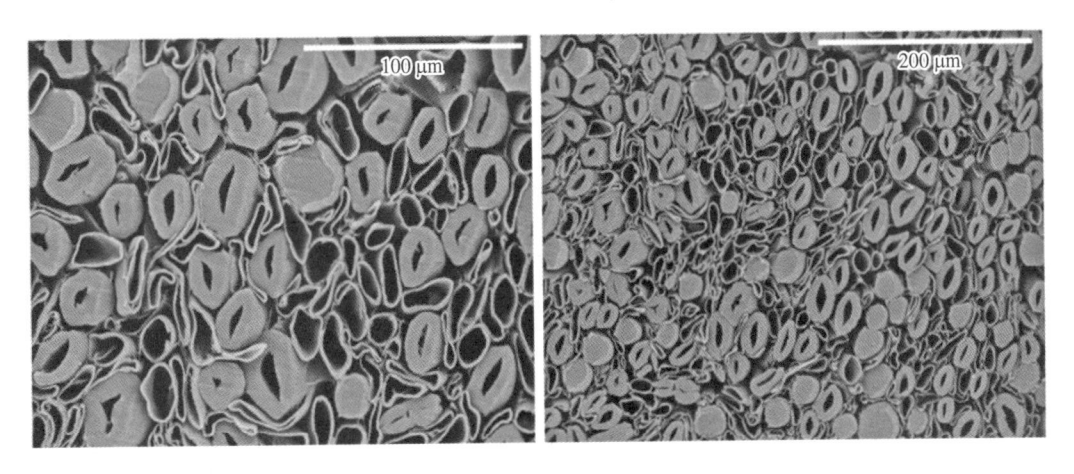

图 5-2　木棉/中空涤纶/ES 纤维絮片的截面形态

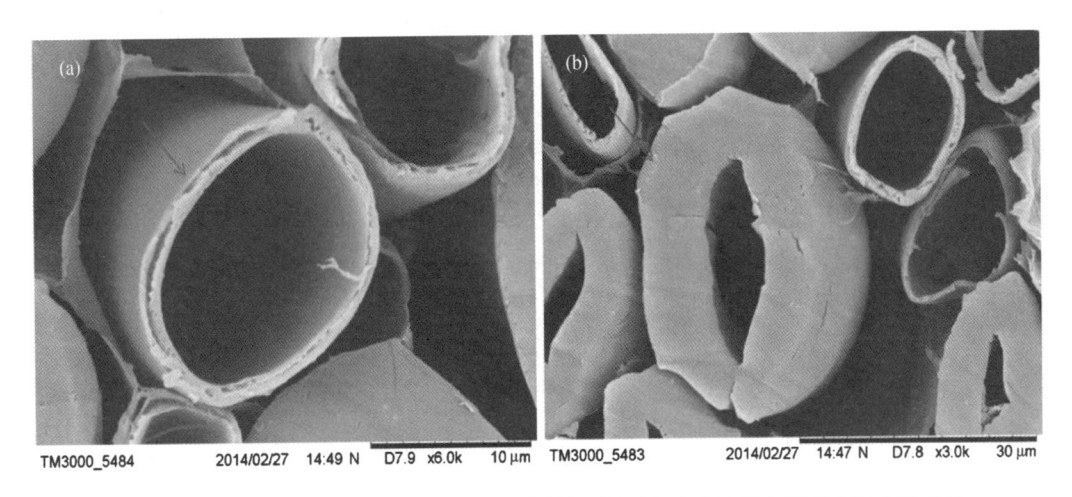

图 5-3　木棉/中空涤纶/ES 纤维絮片中木棉纤维(a)和中空涤纶纤维(b)的截面形态

由图 5-1 所示,经过加热处理之后,ES 纤维的皮层发生熔融,并和芯层组织形成黏结构,将相邻纤维连接,形成具有多孔结构的纤维集合体絮片。从图 5-2 和图 5-3 可以看到,絮片内部绝大部分木棉纤维和中空涤纶纤维没有被压扁,依旧保留大比例的中腔结构。

5.2.2　压缩性能

为了方便讨论絮片的压缩性能,采用"气流成网＋热风黏合"技术,制备了四种木棉纤维及其与中空涤纶纤维、聚对苯二甲酸丙二醇酯(PTT)纤维的混纤絮片,其中,低熔点纤维含量均为 20%,编号 K、分别代表 100% 木棉纤维和市售喷胶棉(100% 涤纶纤维)。样品的规格参数如表 5-3 所示。

表 5-3　木棉及其混纤絮片样品参数

编号	原料	面密度/(g·m^{-2})	厚度/mm	密度/(kg·m^{-3})
KB	80%木棉纤维	307.9	29.88	10.3
KF	50%木棉纤维+30%四孔三维卷曲中空涤纶纤维	296.7	35.92	8.3
KS	50%木棉纤维+30%七孔三维卷曲中空涤纶纤维	285.4	35.46	8.0
KP	50%木棉纤维+30%PTT纤维	445.2	34.28	13.0
P	100%涤纶纤维	212.1	34.25	6.2
K	100%木棉纤维	323.3	30.75	10.5

采用改装的KES-FB3压缩测试仪,依照行业标准FZ/T 01051—1998测试絮料的压缩性能。改装前后的仪器性能指标如表5-4所示,主要针对絮料特点对压脚和压缩距离进行调整,最大压力设定为980 cN。对于每种试样,选取大小为12×12 cm^{2}的六块样品,每块样品连续测三个压缩循环,绘制压缩曲线,并测得压缩性能指标。

表 5-4　改装前后的仪器指标

仪器指标	改装前	改装后
试样尺寸	>2 cm×2 cm	>4 cm×4 cm
测试面积	2 cm^2	10 cm^2
最大压缩力	2 500 cN	2 500 cN
压缩距离	0～5 mm	0～50 mm
压缩速度	0.2 mm/s	0.2 mm/s,2 mm/s
精度	满负荷的0.2%	满负荷的0.2%

絮片压缩性能测试结果如表5-5所示。从表5-5可以看出,四种纤维絮片的最大压缩率(EMC)均高于80%,这取决于纤维间孔隙,比较而言,市售喷胶棉的压缩率大于90%。在对絮片材料进行压缩循环测试的过程中可以观察到,从压缩循环1到压缩循环3,压缩功(WC)和压缩功(弹性)回复率(RC)分别呈下降趋势,并且RC_1明显高于RC_2,而RC_3小于RC_2的程度则较小,这也表明三个压缩循环的设定是合理的。KF、KS和KP的压缩功有较大差异,纯木棉纤维絮片的压缩功最大,从RC值可以看出,中空涤纶和PTT纤维的使用均可以有效地提高絮料的压缩功(弹性)回复率。

表 5-5 压缩性能测试结果

样品	$EMC/\%$	循环 1		循环 2		循环 3		LC_1
		$WC_1/$ $(cN \cdot cm \cdot cm^{-2})$	$RC_1/\%$	$WC_2/$ $(cN \cdot cm \cdot cm^{-2})$	$RC_2/\%$	$WC_3/$ $(cN \cdot cm \cdot cm^{-2})$	$RC_3/\%$	
KB	84.57	31.87	38.91	25.62	38.77	24.04	38.73	0.396
KF	89.78	29.40	43.05	23.38	42.00	22.06	41.49	0.276
KS	89.57	30.26	42.60	24.41	41.44	22.99	41.17	0.277
KP	83.79	23.41	44.72	19.43	42.30	18.85	42.19	0.370
P	92.55	57.14	40.92	57.07	40.00	56.97	39.37	0.390
K	85.95	31.31	37.15	24.61	36.96	23.60	36.92	0.391

图 5-4 为编号为 KP 絮料经过压缩性能测试后 SEM 图像,可以看到,经过多次压缩后,木棉纤维在一定程度上仍呈中空状态,这有利于絮料的持久保暖。同时也说明,合理的机器加工方式对木棉纤维的损伤不大。

图 5-4 絮片 KP 经压缩性能测试后的 SEM 图像

5.2.3 保暖性能

采用表 5-3 给出的木棉及其混纤絮片样品,参照 GB/T 11048—1989《纺织品保暖性能试验方法》,使用 YG606 型平板保暖仪测试样品的保暖性能。每种样品取试样三块,试样尺寸为 30 cm×30 cm,要求平整、无折痕,并置于规定的标准大气条件下调湿 24 h,然后在标准温湿度条件下进行热阻测试。为了便于比较,定义了面密度热阻和厚度热阻,面密度热阻是指把热阻折算到面密度为 200 g/m²,厚度热阻是指把热阻折算到厚度为 10 mm，计算公式分别如下：

$$面密度热阻 = \frac{热阻}{面密度} \times 200 \quad (5-1)$$

$$厚度热阻 = \frac{热阻}{厚度} \times 10 \quad (5-2)$$

木棉及其混纤絮片的保暖性能测试结果如表 5-6 所示。

表 5-6 保暖性能测试结果

样品	KB	KF	KS	KP	P	K′
R	3.898	3.469	3.352	3.695	2.957	4.099
R_a	2.532	2.338	2.349	1.660	2.789	2.511
R_t	1.305	0.966	0.945	1.078	0.863	1.332

注：R 表示热阻(clo)，R_a 表示面密度热阻(clo)，R_t 表示厚度热阻(clo)，样品 K′ 为 100% 木棉纤维(含外层织物)。

从表 5-6 可以看出，面密度热阻 R_a 大意味着在提供相同保暖能力的条件下，织物可以更轻，因此有利于服装减轻质量。可以看到，KB、KF 和 KS 的面密度热阻大于 KP，略微低于 P、K′，这说明中空纤维(木棉和中空涤纶)的使用有利于减轻服装的质量。厚度热阻 R_t 越大，织物的保暖性越好。四种絮片的保暖性都好于样品 P(市售喷胶棉)。样品 KB 中的木棉纤维含量高，其面密度热阻和厚度热阻都高于样品 KF、KS 和 KP，接近于样品 K′，这说明木棉纤维在絮料的保暖性上起着很重要的作用。

5.2.4 浮力性能

（1）浮力测试装置搭建。根据阿基米德原理，搭建了一种简单装置，用于测试木棉高蓬松絮片的浮力性能。使用的器材有电子秤、悬臂梁式支撑台(放置电子秤)、绳索、铁板(使浮体材料完全浸入水中)、长木板(将台秤转换为钩秤用)、水桶、铁钩(用于悬挂)。测试装置如图 5-5 所示。

木棉高蓬松絮片样品的尺寸为 18 cm × 14 cm × 7 cm，尺寸波动 ±0.5 cm，质量为 (65±8) g。浮力块体的外部用纱布包裹，然后用纱线缠绑(纱布和纱线的质量很小，在实际计算过程中可以忽略不计)。先称取铁板在空气中受到的重力(记作 G_1)，然后称取铁板在水中受到的浮力(记作 F_1)。根据牛顿定律，物体受到的向上的力等于该物体受到的向下的力。在试验过程中，电子秤的读数为 F，样品的重力为 $G_样$，样品受到的浮力为 $F_浮$，由力的平衡可知：

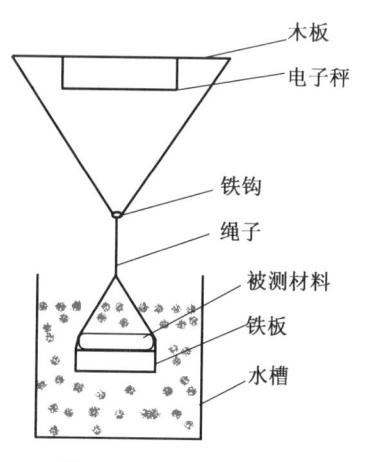

图 5-5 浮力测试装置

$$G_1 + G_{样} = F_1 + F + F_{浮}$$

根据以上平衡方程,可以计算木棉浮体材料受到的浮力。在试验过程中,将浮体材料和铁块捆绑在一起,而且要低于水平面 5 cm 左右,分别在 5 min、1 h 和 24 h 读取电子秤屏幕上显示的数值。

(2) 试样制作。为考查片状木棉/黏结纤维材料浮力性能及裁剪可能带来的浮力损失等问题,采用的材料及其制作方法包括五种:纯木棉传统填充、无黏结点絮片(热定型前絮料)层叠、手撕断的木棉/黏结纤维片状浮体材料层叠、剪刀剪断的木棉/黏结纤维片状浮体材料层叠、一次成型的木棉/黏结纤维的浮力块体材料(表 5-7)。

表 5-7 浮力块体材料的制作方法与结构特征

试样编号	材料	纤维含量/%		制作方法	有无黏结点
		木棉	低熔点涤纶		
A	纯木棉	100	—	传统填充	无
B	木棉/黏结纤维	80	20	热定型前絮料	无
C		80	20	手扯断絮片	有
D		80	20	剪开絮片	有
E		80	20	一次成型块体	有

(3) 浮力性能测试。采用浮力倍数及浮力降衡量木棉纤维集合体的浮力性能,即:

浮力倍数是指单位质量的浮体材料提供的浮力大小,无量纲。浮力倍数越大,表示浮力性能越好。

浮力降(%)是指初始浮力(入水 5 min 测定)与 24 h 后的浮力之差与初始浮力的比值。浮力降越小,表示浮力性能越好。

表 5-8 给出了五种浮体材料的浮力倍数和浮力降。

表 5-8 浮体材料的浮力倍数和浮力降

编号	制作方法	浮力倍数			浮力降/%
		5 min	1 h	24 h	
A	传统填充	16.73	16.48	15.77	5.68
B	热定型前絮料	18.35	17.90	16.98	7.52
C	手扯断絮片	16.98	16.31	15.65	7.82
D	剪断絮片	18.41	17.74	17.11	7.06
E	一次成型块体	18.73	18.46	17.78	5.12

从表 5-8 可以看出,各种浮体材料的浮力倍数都是其自身重力的 16 倍以上,所制作的各种浮体材料浮力性能差别不大,说明木棉高蓬松材料在浮力领域有很好的应用前

景。24 h 浮力降低于 8%，可从中筛选出方便使用的新型浮体材料制作方法。

5.3 木棉高蓬松絮片油液吸附性能

5.3.1 双尺度吸油模型

木棉纤维是一种具有大中空管状结构的纤维，纤维集合体的孔隙包括纤维间和纤维中腔两个尺度。在吸油过程中，油液不仅吸附在纤维表面和纤维间空隙中，而且能够渗入纤维中腔。笔者建立了木棉纤维集合体双尺度孔隙吸油模型(图 5-6)，探讨双尺度孔隙结构和纤维集合体油液吸附规律间的关系。

图 5-6 双尺度空隙吸油模型

将木棉纤维集合体的中腔孔隙等效为一系列直径等于纤维中腔大小的平行毛细管束，其等效毛细吸油直径可表达如下：

$$Q_w = \frac{\rho}{\rho_w} \tag{5-3}$$

由此得到纤维集合体的总孔隙率 ε、纤维间孔隙率 ε_e 和纤维中腔的孔隙率 ε_i 的表达式：

$$\varepsilon = 1 - Q_w = 1 - \frac{\rho}{\rho_w} \tag{5-4}$$

$$\varepsilon_e = 1 - Q_f = 1 - \frac{\rho}{\rho_f} \tag{5-5}$$

$$\varepsilon_i = \varepsilon - \varepsilon_e = \rho\left(\frac{1}{\rho_f} - \frac{1}{\rho_w}\right) \tag{5-6}$$

设 S_v 为纤维集合体的比表面积，n 为等效毛细管的根数，根据假设，有以下关系：

$$S_v(1-\varepsilon_e) = \pi d_{he} n \tag{5-7}$$

$$\varepsilon_e = \frac{\pi d_{he}^2}{4} n \tag{5-8}$$

纤维集合体的比表面积定义如下：

$$S_v = \frac{\pi d L}{\frac{\pi}{4}d_e^2} = \frac{4}{d_e} \tag{5-9}$$

其中：d_e 为纤维直径。

合并式(5-7)~式(5-9)，得到：

$$d_{he} = \frac{\varepsilon_e}{1-\varepsilon_e}d_e \tag{5-10}$$

根据 Washburn 毛细芯吸方程，液体在毛细管中的芯吸长度 L 与时间 t、毛细直径 d_c 间存在以下关系：

$$L^2 = \frac{\gamma_l \cos\theta}{4\mu}d_c t \tag{5-11}$$

其中：γ_l 为液体表面张力；θ 为接触角；μ 为液体的黏度。

吸收液体的质量与芯吸长度间存在以下关系：

$$W = A\varepsilon_0 \rho_l L \tag{5-12}$$

其中：A 为毛细管横截面面积；ρ_l 为液体的密度。

将纤维中腔和纤维间孔隙的等效毛细吸油直径分别代入式(5-11)和式(5-12)，得到纤维间和纤维中腔孔隙芯吸吸油的质量与时间的关系式：

$$W_e^2 = A^2\rho_l^2 \frac{\varepsilon_e^3}{(1-\varepsilon_e)} \frac{\gamma_l \cos\theta}{4\mu}d_e t \tag{5-13}$$

$$W_i^2 = A^2\rho_l^2\varepsilon_i^2 \frac{\gamma_l \cos\theta}{4\mu}d_i t \tag{5-14}$$

其中：W_e 为纤维间孔隙的吸油质量；W_i 为纤维中腔孔隙的吸油质量。

从以上公式可以看出，对于同一种液体，纤维芯吸吸油质量的平方与芯吸时间之比是恒定不变的，有文献将其定义为毛细吸收系数，即：

$$c = \frac{W^2}{t} = \frac{W_e^2}{t} + \frac{W_i^2}{t} = c_e + c_i \tag{5-15}$$

其中：c_e 和 c_i 分别为木棉纤维间和纤维中腔的毛细吸收系数。

从物理意义上来说，毛细吸收系数表示纤维芯吸吸油质量的平方与时间关系曲线的斜率，而大小反映纤维芯吸吸油速率的快慢程度。毛细吸收系数通过芯吸法可以测得，吸油模型的有效性通过理论计算和实际测得的毛细吸收系数进行比较验证。通过对密度在 0.03~0.10 g/cm³ 范围的木棉纤维集合体进行毛细吸收系数测试与计算，结果发现偏差小于1%,表明建立的木棉纤维集合体双尺度孔隙吸油模型具备合理性。

为了进一步说明纤维中腔孔隙对木棉纤维集合体吸油的影响,图5-7给出了不同密度下木棉纤维集合体的吸油倍率,并根据双尺度吸油模型,划分了纤维中腔吸油量占据的分量,见图中浅灰色柱。

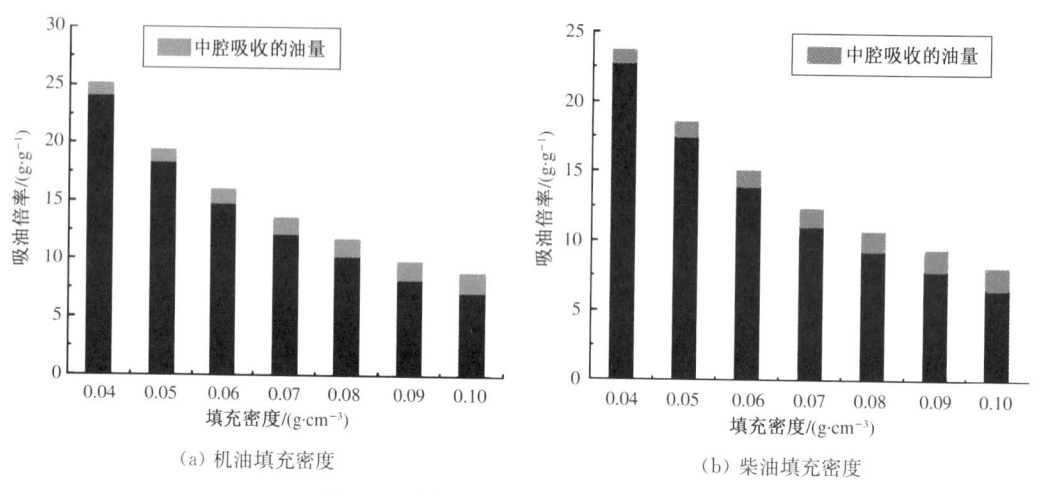

(a) 机油填充密度

(b) 柴油填充密度

图5-7　木棉纤维的吸油倍率变化规律

从图5-7可以看到,在不同密度下,木棉纤维集合体的吸油倍率随着密度增大而显著变化。在填充密度为0.04 g/cm³时,木棉纤维对机油和柴油的吸油倍率分别为25.10 g/g和23.72 g/g,中腔孔隙吸油倍率分别为1.02 g/g和0.97 g/g。当密度增大为0.10 g/cm³时,木棉纤维对使用机油和柴油的吸油倍率分别为8.86 g/g和8.16 g/g,中腔孔隙吸油倍率分别为1.76 g/g和1.62 g/g。随着纤维填充密度的增大,纤维孔隙率减少,导致纤维吸附油液的空间减少。同时纤维中腔的孔隙体积所占的比例逐渐增大,中腔孔隙吸油的作用增强,在0.10 g/cm³的集合体密度下,纤维中腔的吸油量占纤维集合体总吸油量的20%。

5.3.2　油液吸附性能

采用吸油倍率和保油率来评价木棉纤维絮片吸油性能,试样采用表5-2给出的木棉纤维絮片,具体步骤:将吸油絮片置于测试油液中,吸附15 min后取出,静置在滤网上,称取静置15 min和24 h时絮片的质量,按照下式计算吸油倍率和保油率:

$$吸油倍率 = \frac{m_{f15} - m_f}{m_f} \tag{5-16}$$

$$保油率 = \frac{m_{f24} - m_f}{m_{f15} - m_f} \tag{5-17}$$

式中:m_f为吸油前絮片的质量;m_{f15}和m_{f24}分别为吸油后静置15 min和24 h时絮片的

质量。

木棉纤维絮片的吸油倍率和保油率如图5-8所示。

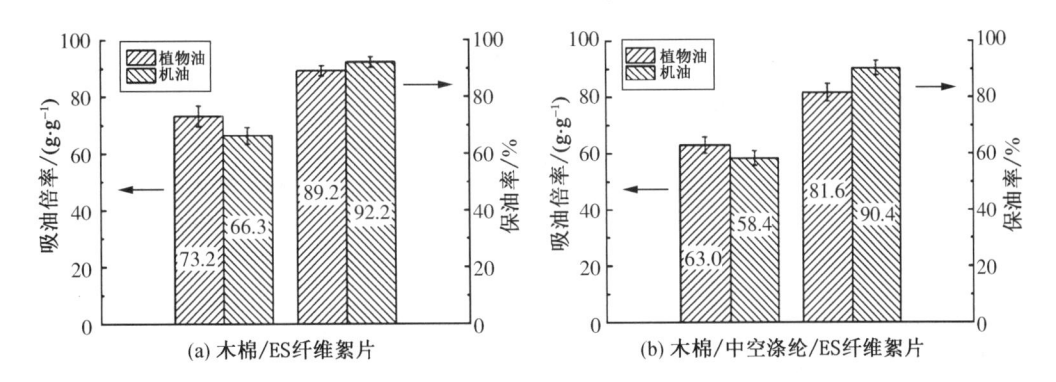

图5-8 木棉/ES纤维絮片和木棉/中空涤纶/ES纤维絮片的吸油倍率和保油率

从图5-8可以看到,木棉/ES纤维絮片对植物油和机油的吸附倍率分别为73.2 g/g和66.3 g/g,保油率分别为89.2%和92.2%。木棉/中空涤纶/ES纤维絮片对植物油和机油的吸附倍率分别为63.0 g/g和58.4 g/g,保油率分别为81.6%和90.4%。在密度为0.07 g/cm³的条件下,木棉散纤维集合体对植物油和机油的吸附倍率为12~15 g/g,相比之下,木棉/ES纤维絮片和木棉/中空涤纶/ES纤维絮片的吸附倍率为58~73 g/g,提高约4.8倍。

纤维絮片高吸油倍率的原因包括两部分:一方面纤维絮片的孔隙率高,大量孔隙为油液的吸附提供较大的存储空间;另一方面,通过气流控制形成的纤维絮片孔隙结构相对均匀,孔隙间形成的毛细吸附力差异小,有利于增大吸附油液的"有效"孔隙的比例。而对于松散的木棉纤维集合体,纤维的孔隙结构差异大,孔隙大小分布范围广,毛细吸附力的大小和纤维孔隙的大小成反比,较大的孔隙因为毛细力小而无法吸附油液,导致纤维集合体的"有效"孔隙减少。

5.3.3 油液拦截性能

(1) 对静态水面浮油的拦截。以木棉/中空涤纶/ES纤维絮片(40/40/20)为例,纤维絮片采用尼龙网袋包裹,作为漂浮在静态水面上的浮油拦截絮片。使用的油液包括植物油和机油,油液的基本性质见表5-9。

表5-9 油液的基本性质

油液	密度/(g·cm⁻³)	黏度/(mPa·s)	表面张力/(mN·m⁻¹)
植物油	0.92	72.10	33.45
机油	0.86	144.60	26.07

如图5-9所示,用于测试的水槽尺寸为385 mm(L)×280 mm(W)×200 mm(H),

纤维絮片横跨水槽中央。水槽的一侧有浮油(染成红色),比另一侧液面高 10 mm,被絮片拦截,絮片的厚度分别为 10 mm、14 mm 和 18 mm。

浮油泄漏的时间定义为絮片另一侧开始出现可见油滴的时间。漏出的油液用注射器收集,间隔时间为 3~30 min。絮片拦截油液的效率和油液泄漏的速度通过下式计算:

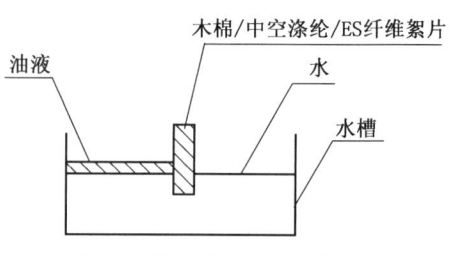

图 5-9 静态水面浮油拦截试验

$$v_{\Delta_{t_i}} = \frac{V_{\Delta_{t_i}}}{\Delta_{t_i}} \tag{5-18}$$

$$e_{t_i} = \frac{V_t - \sum_{j=1}^{i} V_{\Delta_{t_i}}}{V_t} \tag{5-19}$$

其中:$V_{\Delta_{t_i}}$ 和 $v_{\Delta_{t_i}}$ 分别表示在 Δ_{t_i} 这一时间间隔内收集到的油液体积和平均漏油速度;e_{t_i} 为时间 t_i 时的油液拦截效率;V_t 为油槽中初始油液的总体积。

木棉纤维和中空涤纶纤维优良的疏水亲油性有利于油液在纤维间孔隙通过芯吸作用发生运动,进而通过毛细作用渗入纤维中腔,而水由于高接触角和能阻被排斥在纤维集合体絮片外。表 5-10 所示为不同厚度纤维絮片的开始漏油时间和拦油效率。

表 5-10 木棉/中空涤纶/ES 纤维絮片对静止水面浮油的拦截

油液	絮片厚度/mm	初始漏油时间/min	拦截效率/%
植物油	10	20	92.21
	14	28	96.05
	18	33	98.60
机油	10	21	92.33
	14	34	97.02
	18	36	98.74

从表 5-10 可以看到,当木棉/中空涤纶/ES 纤维絮片厚度为 10 mm 时,植物油和机油开始泄漏的时间分别为 20 min 和 21 min,初始漏油时间随着纤维絮片厚度增大而增大,絮片厚度为 14 mm 和 18 mm 时,初始漏油时间延长并超过 30 min。一旦油液突破纤维絮片后,油液的泄漏持续进行。

图 5-10 所示为不同时间段的漏油速率。从此图可以看到,油液泄漏分为三个阶段。在第一阶段,油液泄漏速率急剧增大,这是因为絮片两侧的水压在初始漏油阶段最大,油液沿着絮片上下运动并突破纤维絮片,导致漏油速率不断增大。随着两侧水压的减小,油液泄漏进入第二阶段,漏油速率开始持续减小。随着两侧水压和油膜厚度进一步减

小,油液泄漏进入第三阶段,漏油速率向零靠近。最大漏油速率随着絮片厚度增大而减小,当木棉/中空涤纶/ES 纤维絮片厚度为 10 mm 时,植物油和机油的最大漏油速率分别为 0.12 mL/min 和 0.06 mL/min,当木棉/中空涤纶/ES 纤维絮片厚度为 18 mm 时,植物油和机油的最大漏油速率分别为 0.03 mL/min 和 0.02 mL/min。

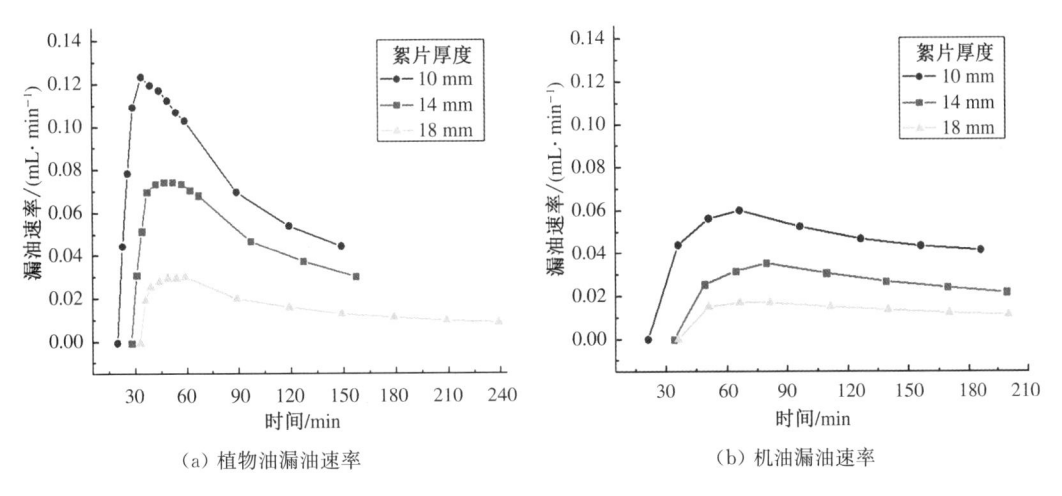

(a) 植物油漏油速率　　　　　　　　　　(b) 机油漏油速率

图 5-10　木棉/中空涤纶/ES 纤维絮片在静止水面的漏油速率

图 5-11 所示为不同阶段纤维絮片对植物油和机油的拦截效率。从此图可以看到,泄漏的油液随着时间延长不断增多,拦截效率不断下降。当漏油速率进入第三阶段时,不同厚度的纤维絮片对植物油的拦截效率为 92.21%～98.60%,对机油的拦截效率为 92.33%～98.74%,拦截效率随着絮片厚度增大而减小。

(a) 植物油的拦截效率　　　　　　　　　(b) 机油的拦截效率

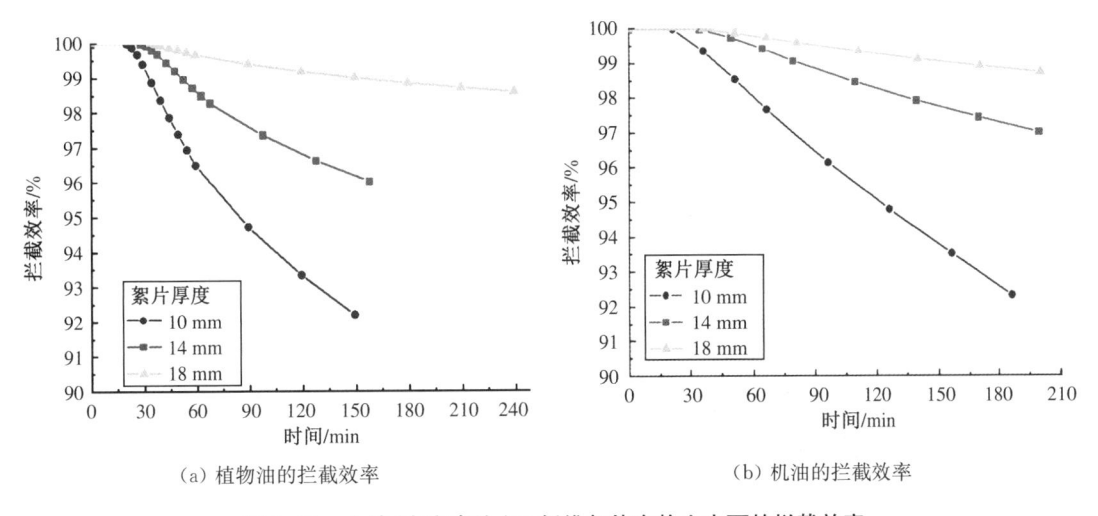

图 5-11　木棉/中空涤纶/ES 纤维絮片在静止水面的拦截效率

(2) 对动态水面浮油的拦截。关于大多数应用场合,溢油的拦截回收需要在复杂的环境中进行,例如由多风天气或水上船只导致的水面波动,加速水面浮油运动扩散。在测试絮片对动态水面浮油的拦截试验中,设置了流动的水面,水流速度分别为60.35、93.33和101.56 mL/s,木棉/中空涤纶/ES纤维絮片的厚度为10 mm,漏油过程记录的时间为30 min。浮油泄漏时间的定义和静态条件下一样,絮片拦截油液的效率和油液泄漏的速度根据式(5-18)和式(5-19)计算。试验装置如图5-12所示。

不同水流速度下,木棉/中空涤纶/ES纤维絮片的初始漏油时间和拦截效率如表5-11所示。

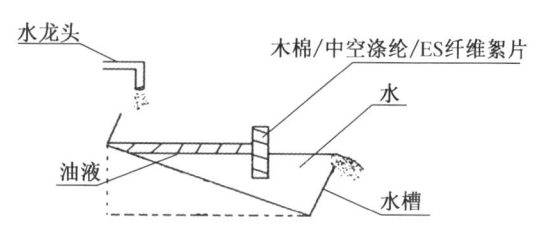

图 5-12 动态水面浮油拦截试验

表 5-11 木棉/PET 纤维絮片对流动水面浮油的拦截

油液	流速/(mL·s^{-1})	初始漏油时间/min	拦截效率/%
植物油	60.35	4	92.61
	93.33	3	86.08
	101.56	2	83.66
机油	60.35	6	97.00
	93.33	4	92.48
	101.56	2	88.52

从表5-11可以看到,水流速度下,木棉/中空涤纶/ES纤维絮片对油液的拦截效果和静态条件下相差较大。水流速度为60.35 mL/s时,植物油和机油突破絮片开始泄漏的时间分别为4 min和6 min;在油液泄漏持续30 min后,絮片对植物油和机油的拦截效率分别为92.61%和97.00%。随着水流速度增大至101.56 mL/s,植物油和机油的初始泄漏时间缩短为2 min;在漏油持续30 min后,植物油和机油的拦截效率分别为83.66%和88.52%。

由于水流运动增大了絮片两侧水压和浮油的移动性,因此初始漏油时间缩短,漏油拦截效率下降。

5.3.4 油水分离性能

(1)油水过滤装置搭建。针对无法回收的薄油膜或分散在水中的油粒,设计了能够分离油污水和回收油液的油水分离装置,采用三维木棉纤维集合体作为油水过滤滤芯。

油水分离装置利用木棉纤维的亲油疏水性能,主体包括油水分离与离心回收系统、动力系统、连接管路和传动系统,其原理如图5-13所示。油水混合物通过进液漏斗进入过滤分离系统,在可旋转锥形内筒内,油相被木棉纤维滤芯吸附拦截,产生延迟运动和两相分离,过滤后的水从排水口流出并被收集在过滤水回收槽中。随着油水分离的进行,木棉纤维滤芯吸附的油液量增多,油液开始突破木棉纤维滤芯,进入滤液,油水过滤效率下降。此时,停止油水过滤,盖上锥形内筒的顶盖,锥形内筒顶部的四道开口和顶盖间形成四道排油槽。启动电机,通过电机控制锥形内筒旋转,使吸附截留在木棉纤维滤芯中的油液在离心力作用下,顺着内筒的锥面向上高速甩出,通过排油槽进入锥形内筒和圆柱形外筒之间的油液回收缓存区,从下端排油口流出,回收到油液回收槽中。

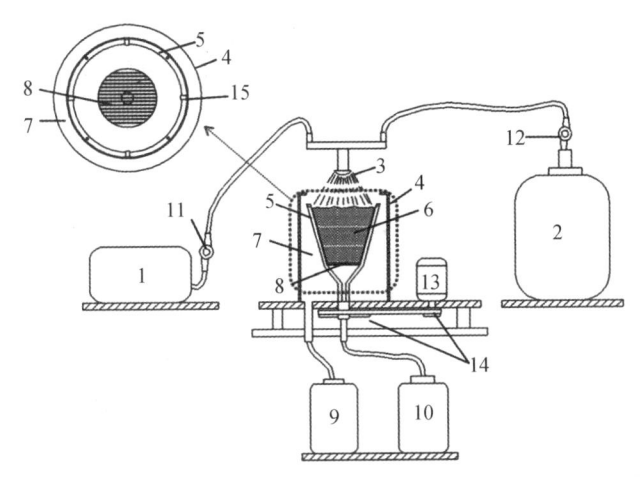

1. 进油槽;2. 进水槽;3. 喷液漏斗;4. 圆柱外筒;5. 可旋转锥形内筒;
6. 三维木棉滤芯;7. 油液回收缓存区;8. 网孔底板;9. 油液回收槽;10. 过滤水回收槽;
11. 进油控制泵;12. 进水控制泵;13. 电动机;14. 传动齿轮;15. 排油槽

图 5-13 油水分离装置结构与原理

(2) 木棉纤维滤芯的制备。采用木棉纤维(80%)和 ES 纤维(20%),通过气流成网设备加工成纤网,进行热风黏合。为了制备和油水分离装置上的过滤锥形转筒尺寸一致的锥形滤芯,制作了锥形钢网模具,用于制备滤芯。将木棉/ES 纤维纤网逐层铺放在锥形钢网模具中,进行热风黏合,热风温度为 140 ℃,黏合时间根据滤芯的密度不同设置为 60~90 min。滤芯的密度通过调节木棉/ES 纤维在锥形钢网模具中的质量进行控制,制备了三种不同密度(0.010、0.015 和 0.020 g/cm^3)的木棉纤维滤芯。

图 5-14 所示为锥形钢网模具,图 5-15 所示为密度为 0.020 g/cm^3 的木棉纤维滤芯的外观和内部结构。

图 5-14 锥形钢网模具

从图 5-15(a)可以观测到,木棉纤维滤芯呈锥形圆台的三维立体结构,从图 5-15(b)显示的纤维滤芯内部的扫描电镜图像可以观察到,ES 纤维黏结木棉纤维,形成三维结构的木棉纤维滤芯,纤维之间具有较高的孔隙率。

(a) 外观　　　　　　　　　(b) 内部结构

图 5-15　木棉纤维滤芯的外观和内部结构

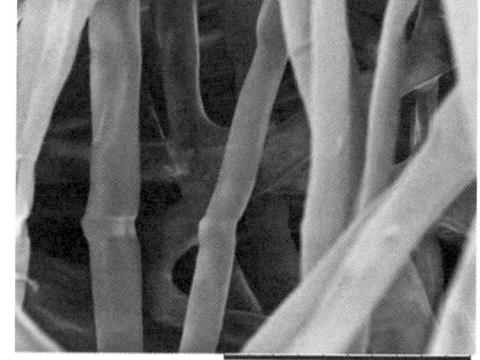

（3）测试与评价。试验使用的油液为柴油和植物油，油液的性质见表 5-12。

表 5-12　油液的性质

油液	密度/(g·cm^{-3})	黏度/(mPa·s)	表面张力/(mN·m^{-1})	与木棉的接触角/(°)
柴油	0.85	10.00	28.22	36.98
植物油	0.92	72.10	33.45	50.97

油和水按比例混合。油水混合物中，油含量控制在 11 500～13 150 mg/L。从喷液漏斗喷出，进入过滤分离系统，在可旋转锥形内筒中，油被木棉纤维吸附拦截，水从下端排水口流出，进入收集区，每 5 min 检查一次滤液中的含油率。油水分离装置的流速选择 560 mL/min。

随着油水分离的进行，木棉纤维滤芯吸附的油液量增多，油液开始突破木棉纤维滤芯，进入滤液，当检测到滤液含油率突然增大时，停止给液，合上锥形内筒的顶盖，启动电动机旋转锥形内筒，在高速旋转离心力作用下，吸附在木棉纤维滤芯内的油液沿着内筒锥面向上运动，在筒口处，通过内筒顶盖与内筒壁顶面间的四条排油槽甩出，进入内筒与外筒间的油液回收缓存区，从下端排油口出来，进入收集区。

木棉纤维滤芯的油水分离效果主要通过以下指标进行评价：

① 油液突破时间，即水分收集区开始出现第一滴可见油分的时间(min)。
② 吸油倍率，即纤维滤芯吸收油质量与纤维滤芯质量之比(g/g)。
③ 吸水倍率，即纤维滤芯吸收水质量与纤维滤芯质量之比(g/g)。
④ 油液回收率，即回收油液的质量占纤维吸收油液质量的百分比(%)。
⑤ 残油倍率，即残留在纤维滤芯中的油质量与纤维滤芯质量比(g/g)。

（4）油水分离性能分析。油水过滤循环分为三个典型阶段：第一阶段为油水分离阶段，油水混合物进入过滤分离系统，油液被木棉纤维吸附拦截（纤维吸附的油液），水从下端排水口流出进入收集区（收集的滤液）；第二阶段为纤维吸附饱和阶段，随着油水分离的进行,木棉纤维滤芯吸附的油液量增多,部分油液开始突破纤维滤芯,随滤液进入水分收集区;第三阶段为纤维脱油回收阶段,滤液含油率突然增大时,停止油水过滤,启动电机,木棉纤维滤芯吸附的油液通过离心进行回收,脱油后的纤维滤芯用于下一个循环试验。

在第一次过滤离心循环中,木棉纤维滤芯对植物油和柴油的油水混合物的过滤性能如表 5-13 所示。

表 5-13 木棉纤维滤芯的油水分离测试结果

油液	密度/ $(g \cdot cm^{-3})$	突破时间 /min	清水收 集量/L	吸油倍率/ $(g \cdot g^{-1})$	吸水倍率/ $(g \cdot g^{-1})$	油液回收 率/%	残油倍率/ $(g \cdot g^{-1})$
植物油	0.010	60	30.8	32.31	5.19	88.61	3.68
	0.015	90	47.6	30.81	2.91	90.15	3.03
	0.020	100	53.2	25.50	1.83	89.47	2.69
柴油	0.010	30	14.0	17.37	8.01	80.30	3.42
	0.015	40	19.6	14.42	4.91	81.83	2.62
	0.020	60	30.8	15.98	2.50	84.46	2.48

从表 5-13 可以看到,对于植物油而言,在第一次过滤离心循环中,当木棉纤维滤芯的密度分别为 0.010 g/cm³、0.015 g/cm³ 和 0.02 g/cm³ 时,植物油突破时间分别为 60 min、90 min 和 100 min,收集到的滤液(水)分别为 30.8 L、47.6 L 和 53.2 L,油液突破时间随着滤芯密度增大呈非线性增加。对于柴油而言,其表现出与植物油相似的规律,在油液突破时间上有一定差异,分别为 30 min、40 min 和 60 min,收集到的滤液量分别为 14.0 L、19.6 L 和 30.8 L。

进一步分析表 5-13 可以发现,当木棉纤维滤芯的密度分别为 0.010 g/cm³、0.015 g/cm³ 和 0.02 g/cm³ 时,对植物油的吸油倍率分别为 32.31 g/g、30.81 g/g 和 25.50 g/g,而对柴油的吸油倍率分别为 17.37 g/g、14.42 g/g 和 15.98 g/g,总体情况为吸油倍率随着滤芯密度增大而减小。当木棉纤维滤芯的密度增大时,单位体积中纤维根数增加,孔隙体积减小,储油空间减少,吸油倍率下降。

与吸油倍率相比,当木棉纤维滤芯密度分别为 0.010 g/cm³、0.015 g/cm³ 和 0.02 g/cm³ 时,对水的吸收倍率为 5.19 g/g、2.91 g/g 和 1.83 g/g,吸收倍率随着滤芯密度增大而减小。木棉纤维滤芯密度增大,孔隙减小,孔隙拒水毛细压增大,水分的吸收减少,吸收水分主要吸附在纤维间较大的孔隙。

通过脱除液体可回收部分油液(离心转速为 1 440 r/min),当木棉纤维滤芯密度分别为 0.010 g/cm³、0.015 g/cm³ 和 0.02 g/cm³ 时,对于植物油的回收率分别为 88.61%、90.15% 和 89.47%,而对于柴油的回收率分别为 80.30%、81.83% 和 84.46%。这表明木棉纤维滤芯在回收油液方面具有较高的效率。经离心脱油过程后,当滤芯密度为 0.010 g/cm³、0.015 g/cm³ 和 0.020 g/cm³ 时,植物油的残油倍率分别为 3.68 g/g、3.03 g/g 和 2.69 g/g,柴油的残油倍率分别为 3.42 g/g、2.62 g/g 和 2.48 g/g。随着木棉纤维滤芯密度的增加,两种油类的残油倍率均呈现下降趋势。

图 5-16 和图 5-17 所示为不同离心时间条件下纤维内植物油和柴油的分布状态,可以看到,油液在纤维网孔间和纤维中腔的吸附是油液滞留和油水分离的主要机制。当纤维滤芯受到高速离心作用时,绝大多数吸附在纤维网孔间的油液易于被排出,见两图中(a)和(b),而吸附在纤维中腔的油液即使经历很长时间的离心作用。也难以被完全排出,见两图中(c)和(d)。这造成木棉纤维滤芯在离心脱油后有 2~4 g/g 的残油倍率。

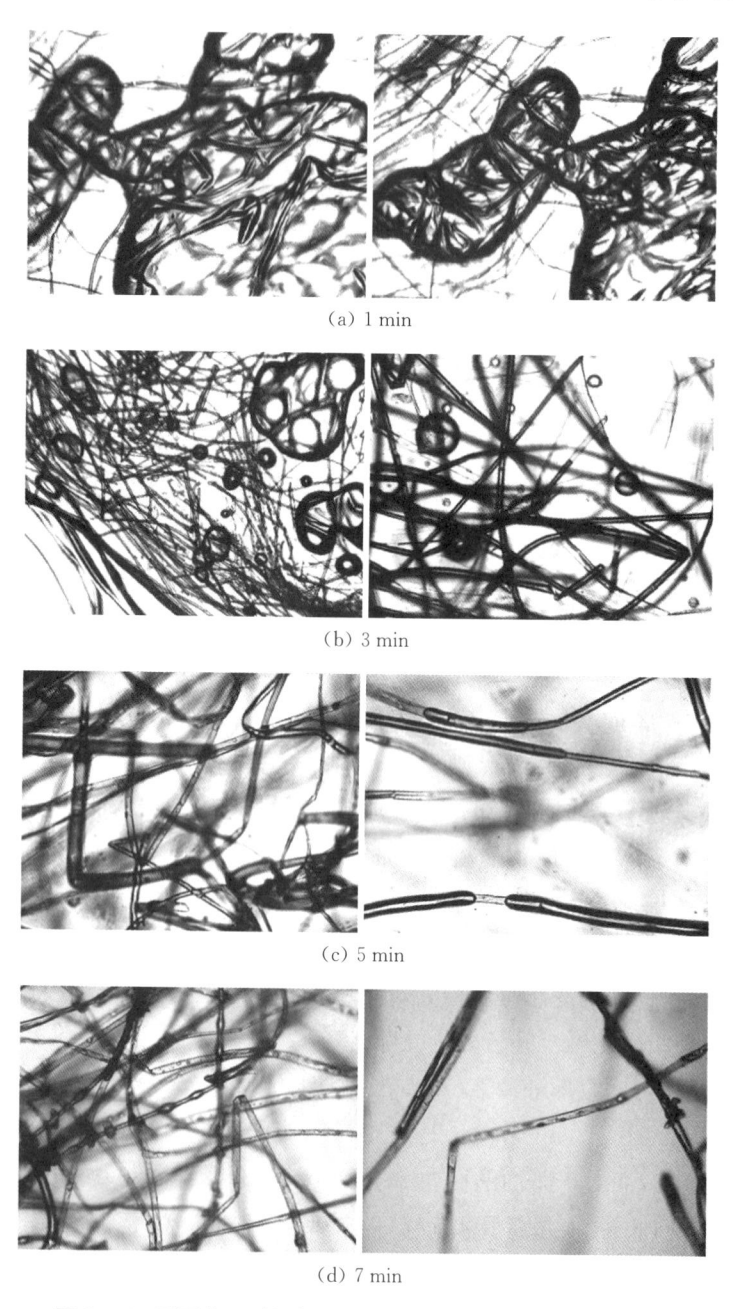

(a) 1 min

(b) 3 min

(c) 5 min

(d) 7 min

图 5-16 不同离心时间条件下纤维滤芯内植物油的分布状态

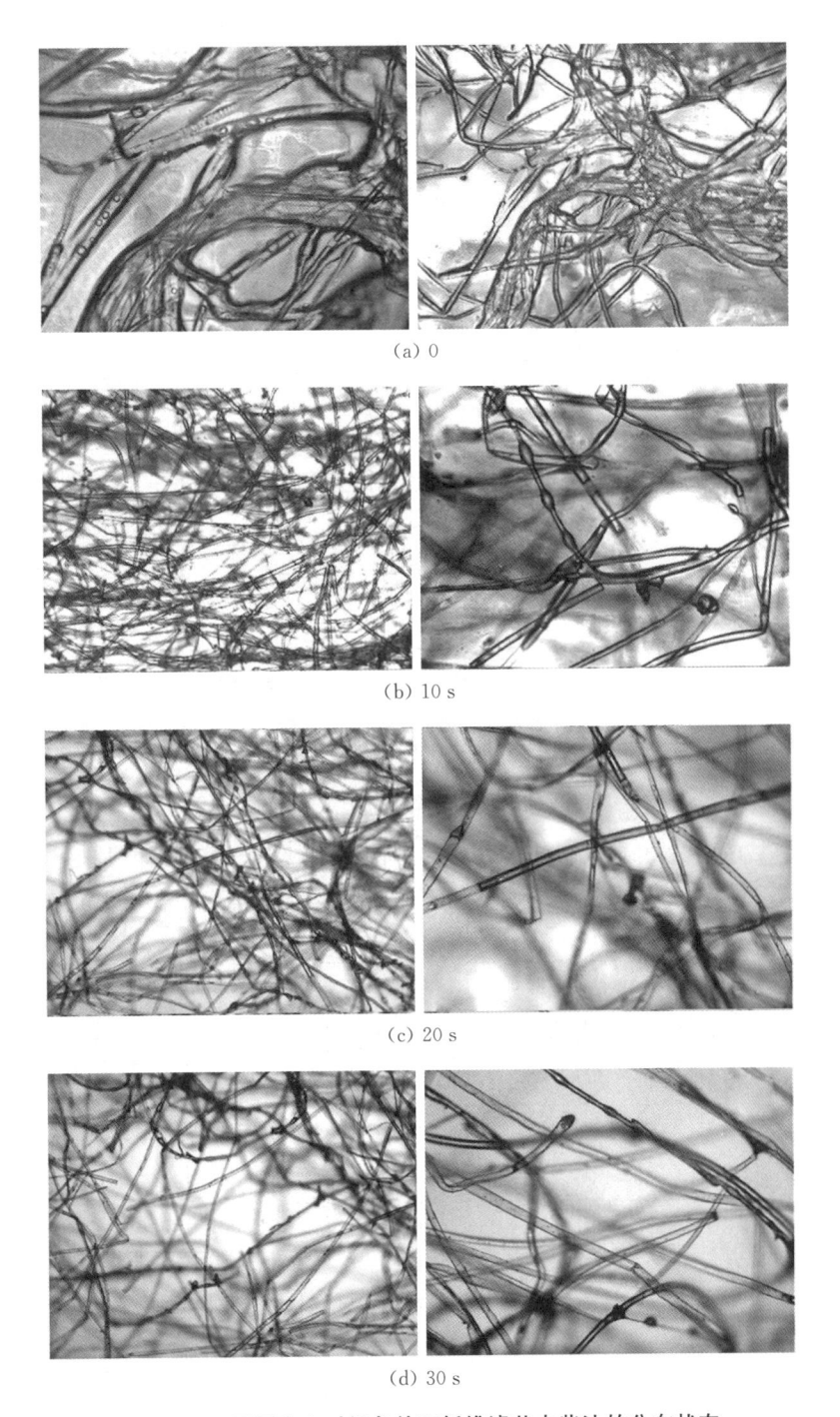

图 5-17　不同离心时间条件下纤维滤芯内柴油的分布状态

(5) 循环使用性能分析。木棉纤维滤芯脱油后用于下一个循环，选择四次过滤循环评价木棉纤维滤芯的循环使用性能，表 5-14 和表 5-15 分别给出了植物油和柴油的油水混合物经四次过滤循环的试验结果。

表 5-14　植物油的油水混合物的过滤循环测试结果

滤芯密度/(g·cm^{-3})	循环次数	突破时间/min	清水收集量/L	吸油倍率/(g·g^{-1})	吸水倍率/(g·g^{-1})	油液回收率/%	残油倍率/(g·g^{-1})
0.010	1	60	30.8	32.31	5.19	88.61	3.68
	2	50	25.2	27.20	5.45	83.74	4.42
	3	50	25.2	27.14	5.19	83.11	4.58
	4	40	19.6	21.88	6.21	79.85	4.41
0.015	1	90	47.6	30.81	2.91	90.15	3.03
	2	70	36.4	24.41	3.03	86.04	3.41
	3	70	36.4	24.47	3.12	84.88	3.70
	4	70	36.4	24.32	3.16	86.35	3.31
0.020	1	100	53.2	25.50	1.83	89.47	2.69
	2	80	42.0	20.68	1.67	86.33	2.83
	3	80	42.0	20.46	1.63	86.02	2.86
	4	75	39.2	19.22	2.02	85.98	2.69

表 5-15　柴油的油水混合物的过滤循环测试结果

滤芯密度/(g·cm^{-3})	循环次数	突破时间/min	清水收集量/L	吸油倍率/(g·g^{-1})	吸水倍率/(g·g^{-1})	油液回收率/%	残油倍率/(g·g^{-1})
0.010	1	30	14.0	17.37	8.01	80.30	3.42
	2	30	14.0	16.95	8.08	80.23	3.35
	3	20	8.4	11.40	8.53	75.24	2.82
	4	25	11.2	14.23	8.33	80.19	2.82
0.015	1	40	19.6	14.42	4.91	81.83	2.62
	2	40	19.6	14.35	4.87	82.68	2.48
	3	35	16.8	13.08	5.21	79.76	2.65
	4	30	14	11.38	4.66	81.66	2.09
0.020	1	60	30.8	15.98	2.50	84.46	2.48
	2	50	25.2	13.56	2.79	83.89	2.18
	3	50	25.2	13.21	3.01	83.45	2.19
	4	50	25.2	13.39	2.92	83.14	2.26

由表 5-14 和表 5-15 可知，在第二次之后的过滤循环过程中，油液突破时间缩短，如在木棉纤维滤芯密度为 0.02 g/cm³ 的条件下，植物油在四次过滤循环中的突破时间分别为 100 min、80 min、80 min 和 75 min，柴油在四次过滤循环中的突破时间分别为 60 min、

50 min、50 min 和 50 min。在四次过滤循环中,油液突破时间缩短 5～25 min,主要原因包括两个方面：一是纤维经离心回收后,部分油液残留在木棉纤维滤芯内,影响下一过滤循环中油液的吸附;二是纤维离心过程中油液的排除使得滤芯局部结构遭到破坏。

在第二次以后的过滤循环过程中,木棉纤维滤芯的油液吸附倍率有所下降,如在木棉纤维滤芯密度为 0.02 g/cm³ 的条件下,植物油在四次过滤循环中的吸附倍率分别为 25.50 g/g、20.68 g/g、20.46 g/g 和 19.22 g/g,柴油在四次过滤循环中的吸附倍率分别为 15.98 g/g、13.56 g/g、13.21 g/g 和 13.39 g/g。在四次过滤循环中,吸油倍率下降了 1～6 g/g。吸油倍率在第一次和第二次过滤循环之间下降较明显,在之后的过滤循环之间则比较稳定。吸油倍率下降的主要原因是从第二次过滤循环开始,纤维滤芯中已经有部分残留油液,导致纤维的吸油量下降。木棉纤维滤芯在过滤循环过程中的吸水倍率为 1.63～8.53 g/g,过滤次数对吸水倍率没有明显影响,吸水倍率主要随着滤芯密度变化而变化。

(6) 影响因素分析。

① 纤维的亲油拒水性。油液吸附是油在木棉纤维滤芯内部延迟运动的结果,在这个过程中,小油滴在纤维表面吸附、聚集而形成更大的油滴,其随后被纤维表面捕获并截留在孔隙中,再通过孔隙的毛细力作用实现转移。在整个延迟过程中,纤维的亲油拒水性质,包括纤维表面能及油液吸附和黏附性能,对过滤效果具有较大影响,随着表面能增大,过滤效率下降。低表面能表面对油滴的亲和力大,油滴易于吸附、聚集在纤维表面;而在高表面能表面,极性水分子和纤维间作用力强,油滴与纤维间作用力弱,油滴难以在介质表面吸附、聚集,在水压力作用下,易于变形和分散,从而进入滤液。纤维的油液吸附和黏附性能对油水分离性能的影响可通过图 5-18 阐述。

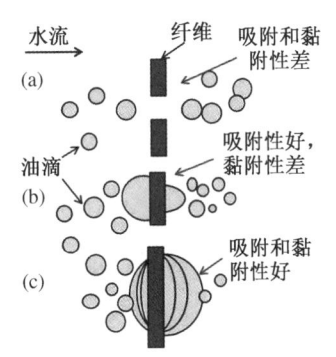

图 5-18 纤维吸附黏附对油水分离影响

如图 5-18(a)所示,纤维对滞留油液的吸附和黏附能力都很差,油滴在流经纤维集合体时,大部分油滴直接从纤维间孔隙逃离,无法被拦截。如图 5-18(b)所示,当纤维对油水混合物中油滴的吸附能力强但黏附能力较弱时,大量油滴会吸附在纤维表面,但在水压力作用下,易于变形、再次逃脱,或分散成更小的油滴而逃离。如图 5-18(c)所示,当纤维具有较好的油液吸附和黏附能力时,大量油滴流过并吸附和聚集在纤维表面。

植物油、柴油在木棉纤维表面的接触角均小于 60°,纤维与植物油油滴间黏附力更强,在一定流速下,能抵抗更强的水压力剪切作用,油滴在木棉纤维滤芯内部延迟运动的时间更长,油液突破滤芯的时间也更长。

② 纤维集合体结构。采用"气流成网+热风黏合"方法,以气流操控纤维,制备结构化的纤维絮片。一方面,纤维絮片孔隙率高,大量孔隙为油液吸附提供较大的存储空间;

另一方面,通过气流控制形成的纤维絮片孔隙结构相对均匀,孔隙间形成的毛细吸附力差异小,有利于增大吸附油液的"有效"孔隙的比例。因此,纤维集合体絮片的吸油倍率高,静态最大吸油倍率是散纤维集合体吸油倍率的4~5倍。

③ 油水过滤流速。油水分离装置的流速是影响油水分离效果的重要因素,决定纤维集合体捕获油滴的可能性以及捕获机理。稳态流动条件下,油水分离效率和流速间存在指数关系,当流速低于某一特定临界值时,流速变化对油水分离效率影响较小,而当流速超过特定临界值时,油水分离效率随着流速的增大而下降,这是主要由于临界值流速以上,油液在纤维表面聚集时间短,或者聚集后在水压力作用下重新分散成小油滴。

参考文献

[1] Nishi Y, Iwashita N, Sawada Y, et al. Sorption kinetics of heavy oil into porous carbons[J]. Water Research, 2002, 36(20): 5029-5036.

第 6 章 木棉纤维纸基材料制备、结构与性能

纸基功能材料是以水为分散介质,纤维为主要原料,采用造纸工艺加工成型,具有三维网络状结构的新材料,因其舒适、柔软和透气等特性,近年来在个人卫生和健康领域得到广泛应用。木棉纤维具有壁薄、中空度高、密度低以及天然抗菌、防霉和防蛀等特性,还具有轻柔、不易缠结、吸湿性强等优势,在多功能性纸基材料开发和应用领域的发展前景广阔。本章将采用木棉纤维制备纸基材料,探究木棉纸基材料制备工艺、结构与性能,以期拓展木棉纤维的应用领域。

6.1 木棉纸基材料制备

6.1.1 木棉纤维准备

采用粉碎机对木棉纤维进行切断处理,分别粉碎 5 s 和 2 min 并通过不同目数的筛网进行筛选,以获得不同长度的纤维,一种小于 0.05 mm,另一种大于 2 mm,如图 6-1 所示。

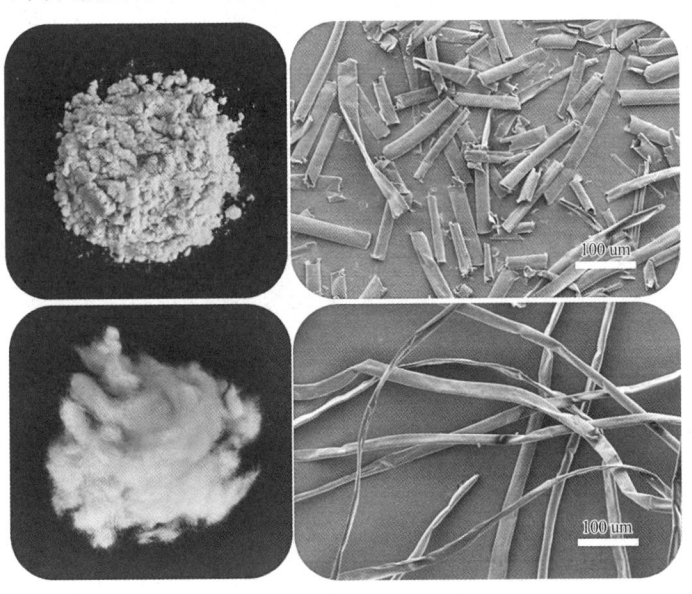

图 6-1 两种不同粒径的木棉纤维

6.1.2 木棉纸基材料制备流程

采用自制的湿法成网设备制备木棉纸基材料,制备流程如图 6-2 所示。

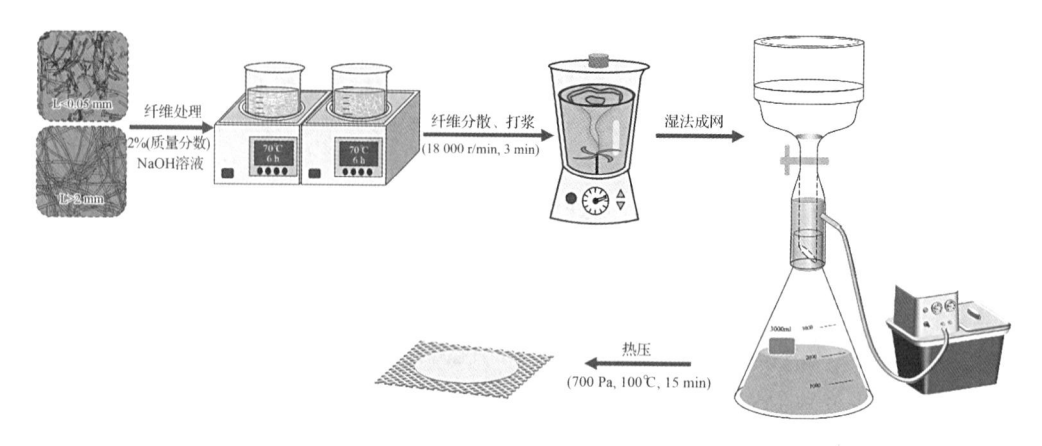

图 6-2 木棉纸基材料的制备流程

(1) 将两种不同长度的纤维放入含有质量分数为 2% 的 NaOH 溶液的烧杯中,将烧杯放入恒温水浴锅(HH-4),在 70 ℃恒温条件下进行反应,保持 6 h;然后,用去离子水冲洗样品数次,直到冲洗过的水达到中性。

(2) 将 0.48 g 经过 NaOH 溶液处理的木棉纤维加入纤维搅拌机(JYL-C022E,中国),纤维与水的比例保持在 1∶400,速度设定为 18 000 r/min,时间为 3 min,以达到均匀的混合和分散效果。

(3) 将纤维和水的混合液倒入自制的湿法成网设备,通过抽真空去除多余水分,得到湿态的木棉纸基材料。最后,在 700 Pa 的压力和 100 ℃的温度条件下热压 15 min,得到干燥的木棉纸基材料。

采用上述方法,按照不同长度的纤维比例,制得不同的木棉纸基材料,分别标记为 KFM-1、KFM-2、KFM-3、KFM-4 和 KFM-5,具体纤维比例见表 6-1 所示。

表 6-1 木棉纸基材料中大于 2 mm 和小于 0.05 mm 的纤维比例

样品类型	KFM-1	KFM-2	KFM-3	KFM-4	KFM-5
纤维比例(大于 2 mm∶小于 0.05 mm)	4∶0	1∶3	2∶2	3∶1	0∶4

6.2 木棉纸基材料结构与性能

6.2.1 测试与表征

(1) 扫描电子显微镜。采用场发射扫描电子显微镜(SU8010)观察样品的表面和截面形态。在观察之前,用导电胶将待测样品固定于扫描电镜台上,并对样品进行喷金处理,喷射时间设定为 90 s,注入电流为 10 mA。

(2) 密度与孔隙率。采用比重瓶测试法并基于"阿基米德原理",测定纤维密度。将纤维浸入装有液体的比重瓶,测量从浸渍纤维中排出的液体体积,以代替纤维体积。根据液体密度(ρ_l),按下式计算纤维密度(ρ_f):

$$\rho_f = \frac{m_s}{m_s + m_f - m_{sl}} \rho_l \tag{6-1}$$

其中:m_s、m_f 和 m_{sl} 分别表示纤维绝对干重、液体质量和比重计质量。

孔隙率通过测量样品的厚度和密度获得,其计算公式如下:

$$\eta = \left(1 - \frac{m}{\rho_f \sigma}\right) \times 100\% \tag{6-2}$$

其中:m、ρ_f 和 σ 分别代表材料的面密度、纤维密度和材料的厚度。

(3) 孔径尺寸及其分布。采用毛细管流量孔径仪(CFP-1100AI),基于气泡点原理,评估孔径尺寸及其分布。首先,裁剪出直径为 3 cm 的圆形试样,使用表面张力为 16.0 mN/m 的润湿液充分浸润试样,以确保试样中所有孔隙被液体填满。然后,将充分浸润的试样安装到 PSDA 测试组件中。

测试开始后,在氮气驱动下缓慢增加压力,直到足以克服最大孔径对应的液体的毛细管作用力。当压力继续增加时,气体通过孔道排出液体,形成可测量的气体流动,直到液体被完全排出获得湿态流动曲线。接着,对干燥的样品进行测试,得到干态流动曲线。基于对相同压力下湿样品和干样品气体流速的测量结果,结合压力与孔径尺寸的关系计算出流经大于或等于指定尺寸孔隙的百分比,从而计算出孔隙的尺寸和分布情况。

(4) 拉伸性能。采用电子织物强度机(YG026MB-250),基于 GB/T 24218.3—2010《非织造布试验方法 第 3 部分:断裂强力和断裂伸长率的测定(条样法)》,测试拉伸性能。每个样品取三个试样进行测试,并计算平均值。

(5) 弯曲性能。采用 KES-FB2-S 半自动弯曲试验机,基于 GB/T 18318.5—2009《纺织品弯曲性能的测定 第 5 部分:纯弯曲法》,测试弯曲性能。首先,将样品切割成尺寸为 5 cm×10 cm 的矩形试样,并将其放置在测试仪的夹具中,以确保试样与仪器平行,同时拧紧夹具上的四颗螺丝钉,将试样固定。点击启动按钮,开始测试,在电脑上读取试样的弯曲刚度和弯曲滞后数据。每个样品取三个试样进行测试,并计算平均值。

(6) 透气性能。采用 YG461E 透气性测试仪,基于 GB/T 5453—1997《纺织品 织物透气性的测定》,测试透气性能。每个样品选择十个随机位置进行测试,并计算平均值。

(7) 表面浸润性能。采用水、两种类人胶原蛋白(Trauer 和 MeiQ)和油作为试验液体。水、Trauer 和 MeiQ 的基本性能如表 6-2 所示。油为植物油，由益海（泰州）粮油工业有限公司提供。

表 6-2　试验液体的基本性质

类型	密度/(g·cm^{-3})	黏度/(mPa·s)	表面张力/(mN·m^{-1})	pH 值
Trauer	1.00	1.65	48.14	5.42
MeiQ	1.01	20.98	37.90	5.33
水	1.01	1.07	68.38	7.18

采用接触角测试仪（OCA15EC），基于气泡法，测量接触角。首先，将待测液体装满透明玻璃槽，放置在测试台上，将粘有试样的载玻片盖在透明玻璃槽上，有试样的一面接触液体面，并保证试样浸没在水中。然后，取微量注射器吸入空气并装上 U 形针，调整 U 形针的位置，使其没入液体并对准试样。利用机器精确控制微量注射器，从而在试样表面形成气泡，利用 OCA15EC 自带的 CCD 摄像头拍摄并计算接触角。

同样地，将粘有试样的载玻片放置在测试台上，取微量注射器吸入测试液体并装上直形针。利用机器精确控制微量注射器，从而在试样表面形成液滴，利用 OCA15EC 自带的 CCD 摄像头拍摄动态扩散过程。每个试样选取三个点进行测试，结果取平均值。

（8）吸附性能。采用吸附前后质量变化的方法计算试样的吸附性能。试验液体为水、Trauer 和 MeiQ。

首先将 30 mL 待测液体倒入烧杯，然后取 5 cm×5 cm 木棉纸基材料放入液体中，10 min 后取出，静置 1 min 和 31 min 后分别称重，得到吸液倍率和 30 min 液体保液率。每个样品取三个试样进行测试，并计算平均值。吸液倍率指单位质量木棉纸基材料吸附的液体质量(g/g)；保液率指吸附饱和的试样静置 30 min 后储存液体占饱和吸附量的百分数。

6.2.2　结构与性能

（1）表面形貌。通过湿法成网和热压干燥制备木棉纸基材料，其表面形貌如图 6-3 所示，截面形貌如图 6-4 所示。

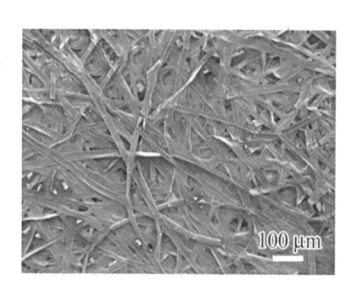

(a) KFM-1 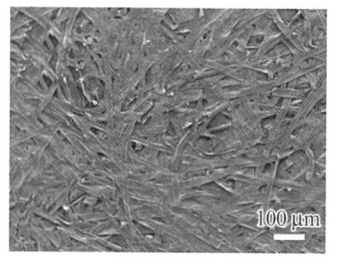　　　(b) KFM-2 　　　(c) KFM-2

(d) KFM-3　　　　　　　　(e) KFM-4　　　　　　　　(f) KFM-5

图6-3　木棉纸基材料的表面形貌

(a) KFM-1　　　　　　　　(b) KFM-2　　　　　　　　(c) KFM-2

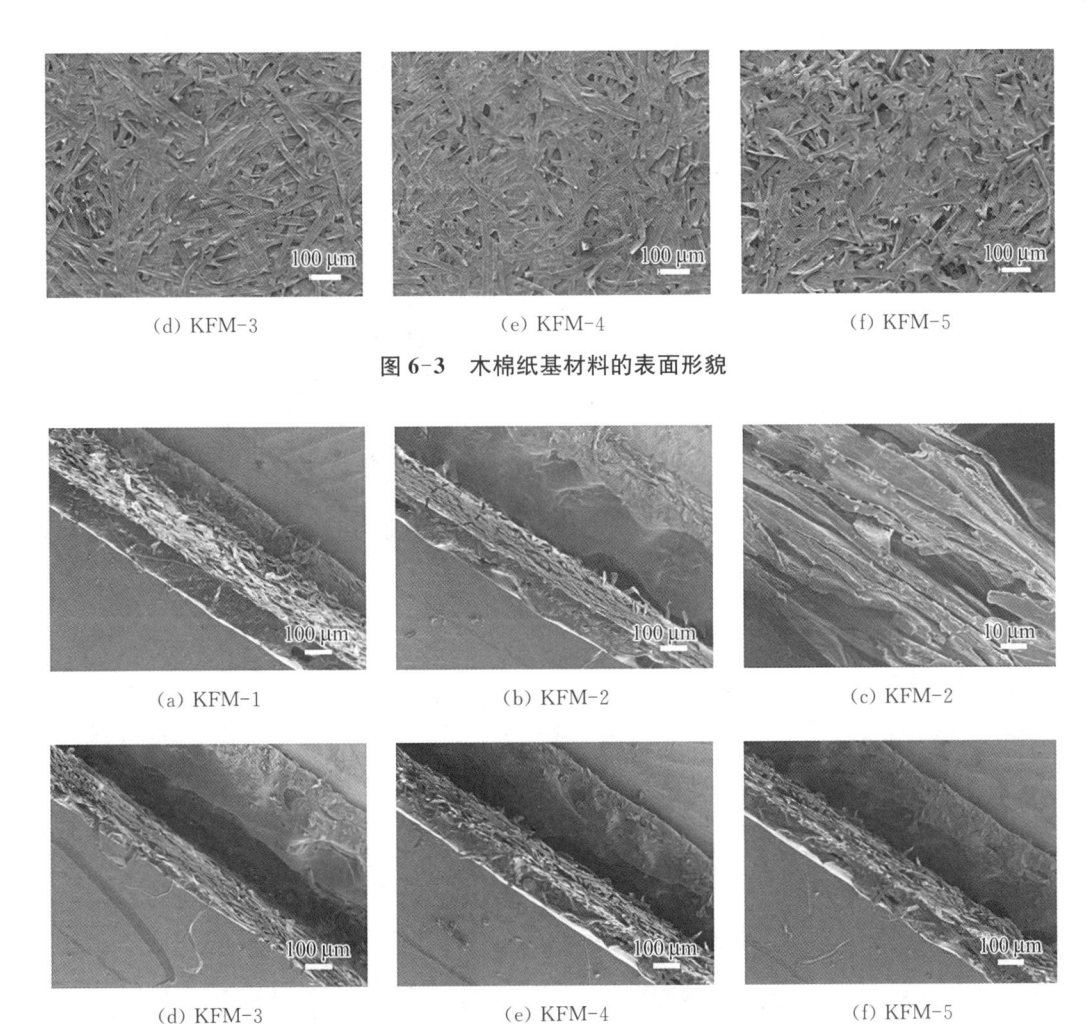

(d) KFM-3　　　　　　　　(e) KFM-4　　　　　　　　(f) KFM-5

图6-4　木棉纸基材料的截面形貌

如图6-3所示,许多无序纤维被挤压成一个平面并纠缠在一起,形成具有纤维交联网络的平面。如图6-4所示,纤维沿轴向呈层状分布,同时短纤维含量增加未导致截面结构产生变化,而木棉纤维的中腔呈现出扁平状形态特征。

(2)孔隙结构。采用孔隙率、孔径及其分布来表征木棉纸基材料的孔隙结构。木棉纸基材料的孔隙率如图6-5所示。由此图可见,木棉纸基材料表现出较高的孔隙率,其范围为79.20%～72.28%。短纤维含量增加会导致木棉纸基材料的孔隙率发生轻微下降。材料的孔隙率由纤维间和纤维内部孔隙结构共同决定,纤维含量增加使得纤维间孔隙减少,同

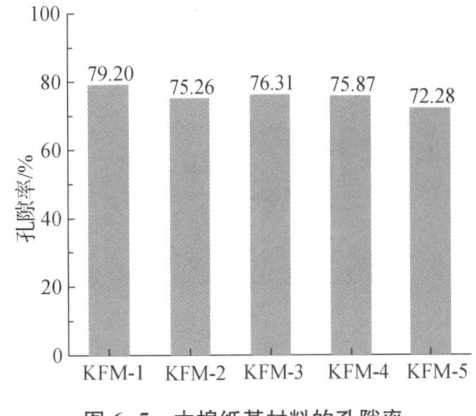

图6-5　木棉纸基材料的孔隙率（KFM-1: 79.20, KFM-2: 75.26, KFM-3: 76.31, KFM-4: 75.87, KFM-5: 72.28）

时纤维内部孔隙因有更多的纤维接触而减小,两者共同作用的结果是孔隙率降低。

木棉纸基材料的孔径及其分布如图 6-6(a)所示,平均孔径范围为 5.99~7.62 μm,最大孔径范围为 16.72~24.35 μm。由图 6-6(b)~(f)所示,孔径为 0~4 μm 的孔隙占

(a) 木棉纸基材料的孔径

(b) KFM-1 的孔径分布

(c) KFM-2 的孔径分布

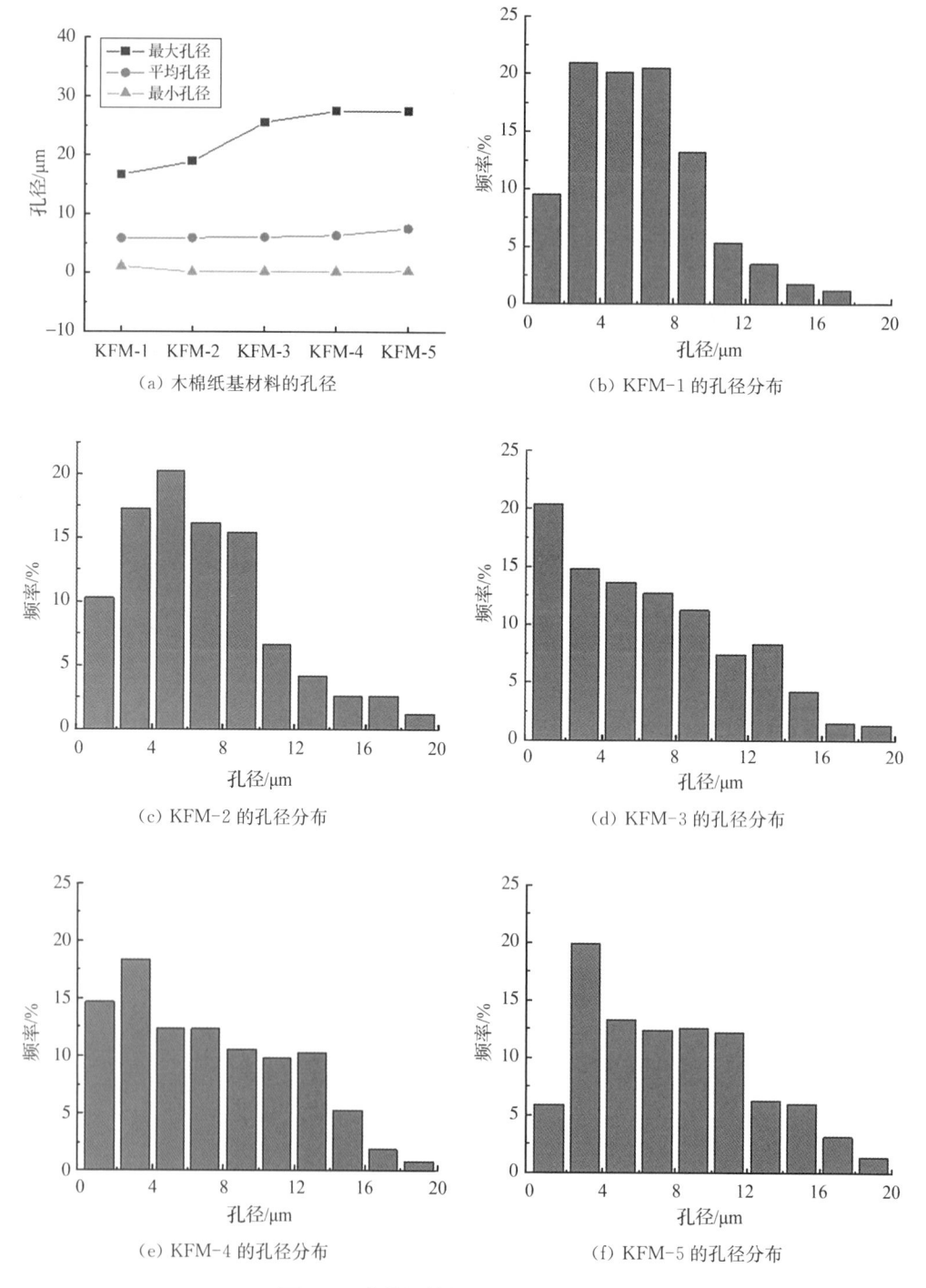

(d) KFM-3 的孔径分布

(e) KFM-4 的孔径分布

(f) KFM-5 的孔径分布

图 6-6 木棉纸基材料的孔径及其分布

比为 25.70%～35.22%。木棉纸基材料中的孔隙形态不尽相同,有真正的孔隙、凹陷和空腔三种形式,其中大部分为微米级别的孔隙。与其他尺寸级别的孔隙相比,多孔材料中微米大小的孔隙为材料应用提供了独特的优势,它们为大分子提供吸附位点,可以增强分子行为的相互作用和控制,这在许多研究和技术领域都至关重要。

(3) 拉伸性能。采用在干态和湿态条件下测得的拉伸应力-应变曲线表征木棉纸基材料的拉伸性能,如图 6-7 和图 6-8 所示。

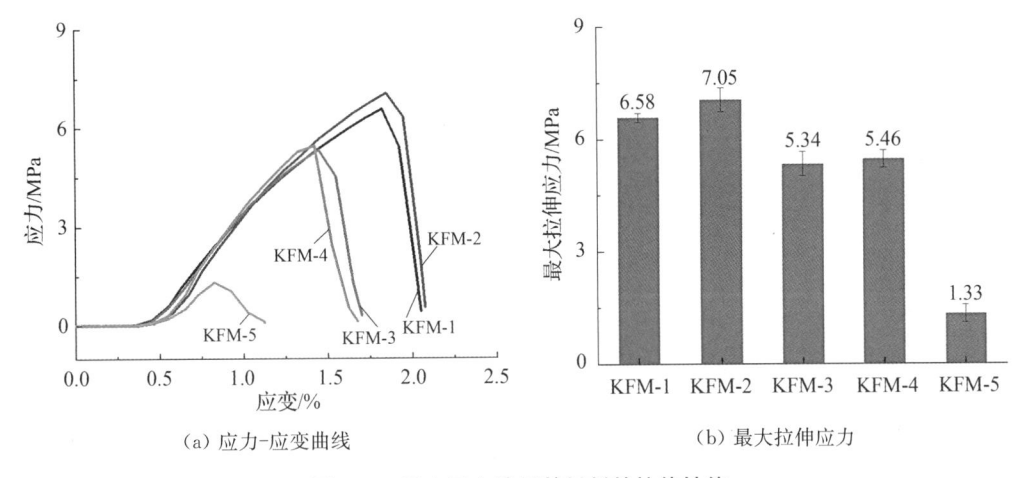

(a) 应力-应变曲线

(b) 最大拉伸应力

图 6-7　干态下木棉纸基材料的拉伸性能

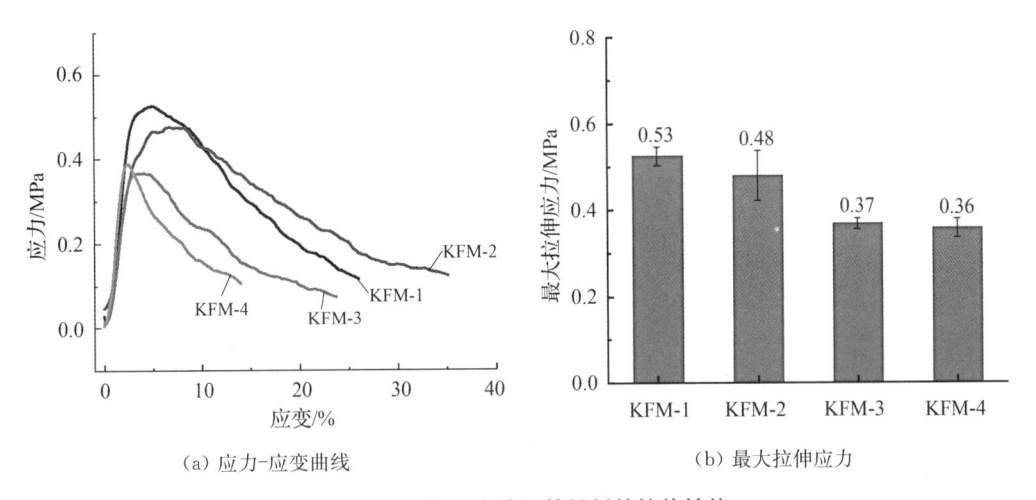

(a) 应力-应变曲线

(b) 最大拉伸应力

图 6-8　湿态下木棉纸基材料的拉伸性能

如图 6-7(a)所示,干态下,木棉纸基材料在被拉伸至破坏之前,其应力-应变曲线呈现出三个阶段:初始阶段以微小的应力就能导致材料产生明显伸长;之后,材料的应力和应变之间呈线性变化关系;最后达到最大应力,材料发生断裂。如图 6-7(b)所示,KFM-1 的最大拉伸应力为 6.58 MPa,随着短纤维含量的增加,木棉纸基材料的拉伸应力呈下降趋势,KFM-5 的最大拉伸应力为 1.33 MPa,仅为 KFM-1 的 20.21%。短纤维含量增加对木棉纸基材料的断裂强度有负面影响,随着短纤维含量的提升,纤维与基体间的界面相容性降低,导致黏结强度下降。界面性能弱化后,其在受到外部载荷时,易成为裂纹扩展的途径。同时,短纤维的引入会导致纸基材料中的微观缺陷(孔隙、裂缝)增加,引起应力集中效应,进而导致纸基材料整体断裂。

如图 6-8 所示,木棉纸基材料在湿态下的应力-应变曲线呈现为两个阶段:初始阶段的斜率很大,即材料的应力显著提升,而应变增加缓慢,应力和应变之间呈线性变化关系;在达到应力最大值时,材料没有如干态条件下立刻断裂,而是在应力逐渐下降的情况下继续产生应变。

将木棉纸基材料分别放入水中浸泡 10 min、70 min、730 min 和 1450 min,对应样品分别标记为 0 h、1 h、12 h 和 24 h,测试其湿态下的拉伸应力-应变曲线;然后将浸泡不同时间的样品烘干,测试其干态下的拉伸应力-应变曲线。以 KFM-2 为例,结果如图 6-9 所示。

(a) 湿态下拉伸应力-应变曲线

(b) 湿态下最大拉伸应力

(c) 干态下拉伸应力-应变曲线

(d) 干态下最大拉伸应力

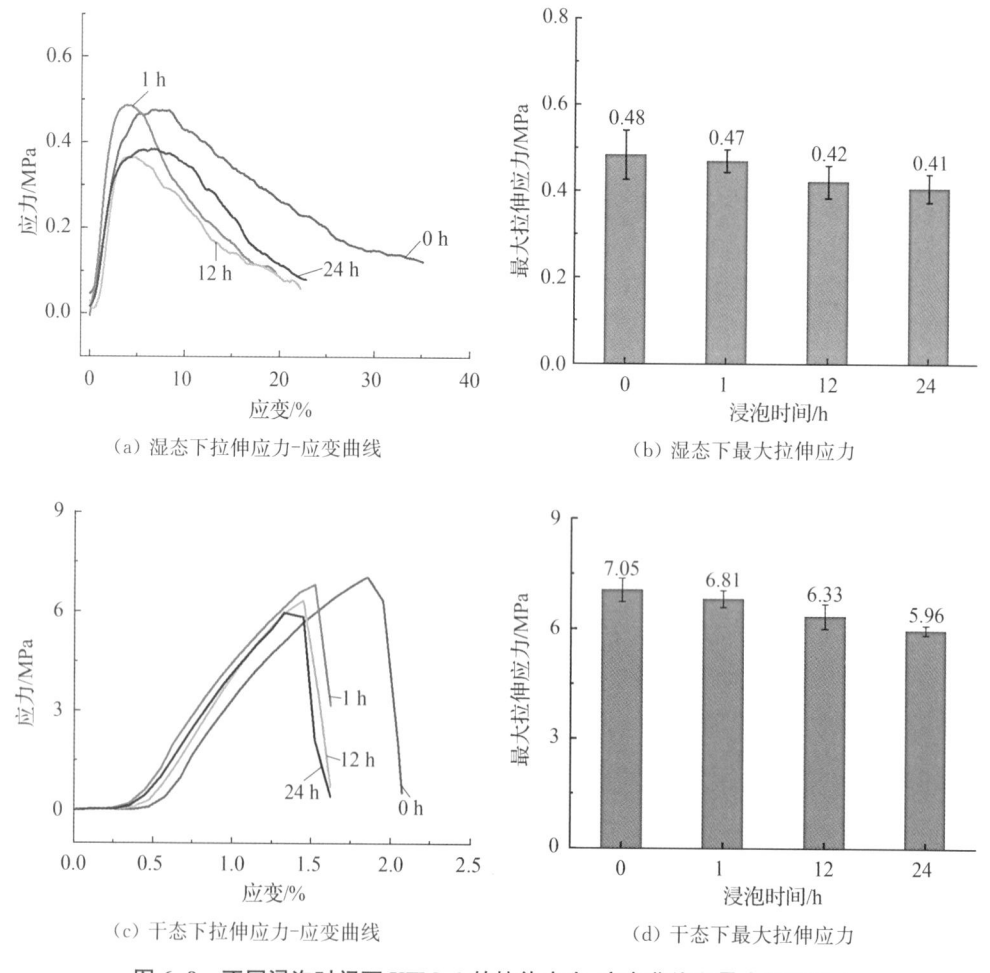

图 6-9 不同浸泡时间下 KFM-2 的拉伸应力-应变曲线和最大拉伸应力

如图 6-9(a)和(b)所示，KFM-2 在水中浸泡 10 min，其最大拉伸应力为 0.48 MPa，随着浸泡时间增加至 1450 min，KFM-2 的最大拉伸应力为 0.41 MPa，呈逐渐下降的趋势。如图 6-9(c)和(d)所示，在水中浸泡不同时间并即时烘干的 KFM-2，其最大拉伸应力在 5.96~7.05 MPa，随着浸泡时间延长，应力呈逐渐下降的趋势。

木棉纸基材料的强度主要源于纤维强度、纤维间界面结合力以及纤维间缠结作用，其干态和湿态下的拉伸性能有差异的原因主要是断裂机制不同。为了研究木棉纸基材料的断裂机制，对其干态和湿态下的拉伸断裂表面进行观察，如图 6-10 所示。

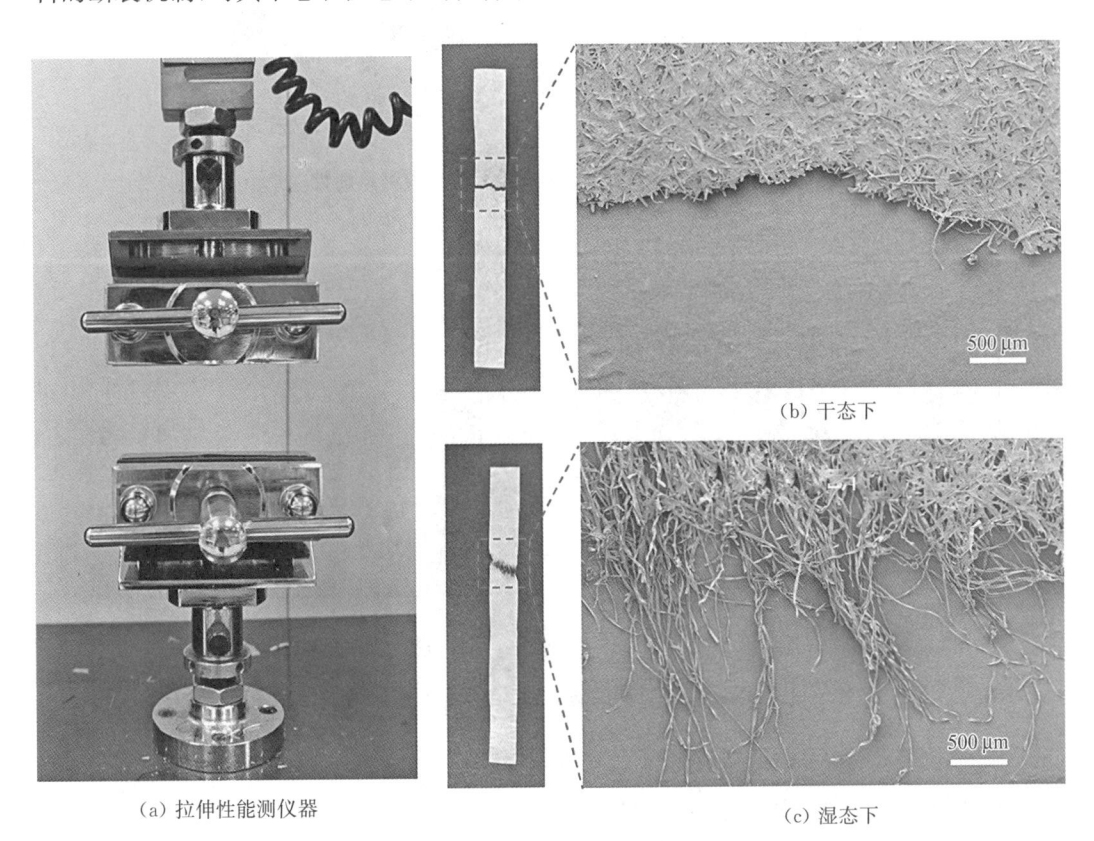

(a) 拉伸性能测仪器　　(b) 干态下　　(c) 湿态下

图 6-10　木棉纸基材料的拉伸性能测试仪及断裂表面形貌

如图 6-10(b)所示，在干态下，材料的断裂表面光滑整齐，而如图 6-10(c)所示，在湿态下，材料的断裂表面则呈纤维状。干态下木棉纸基材料的拉伸断裂主要表现为纤维断裂和拉伸变形，当材料受到拉伸负荷时，构成材料的纤维发生拉伸变形并最终断裂，化学键或分子间力破坏是纤维断裂的主要原因。相反，湿态下木棉纸基材料的断裂机理主要是纤维剪切变形，在拉伸负荷作用下，纤维缠结点旋转拉伸，纤维之间发生滑移，直到纸基材料断裂。

(4) 弯曲性能。采用自然状态下的可弯曲性、弯曲刚度和弯曲滞后量表征木棉纸基材料的弯曲性能，如图 6-11 和图 6-12 所示。

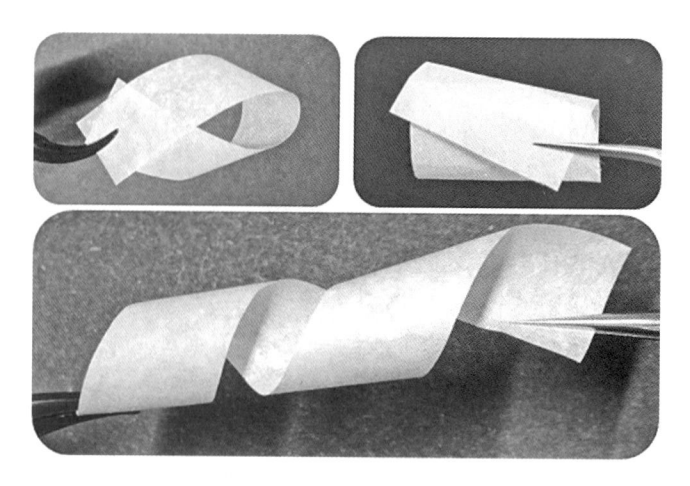

图 6-11 自然状态下木棉纸基材料的可弯曲性

(a) 弯曲曲线

(b) 弯曲刚度和弯曲滞后量

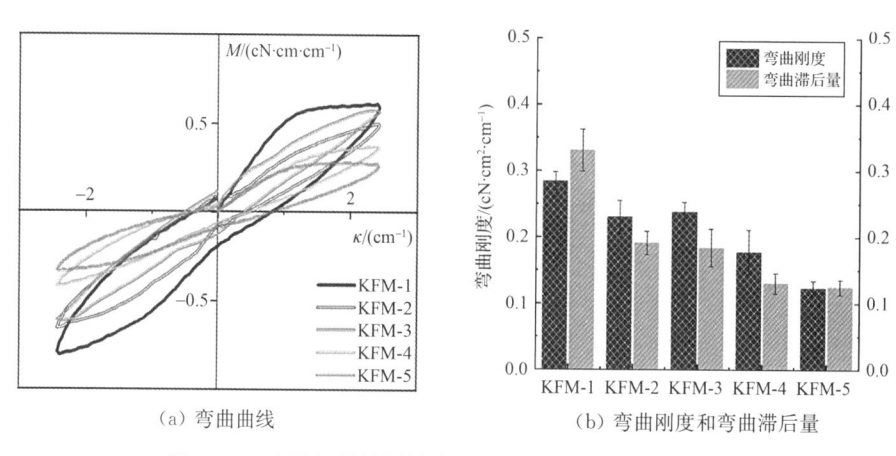

图 6-12 木棉纸基材料的弯曲曲线、弯曲刚度和弯曲滞后量

如图 6-11 所示,木棉纸基材料可以弯曲成多种形状,表现出较好的可塑性和变形性。弯曲刚度和弯曲滞后量是描述材料弯曲变形的两个重要指标。弯曲刚度反映材料抵抗弯曲变形的能力,弯曲滞后量则描述材料在弯曲变形中的黏度程度。如图 6-12 所示,纸基材料的弯曲刚度均小于 $0.3\ cN\cdot cm^2/cm$,即对弯曲变形的抵抗力较小。随着短纤维含量增加,弯曲刚度从 $0.28\ cN\cdot cm^2/cm$ 下降到 $0.12\ cN\cdot cm^2/cm$。弯曲滞后量也显示出类似的趋势,从 $0.33\ cN\cdot cm/cm$ 下降到 $0.12\ cN\cdot cm/cm$。

(5) 透气性能。如图 6-13 所示,木棉纸基材料的透气性随着短纤维含量增加而降

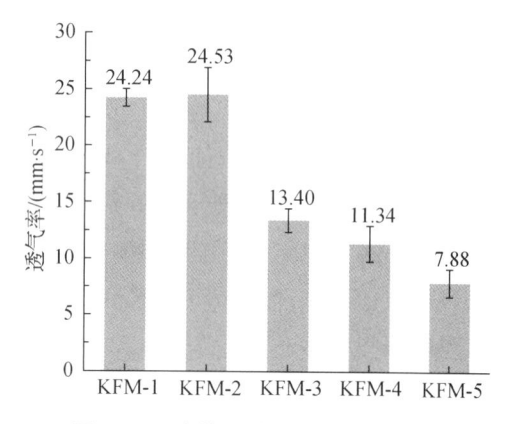

图 6-13 木棉纸基材料的透气性能

低,其范围为 7.88~24.53 mm/s。一般来说,木棉纸基材料的孔隙率、孔径及其分布与透气性之间呈正相关关系,其厚度、密度和面密度则与透气性呈负相关关系。由孔隙结构分析可知,木棉纸基材料具有高于 72.28% 的孔隙率,但其透气性较低,说明孔结构是不连续性的,不利于气体透过。

(6) 表面浸润性能。木棉纸基材料的表面浸润性采用材料对水、油、MeiQ 和 Trauer 的接触角进行表征,结果如图 6-14 和图 6-15 所示。

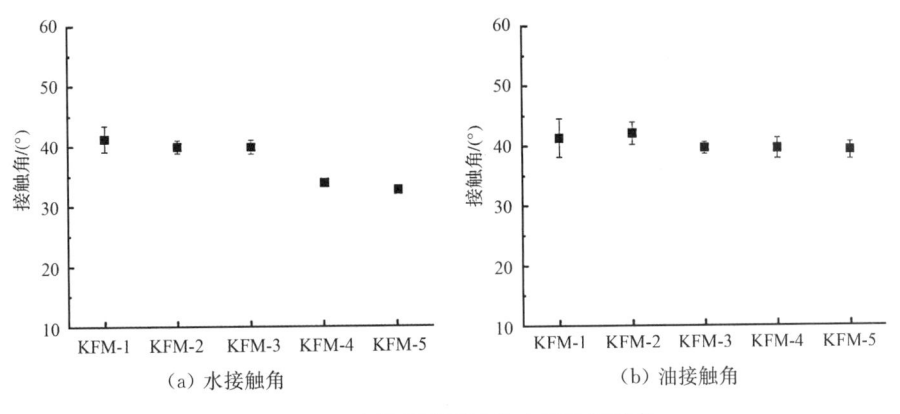

图 6-14 木棉纸基材料的水和油接触角

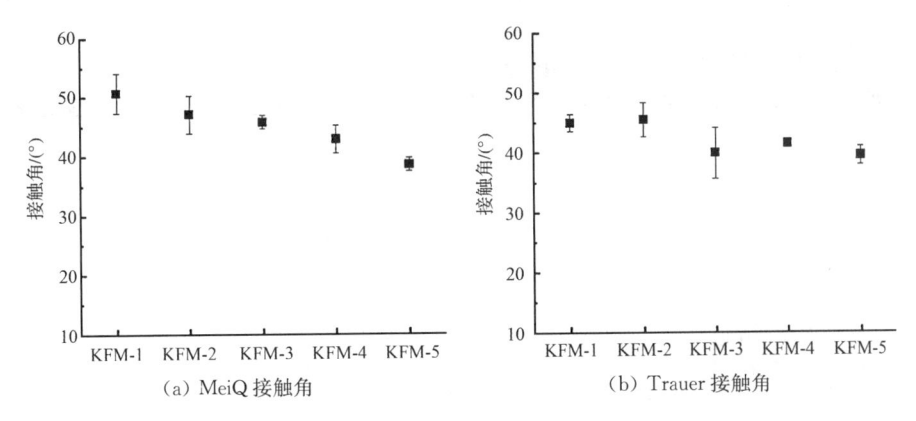

图 6-15 木棉纸基材料的 MeiQ 和 Trauer 接触角

如图 6-14(a)所示,木棉纸基材料的水接触角较低,表现出较好的亲水性,KFM-1 的水接触角为 41.2°,而随着短纤维含量增加,KFM-5 的水接触角降低至 33.6°。如图 6-14(b)所示,木棉纸基材料的油接触角也较低,表现出较好的亲油性,且随着短纤维含量增加而降低,但波动范围较小,在 42.0°~39.1°。可以看出,木棉纸基材料同时具有亲水性和亲油性,具有非常相似的接触角。木棉纤维中的纤维素分子链上有多个氢键给体,赋予分子亲水性,而分子中的吡喃糖环具有疏水性。

如图 6-15(a)所示,木棉纸基材料对 MeiQ 的接触角均在 51°以下,对 Trauer 的接触角均在 46°以下,随着短纤维含量增加,两种接触角均呈下降趋势。由此可见,木棉纸基材料对类人胶原蛋白的接触角呈现出与材料对水或油的接触角类似的变化趋势。

为了进一步研究水和油对木棉纸基材料的润湿性能,观察两种液体在材料表面的动态铺展情况,如图 6-16 和图 6-17 所示。

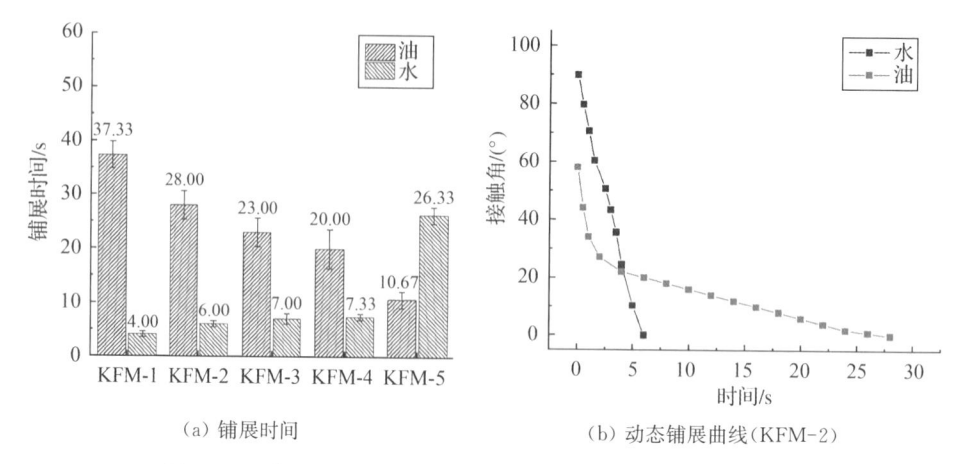

(a) 铺展时间

(b) 动态铺展曲线(KFM-2)

图 6-16 水和油在木棉纸基材料上的铺展时间和动态铺展曲线

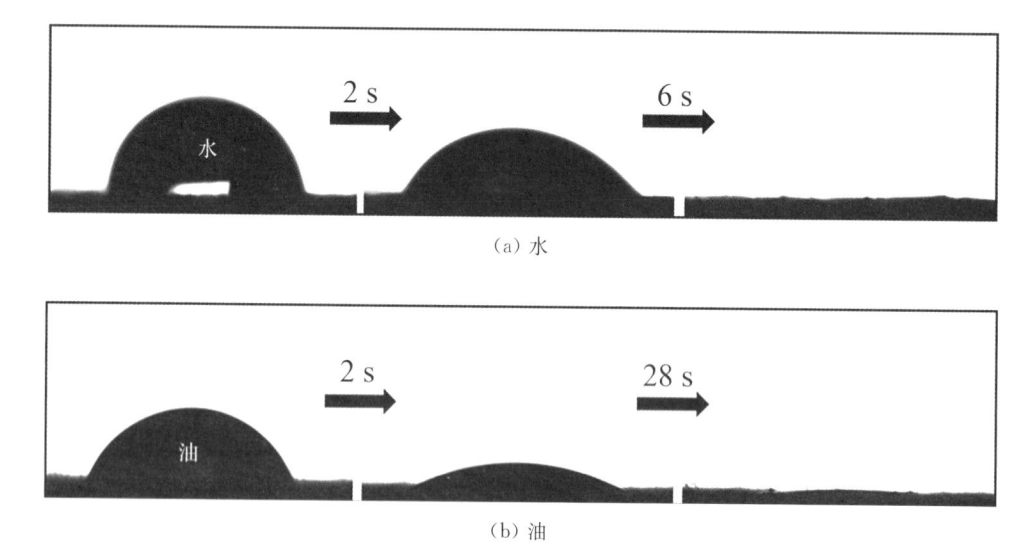

(a) 水

(b) 油

图 6-17 水和油在木棉纸基材料上的铺展过程

如图 6-16(a)所示,水和油在 KFM-1 表面的铺展时间分别是 4 s 和 37.33 s,随着短纤维含量增加,水和油在 KFM-5 表面的铺展时间分别是 26.33 s 和 10.67 s,呈现出相反的变化趋势,水的铺展时间增加,而油的铺展时间减少。尽管木棉纸基材料表面对两种液体的润湿性能整体上相似,但润湿分子细节差异很大。参与润湿过程的分子结构差异进一步导致润湿时间不同。不同纤维长度的材料表面与同一种液体的相互作用不同,导致表面润湿性不同。

对于动态接触角,呈现相似的规律,以 KFM-2 为例,如图 6-16(b)所示,在木棉纸基材料表面，水的铺展呈现同一速率，而油的铺展呈现出两个不同的速率：第一阶段的快速铺展和第二阶段的缓慢铺展。如图 6-17 所示，KFM-2 表面的水或油的渗透行为完全不同，在前 2 s 油表现出比水更高的铺展速率，而在 2 s 之后则相反。润湿分子的特性存在显著差异，导致两种溶剂对同一表面的润湿行为存在明显的异质性。这在很大程度上取决于液体黏度，水的黏度非常低（1.07 mPa·s），几乎可以忽略不计，但油的黏度较大（85.8 mPa·s），在铺展过程中会产生一定的阻力。

（7）吸附性能。以吸附倍率和保液率为指标，评价木棉纸基材料对水、MeiQ 和 Trauer 的吸附性能，结果如图 6-18 所示。

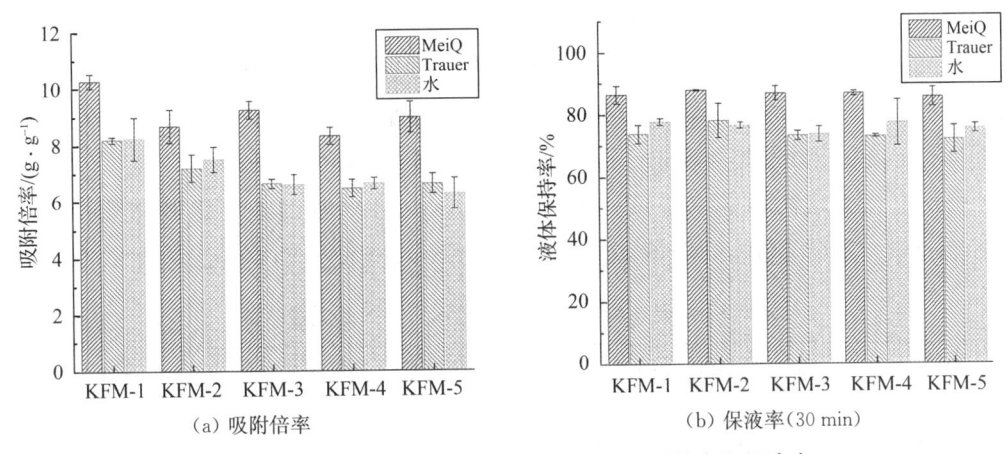

图 6-18　木棉纸基材料在不同液体中的吸附倍率和保液率

如图 6-18(a)所示，KFM-1、KFM-2、KFM-3、KFM-4 和 KFM-5 对水的吸附倍率分别是 8.23 g/g、7.50 g/g、6.06 g/g、6.63 g/g 和 6.27 g/g，其吸附倍率随纤维长度减小而下降。木棉纸基材料对 MeiQ 和 Trauer 的吸附倍率分别为 8.30～10.27 g/g 和 6.62～8.19 g/g，变化趋势和水类似。但 MeiQ 的吸附倍率明显高于水和 Trauer，这是由液体的黏度不同导致的。

如图 6-18(b)所示，KFM-1、KFM-2、KFM-3、KFM-4 和 KFM-5 在 30 min 内对水的保液率分别是 77.79%、76.59%、73.76%、77.36% 和 75.44%，其波动范围小。木棉纸基材料对 MeiQ 和 Trauer 的保液率分别为 85.52%～87.81% 和 71.88%～78.08%。三种液体的保液率均在 70% 以上。

6.3　CMC/CS 增强木棉纸基材料

6.3.1　制备

（1）材料与试验。采用大于 2 mm 和小于 0.05 mm 的木棉纤维（制备方法同 6.1.1）。

采用羧甲基纤维素(CMC)和阳离子淀粉(CS)作为增强剂。羧甲基纤维素购于国药控股化学试剂有限公司,阳离子淀粉(取代度:0.025～0.03)购于合肥巴斯夫生物技术有限公司。所有化学药品均按原样使用,未进一步纯化。

(2)纸基材料制备。采用自制的湿法成网设备制备纸基材料,制备流程如图6-2所示,具体步骤如下:

① 采用质量分数2%的NaOH溶液处理不同长度的木棉纤维,然后将处理后的木棉纤维按照比例(大于2 mm:小于0.05 mm为3:1)加入纤维搅拌机(JYL-C022E,中国),纤维与水的比例保持在1:400,速度设定为18 000 r/min,时间为3 min,以达到均匀的分散和打浆。

② 分别称取不同量的CMC和CS,磁力搅拌2 h后加入纤维混合液。然后,将混合液倒入自制的湿法成网设备,通过抽真空去除多余水分,得到湿态的纸基材料,再在700 Pa的压力和100 ℃的温度条件下热压15 min,得到干燥的纸基材料。

采用上述方法制备的木棉纸基材料,按照CMC和CS的添加比例,分别标记为CMC-1.8、$_{0.6}$CMCS$_{1.2}$、$_{0.9}$CMCS$_{0.9}$、$_{1.2}$CMCS$_{0.6}$、CS-1.8(表6-3)。

表6-3 纸基材料中木棉纤维、CMC和CS的质量分数

类型	木棉纤维(大于2 mm:小于0.05 mm)/%	CMC质量分数/%	CS质量分数/%
CMC-1.8	98.2(3:1)	1.8	0
$_{1.2}$CMCS$_{0.6}$	98.2(3:1)	1.2	0.6
$_{0.9}$CMCS$_{0.9}$	98.2(3:1)	0.9	0.9
$_{0.6}$CMCS$_{1.2}$	98.2(3:1)	0.6	1.2
CS-1.8	98.2(3:1)	0	1.8

* CMC和CS的添加比例确定,前期预实验发现,CMC添加量为1.8%时,纸基材料拉伸性能的增强程度最大,为60.14%;CS添加量为1.8%时,其拉伸性能增强34.18%。因此,CMC/CS选择总添加量为1.8%,分别探究CMC/CS的不同配比对木棉纸基材料性能的影响。

6.3.2 结构与性能

(1)表观形貌。CMC/CS增强木棉纸基材料的表面形貌如图6-19所示,其截面形貌如图6-20所示。

如图6-19(a)～(e)所示,CMC/CS增强木棉纸基材料中的木棉纤维随机且无序地交织在一起,它们形成具有微米级表面粗糙度的平面。如图6-19(f)所示,CMC和CS同时加入,强化了纤维间黏结作用,形成交联的纤维网络。

如图6-20所示,纤维之间沿轴向呈现出一种类似于"千层饼"的平行薄层状结构,添加了CMC/CS的纸基材料,其层状结构更紧实。不仅如此,CMC/CS的添加比例不同也会影响纸基材料层状结构的紧实度,可以看到$_{1.2}$CMCS$_{0.6}$的厚度为0.081 mm,$_{0.9}$CMCS$_{0.9}$的厚度为0.077 mm,$_{0.6}$CMCS$_{1.2}$的厚度为0.080 mm。三种不同配比的

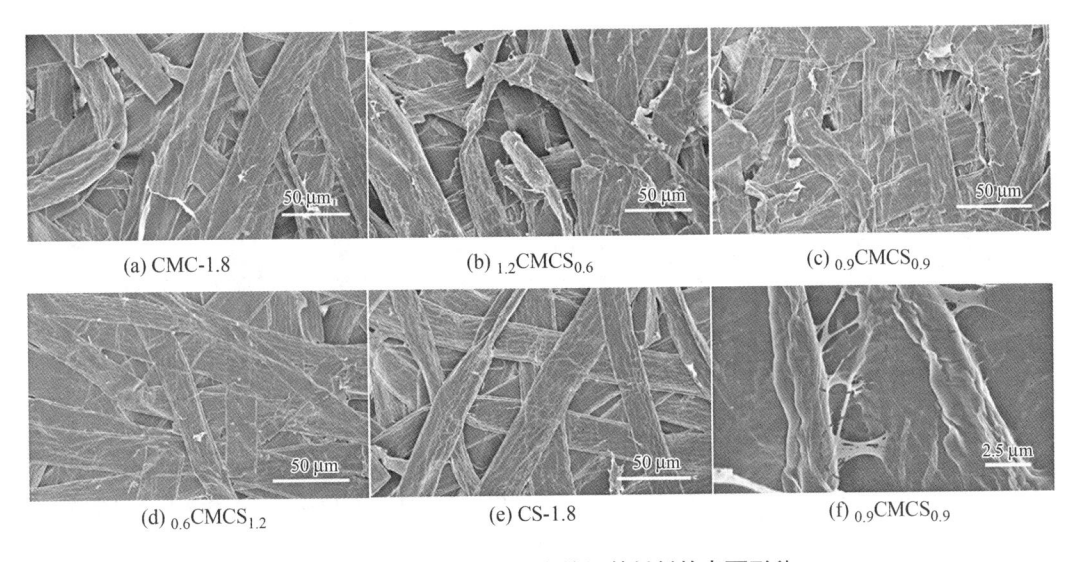

(a) CMC-1.8　　　　　　　(b) $_{1.2}$CMCS$_{0.6}$　　　　　　　(c) $_{0.9}$CMCS$_{0.9}$

(d) $_{0.6}$CMCS$_{1.2}$　　　　　　　(e) CS-1.8　　　　　　　(f) $_{0.9}$CMCS$_{0.9}$

图 6-19　CMC/CS 增强木棉纸基材料的表面形貌

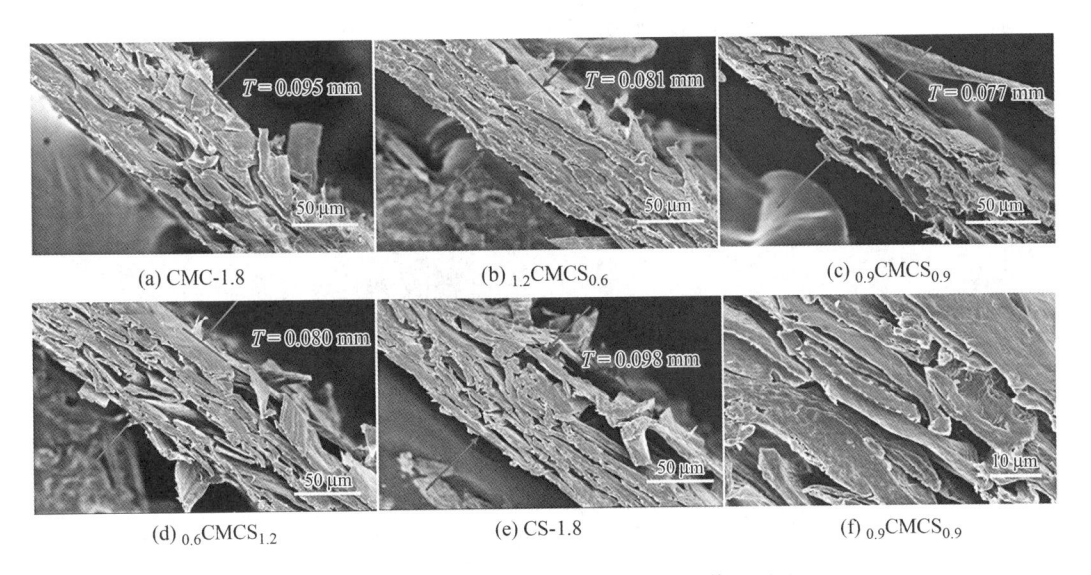

(a) CMC-1.8　　　　　　　(b) $_{1.2}$CMCS$_{0.6}$　　　　　　　(c) $_{0.9}$CMCS$_{0.9}$

(d) $_{0.6}$CMCS$_{1.2}$　　　　　　　(e) CS-1.8　　　　　　　(f) $_{0.9}$CMCS$_{0.9}$

图 6-20　CMC/CS 增强木棉纸基材料的截面形貌

CMC/CS 增强木棉纸基材料的层状结构比 CMC-1.8（$T=0.095$ mm）和 CS-1.8（$T=0.098$ mm）堆叠得更紧实。这说明加入 CMC 和 CS，会提高纤维之间的黏结程度，因此纸基材料层状结构之间的结合更加紧密。如图 6-20(f)所示，单根纤维在热压作用下成为扁平状。

(2) 孔隙结构。CMC/CS 增强木棉纸基材料的孔隙结构由孔隙率、孔径及其分布表征。

如图 6-21 所示，与单独添加 CMC 或 CS 的木棉纸基材料相比，CMC/CS 增强木棉纸基材料具有更小的孔隙率，其中 $_{0.9}$CMCS$_{0.9}$ 的孔隙率最低（56.63%）。这说明 CS 和

CMC 的协同作用使得木棉纸基材料变得更紧实。

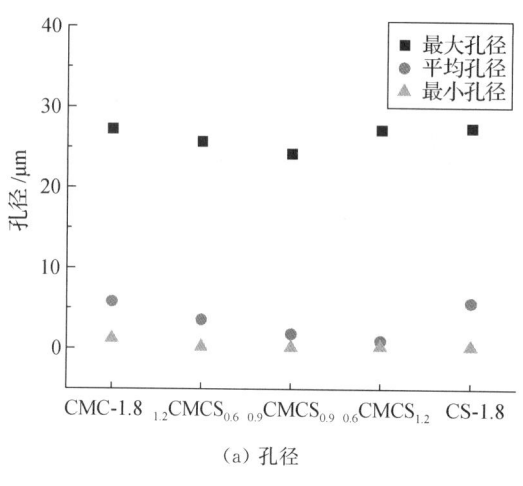

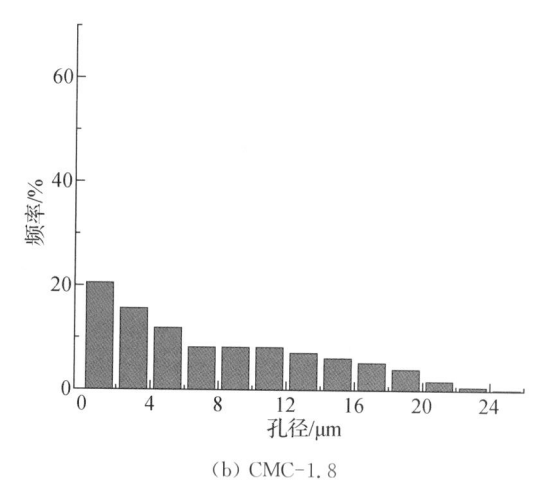

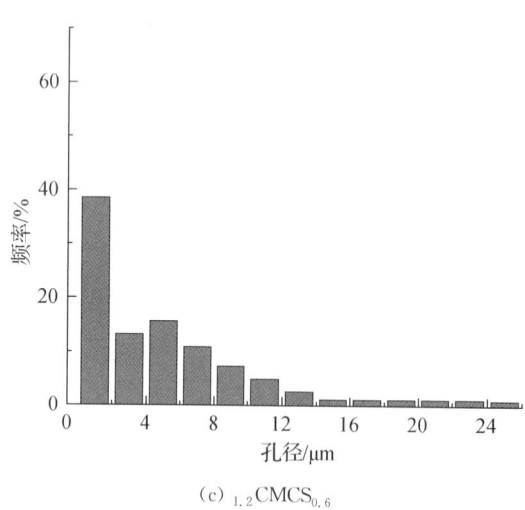

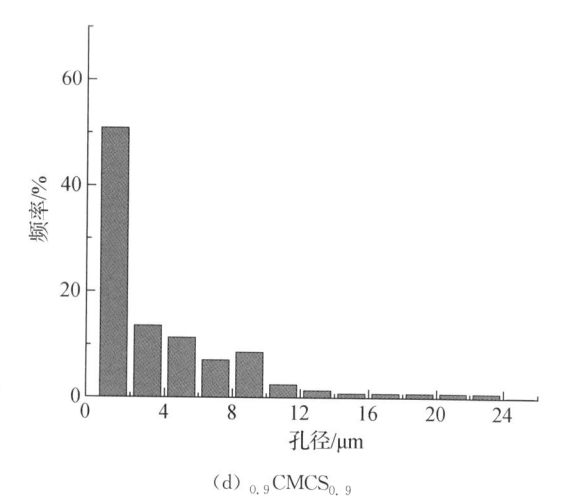

如图 6-22(a)~(f)所示,CMC/CS 增强木棉纸基材料的孔径具有较大的分布范围,孔径分布主要集中在 10 μm 以下,其中,当 CMC 添加量为 0.6%、CS 添加量为 1.2%时,平均孔径呈现出最小值(0.98 μm),在 0~2 μm 的孔径分布范围,$_{1.2}CMCS_{0.6}$、$_{0.9}CMCS_{0.9}$ 和 $_{0.6}CMCS_{1.2}$ 分别占 38.59%、50.88% 和 66.26%,CMC-1.8 和 CS-1.8 分别占 22.55% 和 25.15%。

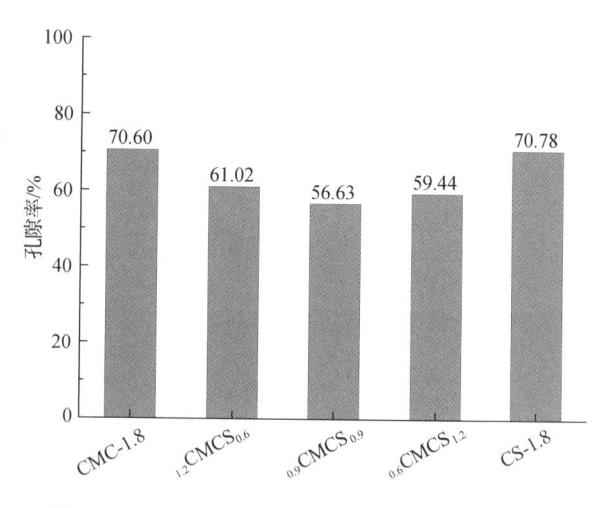

图 6-21 CMC/CS 增强木棉纸基材料的孔隙率

(a) 孔径

(b) CMC-1.8

(c) $_{1.2}CMCS_{0.6}$

(d) $_{0.9}CMCS_{0.9}$

(e) $_{0.6}CMCS_{1.2}$

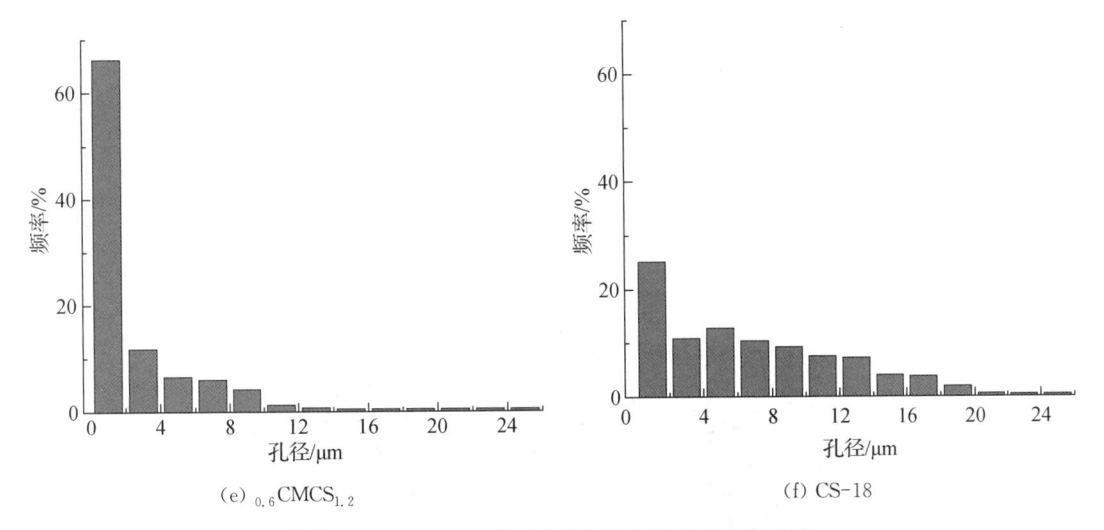

(f) CS-18

图 6-22　CMC/CS 增强木棉纸基材料的孔径与分布

(3) 拉伸性能。CMC/CS 增强木棉纸基材料的拉伸性能由其在干态和湿态下的拉伸应力-应变曲线表征。如图 6-23 所示，在干、湿条件下，CMC/CS 增强木棉纸基材料的拉伸应力-应变曲线与未增强木棉纸基材料类似，同时添加 CMC 和 CS 的纸基材料的拉伸性能明显优于添加 CMC 或 CS 的纸基材料。由图 6-23(a) 可知，在干态条件下，$_{1.2}CMCS_{0.6}$、$_{0.9}CMCS_{0.9}$ 和 $_{0.6}CMCS_{1.2}$ 的最大拉伸应力，与 CMC-1.8 相比，分别增加 2.74%、52.79% 和 40.56%，与 CS-1.8 相比，分别增加 18.94%、68.99% 和 56.78%。当 CMC 添加量为 0.9%、CS 添加量为 0.9% 时，纸基材料呈现出最高的干态拉伸应力 (17.25 MPa)，比不添加 CMC 或 CS 的纸基材料增加 146.09%。

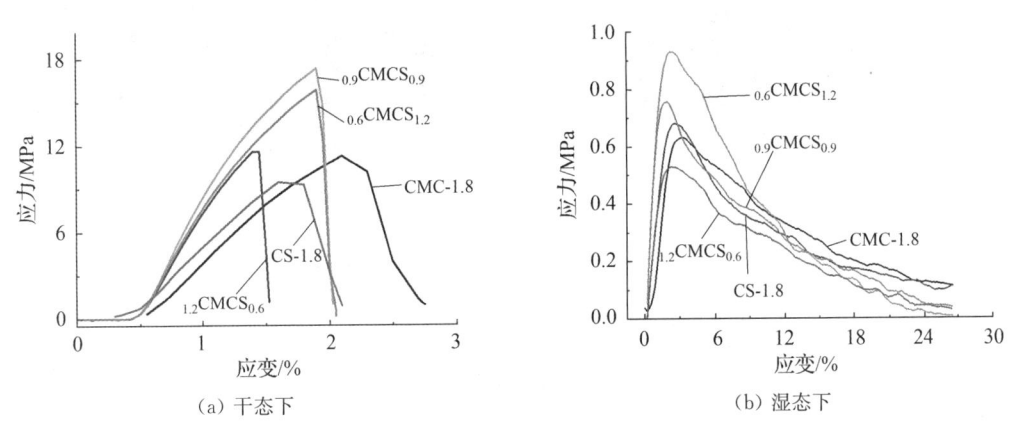

(a) 干态下

(b) 湿态下

图 6-23　CMC/CS 增强木棉纸基材料在干态和湿态下的拉伸应力-应变曲线

如图 6-23(b) 所示，在湿态条件下，$_{1.2}CMCS_{0.6}$、$_{0.9}CMCS_{0.9}$ 和 $_{0.6}CMCS_{1.2}$ 的最大拉伸应力，与 CMC-1.8 相比，分别增加 4.62%、47.69% 和 15.28%；与 CS-1.8 相比，分别增加 28.30%、81.13% 和 41.51%。当 CMC 添加量为 0.9%、CS 添加量为 0.9% 时，纸

基材料呈现出最高的湿拉伸应力（0.96 MPa），比不添加 CMC 或 CS 的纸基材料增加 100%。

上述结果表明，同时添加 CMC 和 CS 的纸基材料在拉伸性能上明显优于添加单一黏合剂或不添加黏合剂的纸基材料，这说明 CMC 和 CS 的协同作用可以显著增强纸基材料的拉伸性能。

（4）弯曲性能。采用自然状态下 CMC/CS 增强木棉纸基材料的可弯曲性，以及干态和湿态下的弯曲刚度和弯曲滞后量表征其弯曲性能，如图 6-24 和图 6-25 所示。

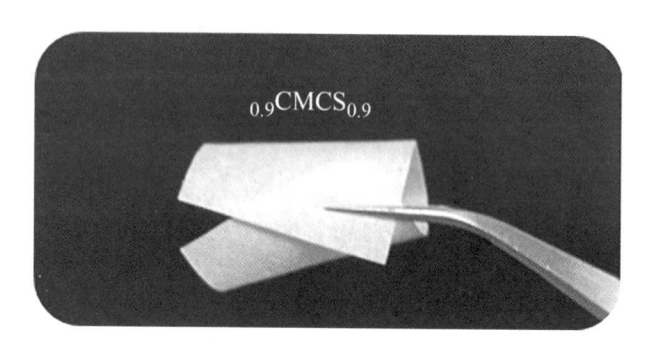

图 6-24 自然状态下 CMC/CS 增强木棉纸基材料的可弯曲性

（a）干态下的弯曲刚度和弯曲滞后量

（b）湿态下的弯曲刚度和弯曲滞后量

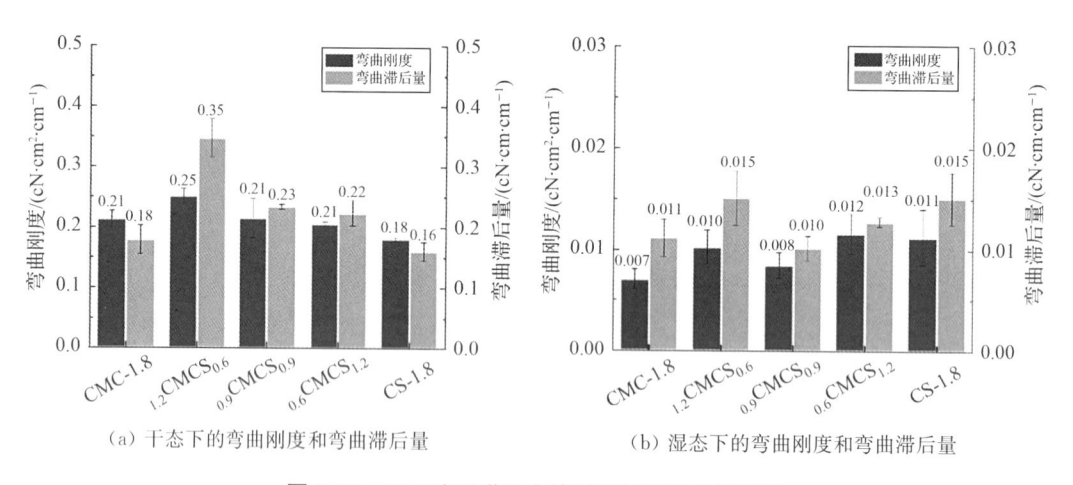

图 6-25 CMC/CS 增强木棉纸基材料的弯曲性能

如图 6-24 所示，CMC/CS 增强木棉纸基材料显示出良好的可弯曲性。如图 6-25(a) 所示，CMC/CS 的添加对木棉纸基材料的弯曲刚度和弯曲滞后量的影响较小。在干态下，CMC/CS 的弯曲刚度在 $0.18\sim0.25$ cN·cm^2/cm，弯曲滞后量在 $0.16\sim0.35$ cN·cm/cm。如图 6-25(b)所示，CMC/CS 在湿态下具有比干态下更低的弯曲刚度和弯曲滞后量，其弯曲刚度和弯曲滞后量分别为 $0.007\,0\sim0.011\,3$ cN·cm^2/cm 和 $0.010\,2\sim0.015\,1$ cN·cm/cm。

（5）透气性能。CMC/CS 增强木棉纸基材料的透气性能如图 6-26 所示。由此图可见，CMC/CS 的添加降低了纸基材料的透气性能，$_{1.2}$CMCS$_{0.6}$、$_{0.9}$CMCS$_{0.9}$ 和 $_{0.6}$CMCS$_{1.2}$ 的透气性能分别比 CMC-1.8 降低 49.65%、42.97% 和 46.39%，分别比 CS-1.8 降低 29.47%、20.11% 和 24.89%。不同配比的 CMC/CS 增强木棉纸基材料的透气性波动较小，透气率在 10~12 mm/s，这与孔隙结构的分析结果基本一致。

（6）表面浸润性能。CMC/CS 增强木棉纸基材料与水及两种类人胶原蛋白（MeiQ 和 Trauer）的接触角如图 6-27 和图 6-28 所示。

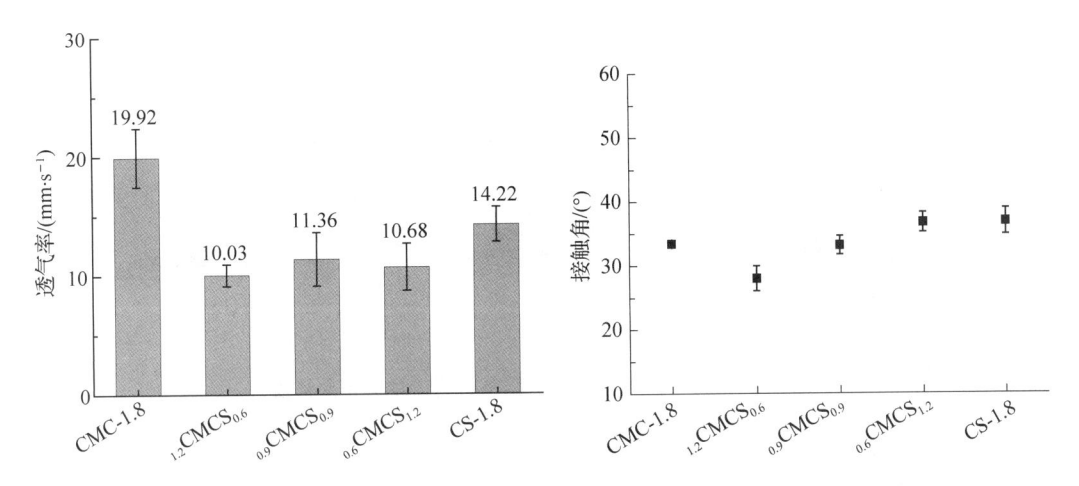

图 6-26　CMC/CS 增强木棉纸基材料的透气性能　　**图 6-27　CMC/CS 增强木棉纸基材料的水接触角**

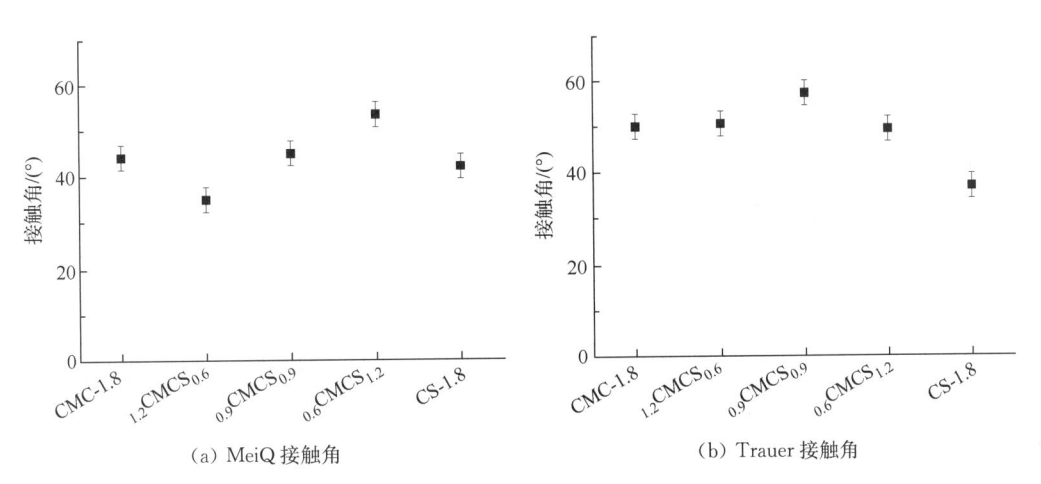

(a) MeiQ 接触角　　(b) Trauer 接触角

图 6-28　CMC/CS 增强木棉纸基材料的接触角

如图 6-27 所示，CMC/CS 增强木棉纸基材料表现出良好的亲水性。与单独添加 CMC 或 CS 的纸基材料相比，CMC/CS 增强木棉纸基材料具有更低的水接触角，其接触角在 28.0°~36.8°。当 CMC 添加量为 1.2%、CS 添加量为 0.6% 时，纸基材料的接触角最小，为 28.0°。

如图 6-28 所示，CMC/CS 增强木棉纸基材料的 Trauer 接触角显示出先增加后下降的趋势,在 36.9°～57.2°。当 CMC 添加量为 0.9%,CS 添加量为 0.9%时,纸基材料的接触角最大,为 57.2°。CMC/CS 增强木棉纸基材料的 MeiQ 接触角范围更小,在 35.3°～53.4°。

为了进一步研究 CMC/CS 增强木棉纸基材料的浸润性能,采用 $_{0.9}$CMCS$_{0.9}$ 的动态接触角进行表征,并与 CMC-1.8 和 CS-1.8 对比。如图 6-29 和图 6-30 所示,水滴在接触 CMC/CS 增强木棉纸基材料表面时形成低于 90°的接触角,在 10 s 内完全扩散到材料表面。纸基材料具有多孔结构的亲水表面,水滴通过扩散和渗透进入孔隙结构,进而在内部形成水分通道。

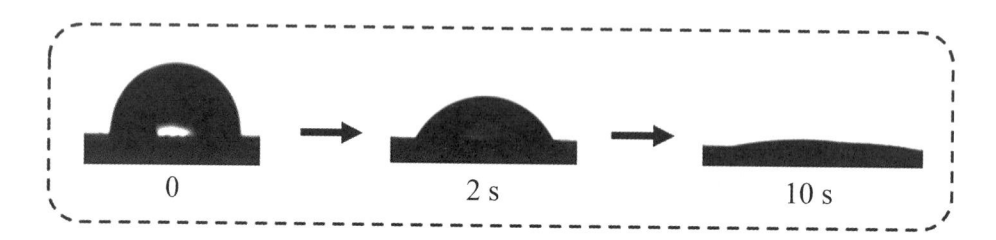

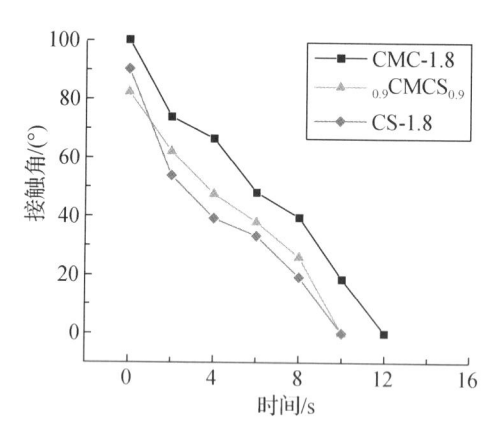

图 6-29 CMC/CS 增强木棉纸基材料的动态铺展过程

（7）吸附性能。CMC/CS 增强木棉纸基材料的吸附性能由其与水及两种类人胶原蛋白（MeiQ 和 Trauer）的吸附倍率和保液率表征,如图 6-31 所示。

如图 6-31(a)所示,与单独添加 CMC 或 CS 的纸基材料相比,CMC/CS 增强木棉纸基材料对水的吸附倍率更高,对两种类人胶原蛋白的吸附倍率也有相同的趋势,最大值都由 $_{0.6}$CMC/CS$_{1.2}$ 实现,其中,MeiQ 的吸附倍率为 9.61 g/g,Trauer 的吸附倍率为 8.43 g/g。如图 6-31(b)所示,CMC/CS 增强木棉纸基材料也具有较好的保液率,对水的 30 min 保液率在 77%以上,对类人胶原蛋白的 30 min 保液率在 80%以上。

图 6-30 CMC/CS 增强木棉纸基材料的动态铺展曲线

（8）水稳定性能。采用 KFM-2 和 $_{0.9}$CMCS$_{0.9}$ 分别在水中机械振动 150 s,观察木棉纸基材料和 CMC/CS 增强木棉纸基材料的形态变化,由此表征纸基材料的水稳定性能。如图 6-32 所示,$_{0.9}$CMCS$_{0.9}$ 在机械振动 150 s 后保持其形状和刚性,而 KFM-2 不能保持其形状。KFM-2 在机械振动过程中,纤维间氢键容易被破坏,导致纤维分散和形态变化。CMC/CS 的协同作用使纤维表面形成一个保护层,提高纸基材料在水中的稳定性和机械强度,说明 CMC/CS 的添加有助于提升纸基材料在潮湿环境下的稳定性。

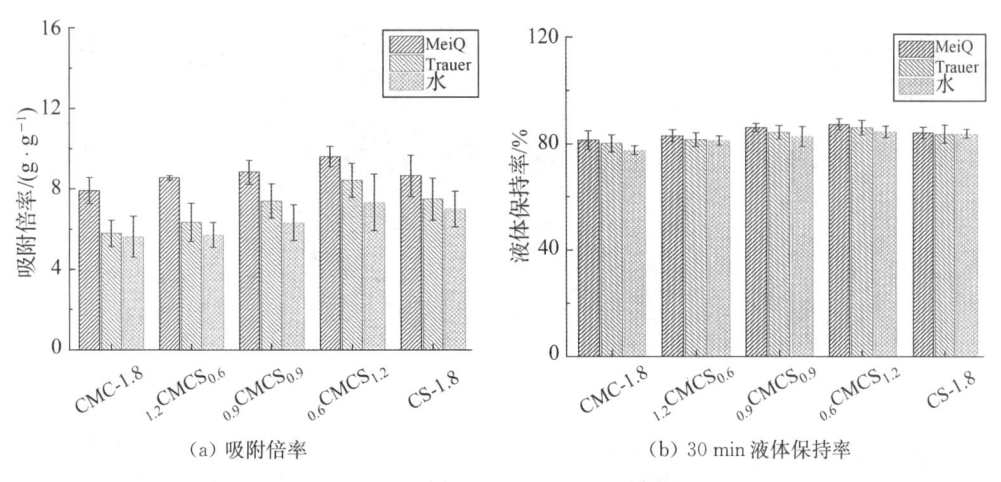

图 6-31　CMC/CS 增强木棉纸基材料的吸附性能

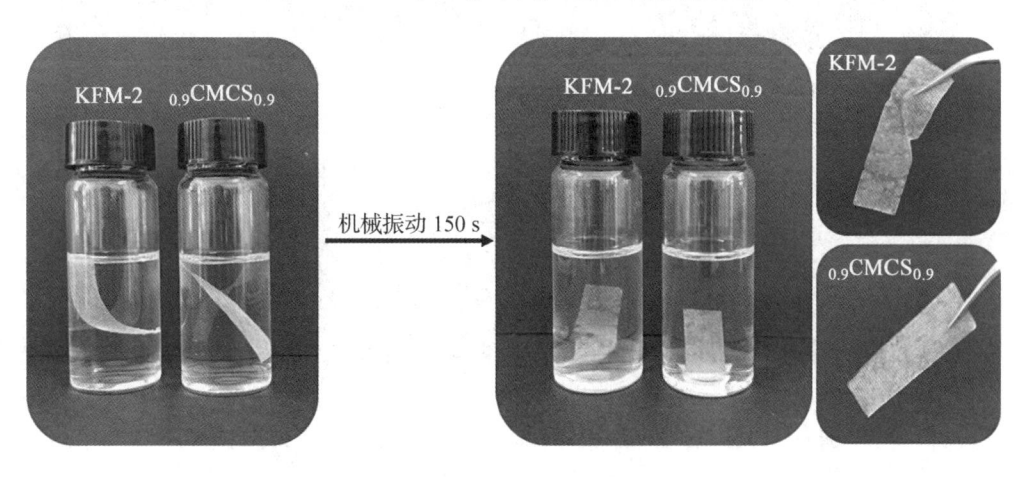

图 6-32　KFM-2 和 $_{0.9}$CMCS$_{0.9}$ 在水中机械振动 150 s 后的形态变化

6.4　木棉纸基材料力学机理分析

6.4.1　分丝帚化

图 6-33 和图 6-34 展示了经过碱处理和打浆处理后木棉纤维的细胞壁结构变化。

如图 6-33(a)所示，木棉纤维的细胞壁由四层组成：初生壁(P层)、次生壁(S层)、中空壁(IS层)和中空结构，其中初生壁主要由木素和半纤维素组成，呈不规则的网状结构；次生壁呈现周期性的横向或纵向条纹，是微纤维沉积的结果；IS层结构松散，没有规则的构造单元。如图 6-33(b)所示，木棉纤维经过碱处理和打浆处理，部分半纤维素和木质素脱离，导致 P 层和 S 层部分破裂和滑脱，并产生纤丝。

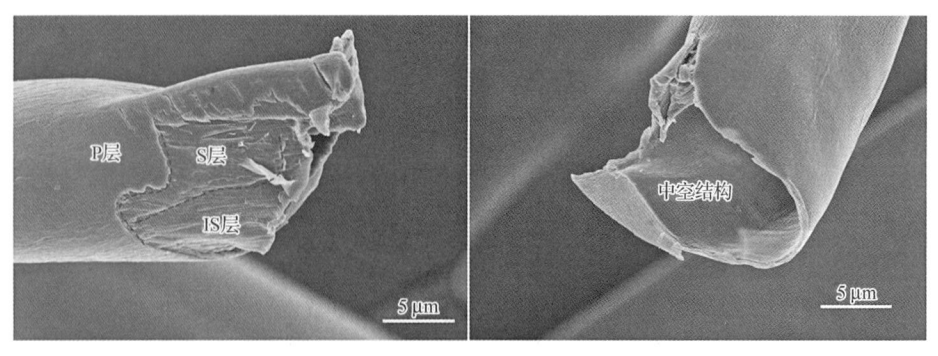

(a) 木棉纤维

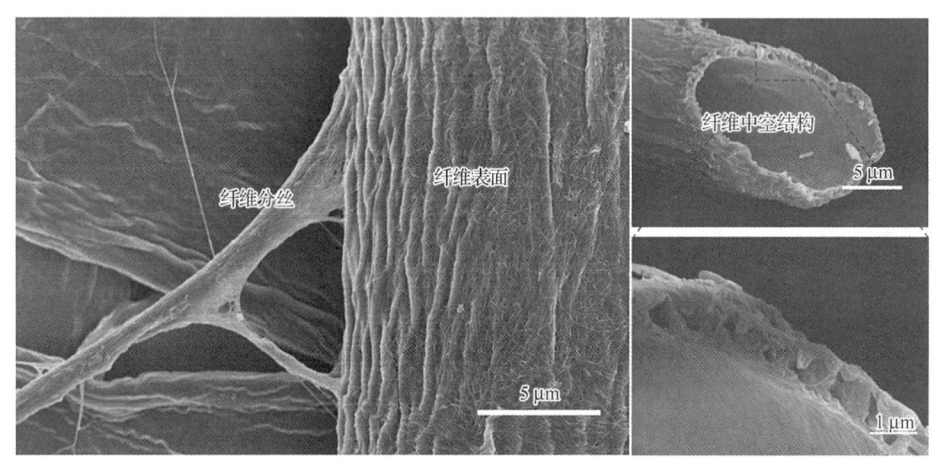

(b) 碱处理打浆后

图 6-33 木棉纤维和碱处理打浆后细胞壁的结构变化 SEM 图像

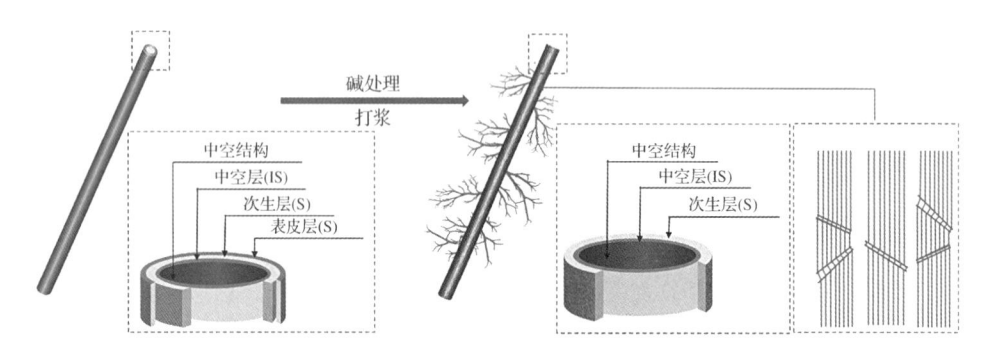

图 6-34 木棉纤维细胞壁的结构变化

如图 6-34 所示,纤维经过碱处理和打浆处理后,P 层和 S 层部分破裂和滑脱,同时 P 层和 S 层发生位移和变形,使得水分子能够进入 S 层,纤维吸水润胀。这不仅会降低纤维素结构单元之间的黏结作用,改善纤维的柔韧性和可塑性,而且有助于热压过程中纤维之间的黏结。此外,细胞壁滑动和吸水润胀会增强纤维的分丝,这意味着纤维在吸水润胀后会出现纵向分丝,一方面,纤维的比表面积会增加;另一方面,分丝的纤维会强化纤维间缠结程度。纤维结构的这些改变使热压过程中产生更多的氢键,从而增强纤维间和纤维内部的结合力。

6.4.2 木质素作用

木质素是纤维素生物质中最丰富的芳香类生物聚合物,是一种天然黏结剂,对细胞壁的强度、水稳定性和刚度起着重要作用。木质素的玻璃化转变温度在 60~200 ℃,这取决于水分含量和测量技术。木材的软化温度受其含水量的影响很大,含水率增加会降低木材非晶态组分的玻璃化转变温度,反之亦然。水充当增塑剂,从而减少木质素融化所需的能量。根据其单体单元的化学结构,木质素可分为三大类:软木木质素、硬木木质素和草木质素。木棉纤维的木质素已被证明为 GS 型(含有愈创木基和紫丁香基单元),被归类为硬木木质素。Olsson 和 Salmen 比较了硬木和软木的木质素,发现软木木质素的玻璃化转变温度高于硬木木质素。Olsson 和 Salmen 的研究表明,潮湿木材中木质素的玻璃化转变温度通常在 60~95 ℃。

因此,在纤维湿成型的条件下,其软化温度受到其水分含量的影响,增加水分含量会降低木材非晶组分的玻璃化转变温度。同时,水分起到增塑剂的作用,这会导致分子链运动所需的能量减少,使得木质素在 100 ℃ 的热压下熔化。碱处理之后的木棉纤维会保留部分木质素,这些木质素在热压过程中可起到黏结剂的作用。图 6-35 展示了木质素的增强机理。

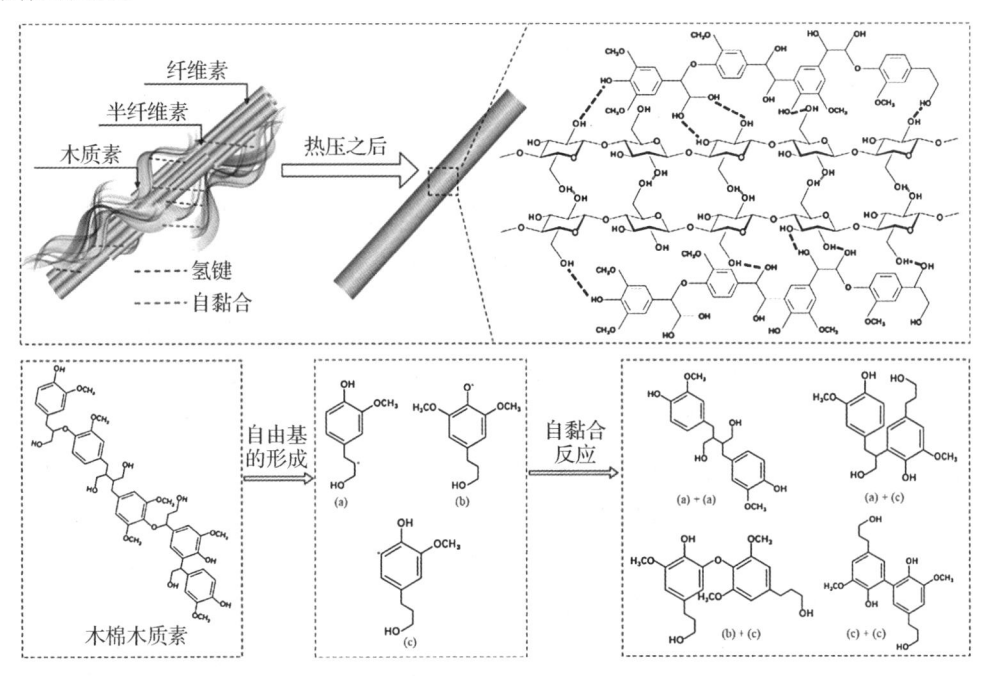

图 6-35 木质素的增强机理

增强的原因主要有两个：(1)在热压过程中,木质素颗粒熔化并分布在纤维素体系中,这些残存的木质素含有大量羟基,可以和纤维素上的羟基形成分子间氢键,从而提高纤维的结合力。虽然材料的机械强度也由纤维素的晶体结构和纤维素之间的相互堆叠作用贡献,但纤维材料固有孔隙的存在限制了其增强程度;(2)热压过程中木质素碎片之间的自黏结保证了木质素与纤维素之间的紧密黏结,这对于木质素能否起到强化作用是至关重要的,木质素上β-芳基醚键在含水的条件下通过热压发生断裂,增加了酚羟基的含量,这不仅加强了木质素与纤维素之间的氢键连接,而且提高了木质素碎片在热压过程中的自黏结。热压暴露了木质素芳香环上更多的活性位点,形成新的C—C键和C_4—O—C_5,它们比最初的芳醚键具有更大键能。木质素的愈创木素(β-C,C_5的位置)和樱草木素(酚氧自由基)单元之间的自由基部分相互反应,强烈的分子间作用导致木质素碎片之间形成化学键。

6.4.3 CMC/CS 二元协同作用

采用红外光谱研究由 CMC 和 CS 增强前后的木棉纸基材料官能团的变化情况,如图 6-36 所示。

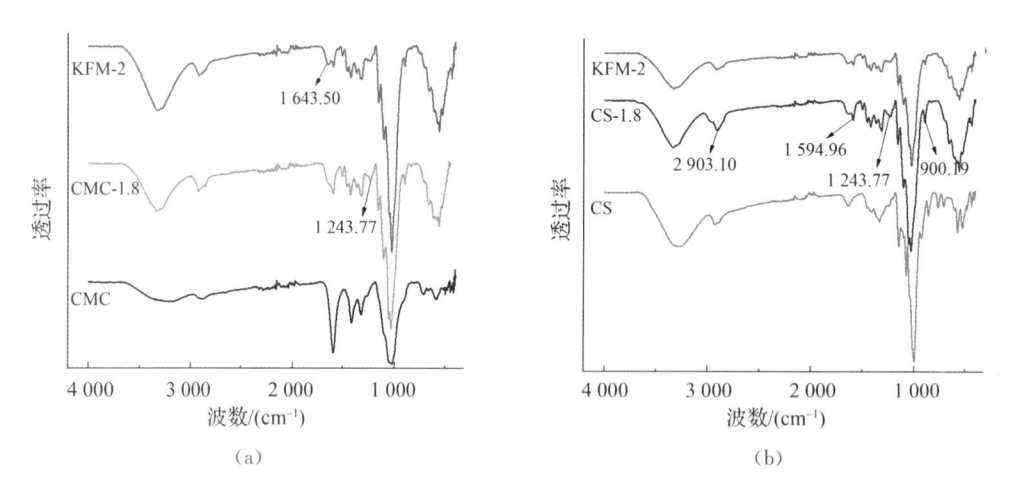

图 6-36 CMC(a)和 CS(b)增强前后的木棉纸基材料红外光谱

如图 6-36(a)所示,在添加 CMC 之后,位于 1 643.50 cm^{-1} 的吸收峰消失了,而位于 1 243.77 cm^{-1} 的吸收峰有所增强,说明发生反应,生成新的醚键。CMC 是带负电的高分子聚合物,它的加入使得纤维在湿法成网的过程中分散得更加均匀,因为 CMC 所带负电使纤维之间发生了静电排斥。此外,CMC 分子链含有大量的羟基和羧基,它们与纤维上的羟基发生水合作用(产生氢键),增强纤维之间的结合力。

如图 6-36(b)所示,CS-1.8 位于 2 903.10 cm^{-1}、1 594.96 cm^{-1}、1 243.77 cm^{-1} 和 900.19 cm^{-1} 的吸收峰,分别对应 C—H 键伸缩振动、C=N 双键伸缩振动、C—O 键伸缩振动和 C—H 键弯曲振动。与 KFM-2 相比,CS-1.8 在这四个位置的吸收峰有不同程度的增强。CS 是大分子淀粉上的羟基与胺类化合物发生醚化反应,从而将可质子化的氨基引入大分子淀粉,赋予大分子淀粉阳离子的特性,这些阳离子可以与纤维上的阴离子结合,增强纤维网中纤维之间的黏结强度。CS 对纤维的增强作用主要来自两个方面:(1)通过增加纤维与 CS 的结合力,包括氢键、离子键及分子之间的范德华力;(2)通过在纤维表面包裹一层淀粉大分子层,间接增大纤维间的接触面积。

CMC/CS 增强木棉纸基材料的红外光谱如图 6-37 所示,由此可以进一步解释 CMC/CS 的协同增强机理。如图 6-37 所示,红外光谱表明,$_{0.9}$CMCS$_{0.9}$ 位于 2 903.10 cm^{-1}、1 594.96 cm^{-1}、1 243.77 cm^{-1} 和 900.19 cm^{-1} 的吸收峰强度增加,而位于 1 643.50 cm^{-1} 的吸收峰消失,表明离子键的生成使得分子间作用力增强。

图 6-38 展示了 CMC/CS 的协同作用过程。首先,CS 携带大量正电荷,可以中和 CMC 携带的负电荷,部分减少静电排斥作用;其次,CMC 上的羧酸根离子(R—COO$^-$)与 CS 分子链上的胺基(RNH$_3^+$)之间,由于静电吸引作用,形成 CMC/CS 协同增强体系,它与纤维一起交织成三维网状结构,由于键之间的协同作用,离子键具有更高的强度;最后,CS 上的羟甲基(CH$_2$OH)、CMC 上的羧酸根离子(R—COO$^-$)和它们之间的羟基(—OH)形成大量氢键。

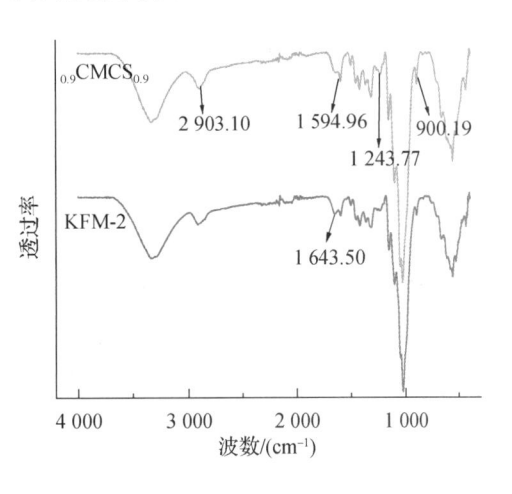

图 6-37　CMC/CS 增强木棉纸基材料的红外光谱

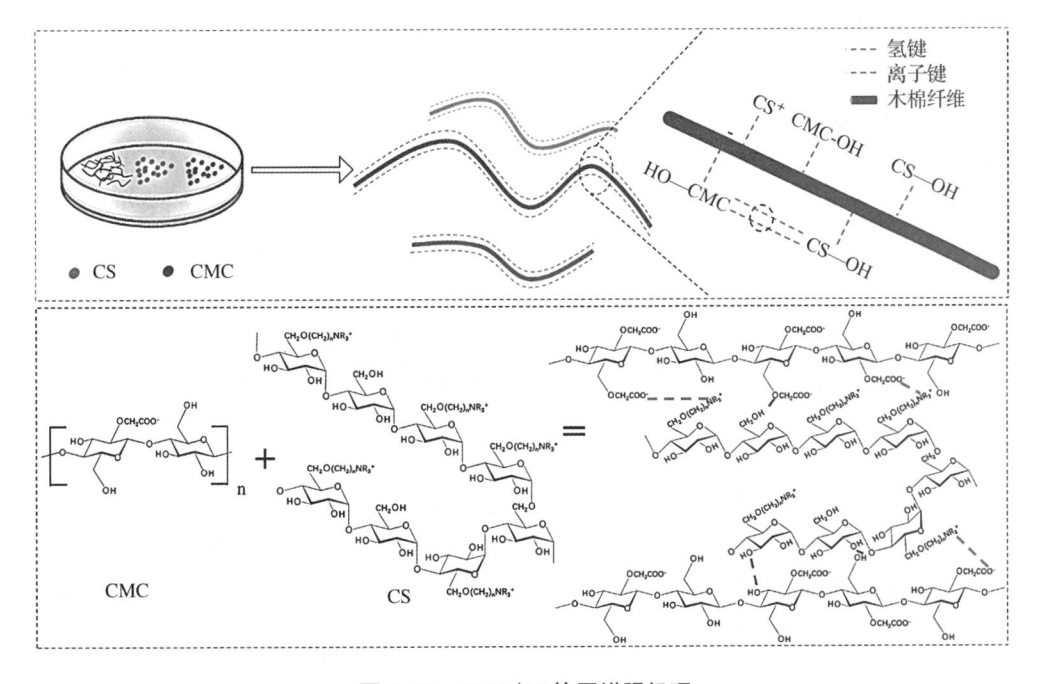

图 6-38　CMC/CS 协同增强机理

6.5 木棉纸基材料功能性

6.5.1 中空回复性能

如前所述,木棉纸基材料截面呈现类似于"千层饼"式的平行薄层状结构,单根木棉纤维被压成扁平状。这种压扁现象导致木棉纤维中空结构失去其特性,从而影响其实际应用。因此,需要研究木棉纤维在木棉纸基材料中的中空可回复性。

(1) 材料与试验。制备不同厚度的木棉纸基材料和 CMC/CS 增强木棉纸基材料,木棉纤维、CMC 和 CS 的配置比例如表 6-4 所示。

表 6-4 不同厚度纸基材料中木棉纤维、CMC 和 CS 的配置比例

材料	纤维总量/g	木棉纤维 (大于 2 mm:小于 0.05 mm)	CMC 质量 分数/%	CS 质量 分数/%
木棉纸基材料	0.720	3:1	0	0
	1.200	3:1	0	0
CMC/CS 增强 木棉纸基材料	0.707	3:1	0.9	0.9
	1.178	3:1	0.9	0.9

将木棉纸基材料和 CMC/CS 增强木棉纸基材料裁剪成 5 cm×5 mm 大小,分别放入装有水的烧杯,常温下浸泡 24 h。CMC/CS 增强木棉纸基材料,由于其具有一定的水稳定性,常温浸泡后继续煮沸加热 1 h。将经过以上步骤处理的样品放入冰箱冷冻 12 h,然后使用真空冷冻干燥机在 -60 ℃的条件下进行冷冻干燥,持续 48 h;采用扫描电镜观察水浸泡前后木棉纸基材料和 CMC/CS 增强木棉纸基材料的形貌,采用厚度倍率表征材料的回复性能。每个样品测试五次,求平均值。

(2) 中空回复性能。木棉纸基材料和 CMC/CS 增强木棉纸基材料的形貌呈现出相似的变化规律,厚度变化倍率分别为 4.493 和 2.827,如图 6-39 和图 6-40 所示。

(a) 浸泡前表面形貌　　　　(b) 浸泡前截面形貌

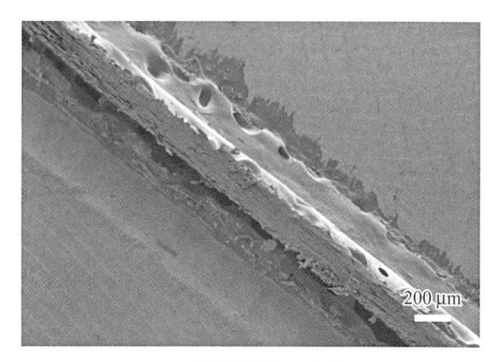

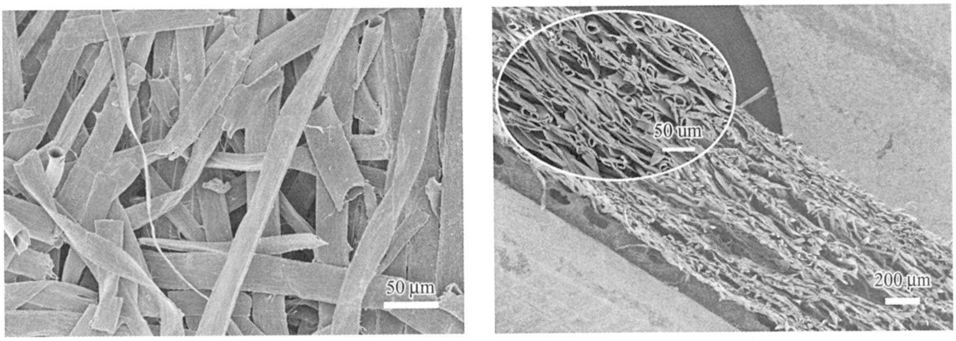

(c) 浸泡后表面形貌　　　　　　　　　　(d) 浸泡后截面形貌

图 6-39　木棉纸基材料水浸泡前后的表面和截面形貌

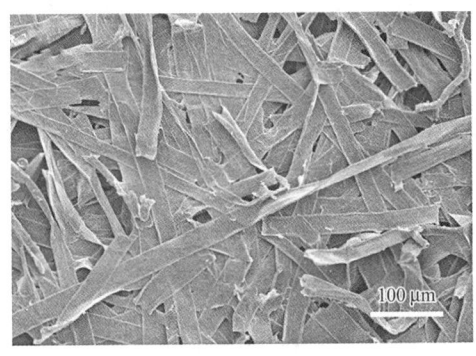

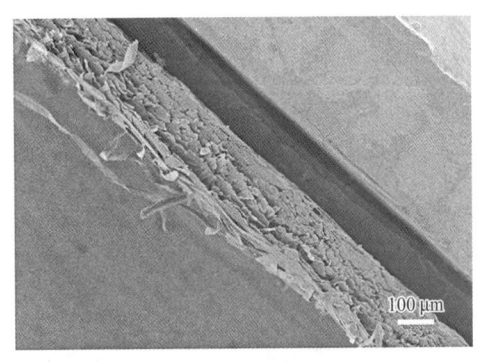

(a) 浸泡前表面形貌　　　　　　　　　　(b) 浸泡前截面形貌

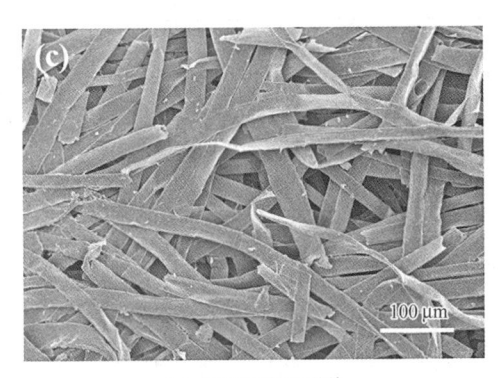

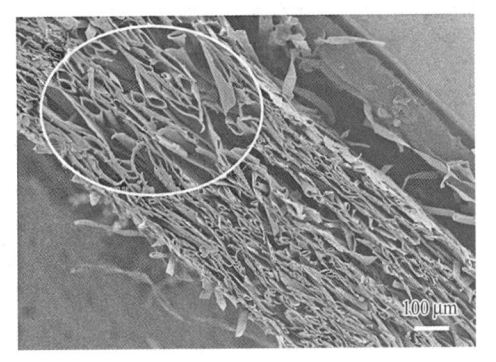

(c) 浸泡后表面形貌　　　　　　　　　　(d) 浸泡后截面形貌

图 6-40　CMC/CS 增强木棉纸基材料浸泡前后的表面和截面形貌

如图 6-39 和图 6-40 所示，木棉纸基材料和 CMC/CS 增强木棉纸基材料在水中浸泡后发生了形态变化。水浸泡后，纤维表面的紧密交织结构变得更加松散，形成更多的孔隙。此外，纤维截面原本的"千层饼"式薄层状结构也转变为具有间隙的堆叠结构，同时可以明显观察到木棉纤维中空结构的回复现象。计算水浸泡前后木棉纸基材料厚度的变化，如表 6-5 所示。

表 6-5 处理前后木棉纸基材料的厚度变化

类型	项目	厚度/mm		厚度倍率
		水浸泡前	水浸泡后	
木棉纸基材料	最大	0.163	0.377	2.490
	最小	0.134	0.354	
	平均	0.145	0.362	
	标准差	0.010	0.008	
	最大	0.221	0.989	4.493
	最小	0.204	0.939	
	平均	0.213	0.957	
	标准差	0.007	0.018	
CMC/CS 增强木棉纸基材料	最大	0.125	0.420	3.242
	最小	0.116	0.360	
	平均	0.120	0.389	
	标准差	0.003	0.026	
	最大	0.173	0.475	2.827
	最小	0.145	0.421	
	平均	0.158	0.447	
	标准差	0.009	0.021	

如表 6-5 所示，随着木棉纸基材料的厚度变化，其厚度倍率存在一定的差异，在 2.490～4.493。这种变化不仅涉及中空结构的回复，还伴随着纤维间距的回复。对于 CMC/CS 增强木棉纸基材料，随着材料自身厚度和 CMC/CS 的添加，厚度变化率也存在差异，在 2.827～3.242，由于材料具备一定的水稳定性，厚度的波动范围更小。

（3）中空回复机理。相关实验表明，水可以使木棉中空结构得到有效的回复。图 6-41 展示了木棉纤维中空结构回复过程中动态水的运输行为。

如图 6-41 所示，水分子的存在有助于重建纤维素分子链之间的距离，从而显著提高形状回复能力。中空结构通过纤维的开口端和纤维细胞壁上的微孔（图 6-42）吸收水分，水分子通过运动而慢慢渗入木棉纤维的管道结构，中空结构中的水分子慢慢增多，使纤维变得更加柔软和有弹性。同时，由于水分子分布在管道中及其相互作用，纤维的管道结构重新展开，回复了部分的形态和尺寸，使得木棉纤维的中空结构回复。

如图 6-42 所示，水分子通过纤维细胞壁表面的微孔进入纤维的中腔。研究表明，木棉纤维细胞壁上的孔径集中分布在 2～35 nm，孔径在 2～40 nm 的孔隙体积约占总孔隙体积的 80%，而孔径大于 40 nm 的孔隙体积约占总孔隙体积的 20%，而水分子直径为

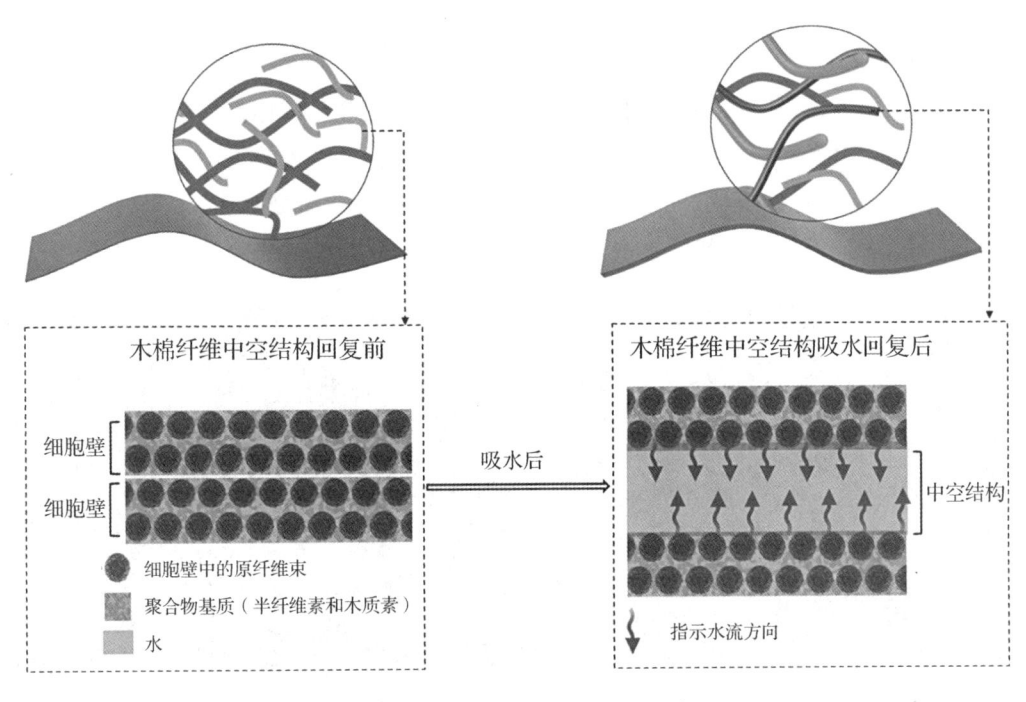

图 6-41　木棉纤维中空结构回复过程

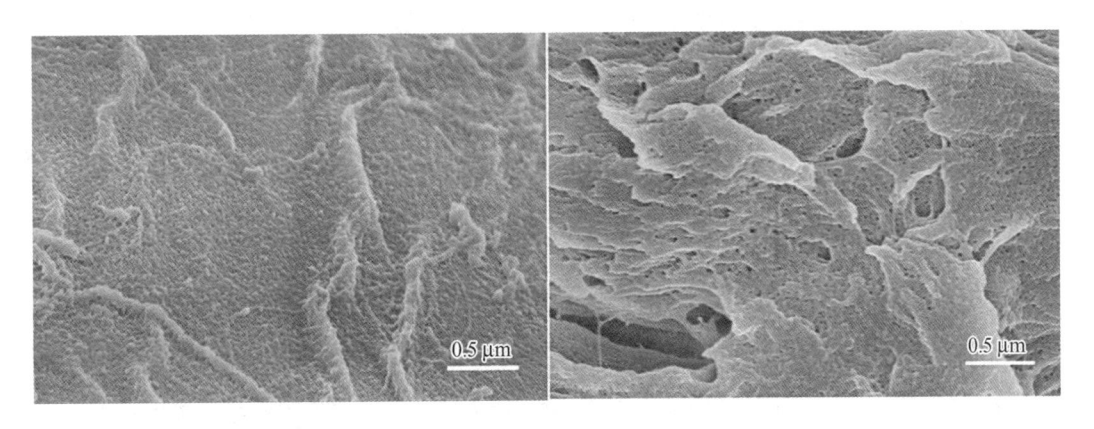

图 6-42　纤维细胞壁表面的微孔结构

0.4 nm，因此，细胞壁上的孔隙可以作为液体分子的通道。当木棉纤维受到压力时，气囊内部的空气可以顺利流出，保护细胞壁免受破损；将木棉纤维放入液体介质，粒径低于 40 nm 的液体或者固体介质都可以随着水分子的运输进入纤维的空腔。

此外，木棉纤维的碱处理在纤维中空结构回复过程中也起到一定作用。一方面，木棉纤维碱处理导致表面能大幅增加，将其从 7.80 mN/m 提高到 129.38 mN/m。因此，纤维表面从疏水性转变为亲水性，促进水渗透到其中空结构。另一方面，如图 6-43 所示，碱处理引发了细胞壁发生位移和变形，这些改变降低了纤维素结构单元之间的分子凝聚力，增加了纤维内每种成分的流动性。文献研究表明，在木棉纤维中，半纤维素和木质素包裹在纤维素的外部。从原理上来说，碱对纤维中各组分的作用顺序：首先半纤维素和木质素膨胀，接着半纤维素和木质素开始溶解，最后是纤维素聚集态结构的改变。每一步都可以引发纤维内部应力的改变，并部分还原残余变形。因此，在碱处理之后，结晶和非晶区内的内应力得到缓解，从而减轻木棉纤维部分永久变形的发生。木棉纤维在热压过程中会发生形状变化，而不会产生永久变形。在进一步吸水后，无定型成分会经历更高的润湿和膨胀，进一步缓解木棉纤维的变形并回复其中空结构。

图 6-43　碱处理后木棉纤维的细胞壁变化

6.5.2　抗菌性能

木棉纤维自身具备抗菌效果，将木棉纤维经过碱处理制备成木棉纸基材料，其抗菌性能是否得以保留，还未得到充分研究，而这对木棉纤维的实际应用具有重要意义。因此，有必要对木棉纤维、木棉纸基材料及 CMC/CS 增强木棉纸基材料的抗菌性能进行评估。

（1）材料和试验。

样品：木棉纤维，木棉纸基材料，CMC/CS 增强木棉纸基材料。

菌种：大肠杆菌（$E.\ coli$）和金黄色葡萄球菌（$S.\ aureus$）。

标准方法：木棉纤维的抗菌性能参照 GB/T 20944.3—2008《纺织品　抗菌性能的评价　第 3 部分：振荡法》进行测试，木棉纸基材料和 CMC/CS 增强木棉纸基材料的抗菌性能参照 GB/T 20944.2—2007《纺织品　抗菌性能的评价　第 2 部分：吸收法》进行测试。

试剂与仪器：见表 6-6 和表 6-7。

表 6-6　试剂

试剂	LB 肉汤培养基	LB 肉汤琼脂培养基	氯化钠	金黄色葡萄球菌（$S.\ aureus$）	大肠杆菌（$E.\ coli$）
厂家	生工生物工程（上海）股份有限公司	生工生物工程（上海）股份有限公司	上海凌峰化学试剂有限公司	ATCC 6538	ATCC 25922

表 6-7 仪器

仪器	厂家
振荡培养箱 ZQLY-180F	上海知楚仪器有限公司
立式压力蒸汽灭菌锅	上海博迅实业有限公司
超净工作台	上海博迅实业有限公司
隔水式恒温培养箱 GHP-9160	上海一恒科学仪器有限公司
涡旋振荡仪	上海琪特分析仪器有限公司
T6 新世纪紫外可见分光光度计	普析通用公司

具体步骤如下:

A. 木棉纤维的抗菌性能

a. 试样灭菌。取三份木棉纤维,每份质量为(0.75±0.05) g。用小纸片将每份纤维包好,并放入高压灭菌锅,在 121 ℃、103 kPa 的条件下进行灭菌处理,持续时间为 15 min。

b. 试样接种。准备六个容量为 250 mL 的三角烧瓶,其中三个烧瓶中加入经过灭菌处理的木棉纤维,另外三个烧瓶作为空白对照,不加入木棉纤维。随后,在每个烧瓶中加入(70±0.1) mL 浓度为 0.03 mol/L 的 PBS 缓冲液,同时各加入 5 mL 接种菌液。

c. "0"接触时间取样。取样前,将样品放置在温度为(24±1) ℃、振荡速度为 250~300 r/min 的振荡器上振荡(60±5) s。振荡结束后,用吸管从烧瓶中各吸取(1±0.1) mL 溶液,转移到装有(9±0.1) mL 浓度为 0.03 mol/L 的 PBS 缓冲液的试管中,充分混匀。接着,采用 10 倍稀释法进行稀释并充分混匀。然后从试管中吸取(1±0.1) mL 并移入已凝固的 LB 肉汤琼脂培养基中,再使用涂布棒均匀涂布(注意涂布平板时要不断转动,以保证涂布均匀),每个稀释液涂布两个平板。将涂布平板倒置,放入 37 ℃ 恒温箱培养 48 h。

d. 定时振荡接触。在三个加入纤维的烧瓶中分别加入 5 mL 接种菌液,盖好瓶塞。另外,已完成"0"接触时间取样并盖好瓶塞的另外六个烧瓶则无需添加接种菌液。将九个烧瓶置于恒温振荡器中,在(24±1) ℃ 条件下,以 150 r/min 的速度振荡 18 h。

e. 稀释培养及菌落数的测定。培养结束后,从每个烧瓶中取(1±0.1) mL 试液,移入含装有(9±0.1) mL 浓度为 0.03 mol/L 的 PBS 缓冲液的试管中,并进行 10 倍系列稀释,然后进行涂板,最后倒置涂布平板并放入(37±1) ℃ 培养箱培养 24 h。选择菌落数在 30~300 CFU 范围的合适稀释倍数的平板进行计数。

f. 按下式计算活菌浓度:

$$K = Z \times R \quad (6-3)$$

式中:K 为每个试样烧瓶内的活菌浓度(CFU/mL);Z 为两个平板菌落数的平均值;R

为稀释倍数。

g. 按下式计算试验菌的增长值 F：

$$F = \lg W_t - \lg W_0 \tag{6-4}$$

式中：W_t 表示三个空白样品振荡接触 18 h 后烧瓶内活菌浓度的平均值(CFU/mL)；W_0 表示三个空白样品"0"接触时间取样后烧瓶内活菌浓度的平均值(CFU/mL)。

当 F 大于 1.5 时，则判定试验有效。

h. 如试验有效，则按下式计算抑菌率 Y：

$$Y = \frac{W_t - Q_t}{W_t} \times 100\% \tag{6-5}$$

式中：Q_t 代表三个测试样品经过 18 h 振荡接触后烧瓶内活菌浓度的平均值(CFU/mL)。

当 Y 大于 70% 时，即判定样品具有抗菌效果。

B. 木棉纸基材料(KFM-2)和 CMC/CS 增强木棉纸基材料($_{0.9}$CMCS$_{0.9}$)的抗菌性能

a. 试样灭菌。称取三个试样($0.4\text{ g} \pm 0.5\text{ g}$)和六个对照试样，并分别放入 50 mL 锥形瓶，对试样进行紫外线灭菌。

b. 试样接种。分别用移液器准确称取 200 μL 试验菌液($1 \times 10^5 \sim 3 \times 10^5$ CFU/mL)，分散接种在每个试样上。

c. 接种后洗脱。在三个完成接种的对照试样锥形瓶中，分别加入 20 mL 生理盐水，盖紧瓶盖，用振荡器振荡五次(每次 5 s)，将细菌洗脱。

d. 培养。将其余完成接种的试样锥形瓶放入恒温培养箱，在 37 ℃ 条件下培养 18 h。

e. 培养后洗脱。在已经培养 18 h 的试样锥形瓶中，分别加入 20 mL 生理盐水，盖紧瓶盖，用振荡器振荡五次(每次 5 s)，将细菌洗脱。

f. 稀释涂板。使用移液管取 1 mL 洗脱液，并加入装有 9 mL 稀释液的试管中，充分混合，得到一次稀释溶液；使用另外一支移液管从一次稀释溶液中取 1 mL，并加入另一个装有 9 mL 稀释液的试管中，再次充分混合；重复此稀释过程，制备洗脱液的 10 倍稀释溶液系列。从各个稀释溶液试管中取 10 μL 溶液并加入琼脂平板，再使用涂布棒均匀涂布(注意：涂布平板时要不断转动，以保证涂布均匀)。每个稀释溶液涂布两个平板，然后将涂布平板倒置，放入 37 ℃ 恒温箱培养 48 h。

g. 菌落数测定。培养完成后，计算每个涂布平板上出现的菌落数。如果最小倍数稀释溶液涂布平板的菌落数<30，则按实际数量记录。如果涂布平板上没有菌落生长，则菌落数记为"−1"。记录三个对照试样接种后洗脱液的菌落数，以及三个试样和三个对照试样培养后洗脱液的菌落数。

h. 菌落数计算，公式如下：

$$M = Z \times R \times 20 \tag{6-6}$$

式中：M 为每个涂布平板的菌落数；Z 为两个涂布平板的菌落数平均值；R 为稀释倍数；20 为洗脱液的用量，单位是 mL。

i. 试验有效性判定。按式(6-7)计算细菌的增长值 F，当 F 大于或者等于 1.5 时，试验判断为有效；否则试验无效，须重新试验。

$$F = \lg C_t - \lg C_0 \tag{6-7}$$

式中：C_t 和 C_0 分别为培养 24 h 的对照试样涂布平板的菌落数平均值、接种后立即洗脱的对照试样涂布平板的菌落数平均值。

j. 抑菌值计算。对于有效试验，按下式计算抑菌值 A：

$$A = \lg C_t - \lg T_t \tag{6-8}$$

式中：T_t 为接种后培养 18 h 的试样涂布平板的菌落数平均值。

k. 抑菌率计算。按下式计算抑菌率 R：

$$R = \frac{C_t - T_t}{C_t} \times 100\% \tag{6-9}$$

在使用抑菌值和抑菌率评价材料的抗菌性能时，抑菌值≥1 或抑菌率≥90%，表明样品具有抗菌效果；抑菌值≥2 或抑菌率≥99%，表明样品具有良好的抗菌效果。

(2) 木棉纤维的抗菌性能。木棉纤维的抗菌性能如图 6-44 和表 6-8 所示。木棉纤维对大肠杆菌的抑菌率为 94%，对金黄色葡萄球菌的抑菌率为 95%，按照 GB/T 20944.3 的规定，抑菌率均大于 70%，因此可评价其具有抗菌性能。

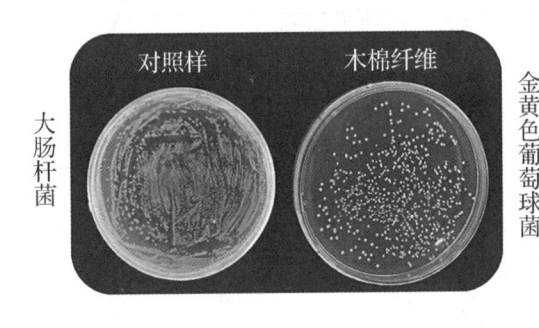

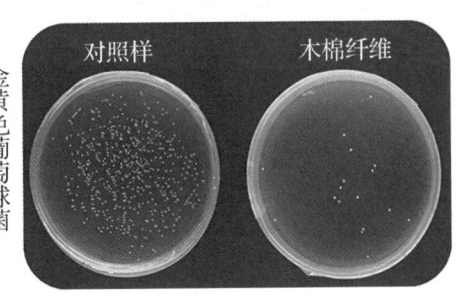

图 6-44 木棉纤维及对照样的涂布平板对比

表 6-8 木棉纤维的抗菌性能

菌种	W_0/(CFU·mL^{-1})	W_t/(CFU·mL^{-1})	Q_t/(CFU·mL^{-1})	F	抑菌率/%
大肠杆菌	1.39×10^3	1.23×10^5	6.9×10^3	1.95	94
金黄色葡萄球菌	2.5×10^4	6.0×10^6	2.9×10^5	2.380	95

(3) 木棉纸基材料的抗菌性能。根据 GB/T 20944.2 对木棉纸基材料和 CMC/CS 增强木棉纸基材料的抗菌性能进行评价。将试样和对照样分别接种试验菌，然后进行立

即洗脱和培养操作,再测定洗脱液中的细菌数量,并计算抑菌值和抑菌率,结果如图 6-45、图 6-46 和表 6-9 所示。

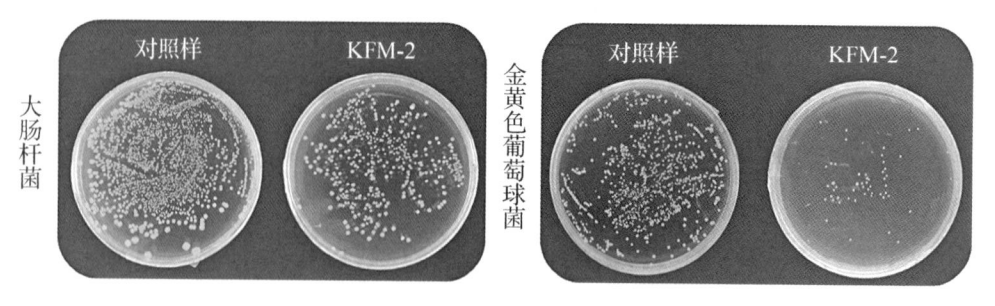

图 6-45 木棉纸基材料对大肠杆菌和金黄色葡萄球菌的抗菌性能

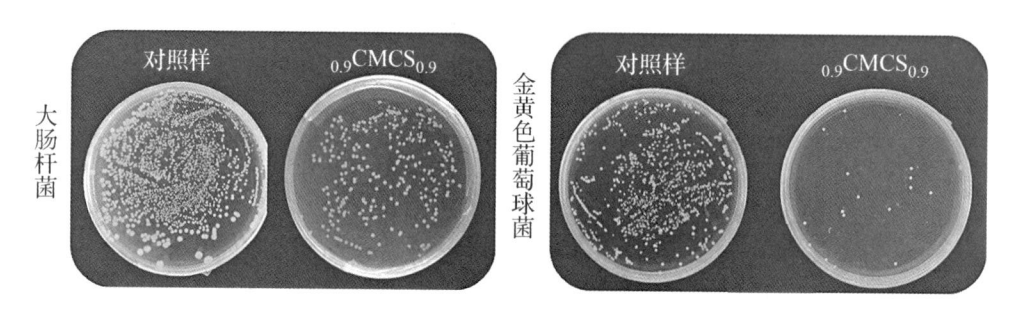

图 6-46 CMC/CS 增强木棉纸基材料对大肠杆菌和金黄色葡萄球菌的抗菌性能

表 6-9 木棉纸基材料的抗菌性能

纸基材料	C_0/(CFU·mL^{-1})	C_t/(CFU·mL^{-1})	T_t/(CFU·mL^{-1})	F	抑菌值	抑菌率/%
大肠杆菌							
KFM-2	1.39×10^3	1.23×10^5	7.0×10^3	1.94	1.24	94
$_{0.9}$CMCS$_{0.9}$			5.2×10^3		1.37	95
金黄色葡萄球菌							
KFM-2	5.8×10^4	2.1×10^8	1.0×10^7	3.58	1.30	95
$_{0.9}$CMCS$_{0.9}$			9.4×10^5		2.40	99

如图 6-45 和表 6-9 所示,木棉纸基材料对大肠杆菌和金黄色葡萄球菌的抑菌率分别为 94% 和 95%,抑菌值分别为 1.24 和 1.30。根据 GB/T 20944.2 的评价标准,可评定木棉纸基材料对大肠杆菌和金黄色葡萄球菌具有抗菌效果。

如图 6-46 和表 6-9 所示,CMC/CS 增强木棉纸基材料对大肠杆菌和金黄色葡萄球菌的抑菌率分别为 95% 和 99%,抑菌值分别为 1.37 和 2.40,根据 GB/T 20944.2 的评价标准,可评定 CMC/CS 增强木棉纸基材料对大肠杆菌具有抗菌效果,对金黄色葡萄球菌具有良好的抗菌效果。

6.5.3 生物降解性能

采用土壤掩埋法考察木棉纸基材料的生物降解性能。将木棉纸基材料埋入土壤,经过一定时间后,将其取出并进行观察和称重分析,由此评估木棉纸基材料在土壤环境中的降解性能。

(1) 材料与试验。

测试样品:木棉纸基材料(KFM-2)、CMC 增强木棉纸基材料(CMC-1.8)、CS 增强木棉纸基材料(CS-1.8)和 CMC/CS 增强木棉纸基材料($_{0.9}$CMCS$_{0.9}$)。

测试标准:ASTM-D5988-12 *Standard Test Method for Determining Aerobic Biodegradation of Plastic Materials in Soil*。

具体步骤如下:

a. 从不同地点收集同等质量的土壤样品,包括湖泊、树林和花园,采样深度为200~300 mm。将土壤样品进行筛分、称重并混合,获得质量共计 2 kg 的混合土壤并装入容器。

b. 将样品剪成 50 mm×50 mm 大小,埋入混合土壤,埋入深度为 30~50 mm,放置在温度为(25±2) ℃、相对湿度为(60±5)%的环境中。每隔 5 天加入 150 mL 水,每隔 15 天从土壤中取出样品,用蒸馏水洗涤以除去黏附于试样表面的土壤,然后拍照、称重并记录。

c. 按下式计算样品的质量损失率 p:

$$p = \frac{m_0 - m_n}{m_0} \times 100\% \tag{6-10}$$

式中:m_0 为样品的原始质量;m_n 为样品降解 n 天时的质量。

(2) 降解性能。木棉纸基材料的质量损失率如图 6-47 所示。由此图可见,几种木棉纸基材料的质量损失率之间存在差异:埋入土壤满 15 天时,KFM-2 的质量损失率为 19.71%,CMC-1.8 的质量损失率为 9.3%,$_{0.9}$CMC/CS$_{0.9}$ 的质量损失率为 5.87%(最低),CS-1.8 的质量损失率为 17.38%;从 15 天至 30 天,几种材料的质量损失率均显著增加,KFM-2 为 74.14%,CMC-1.8 为 65.66%,$_{0.9}$CMC/CS$_{0.9}$ 为 60.98%,CS-1.8 为 68.27%。

(3) 降解机理。木棉纸基材料的降解

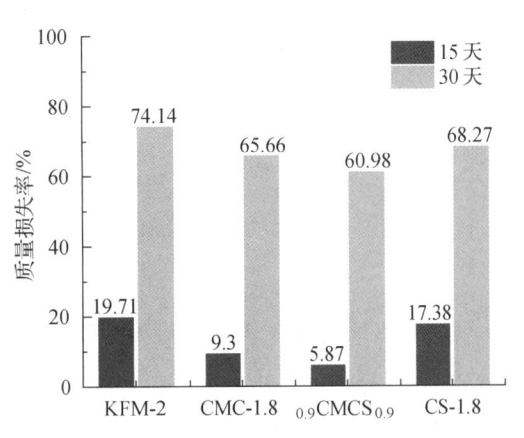

图 6-47 木棉纸基材料的质量损失率

过程如图 6-48 所示。由图 6-48(a)可见,埋入土壤满 15 天时,木棉纸基材料表面开始出现孔隙、裂缝及微生物啃食痕迹,这些变化是由水分和微生物的作用引起的;在 15～30 天期间,木棉纸基材料表面逐渐变黄,并分解成碎片;满 60 天时,KFM-2 基本完全降解。如图 6-48(b)、(c)所示,木棉纤维束内部的微纤维之间的结合大部分已经瓦解,微纤维开始分离成纤维素分子。纤维素分子主要通过水解和生物分解过程进行降解。在水解过程中,纤维素分子结构中的 1,4-键被破坏,产生两个具有不同特性的葡萄糖基团,见图 6-48(c):第一个是在 C_1 上形成可还原醛基,随着水解过程的进行,醛基的数量增加,还原性也随之增加;第二个是在 C_4 上生成羟基。水解过程使得纤维素分子的聚合度降低。木棉纤维通过水解发生剥落降解后,微生物开始生长并分解纤维素结晶区域。纤维素结晶区域被内切葡萄糖酶攻击,生成非晶态纤维素和可溶性寡糖。其中,可溶性寡糖会立即与外切葡萄糖酶反应,产生葡萄糖单体。非晶态纤维素首先被纤维素酶水解为纤维二糖,然后被葡萄糖苷酶水解为葡萄糖单体。同时,厌氧细菌在酶解、水解的过程中,将产生的可溶性碳水化合物转化为二氧化碳和水。

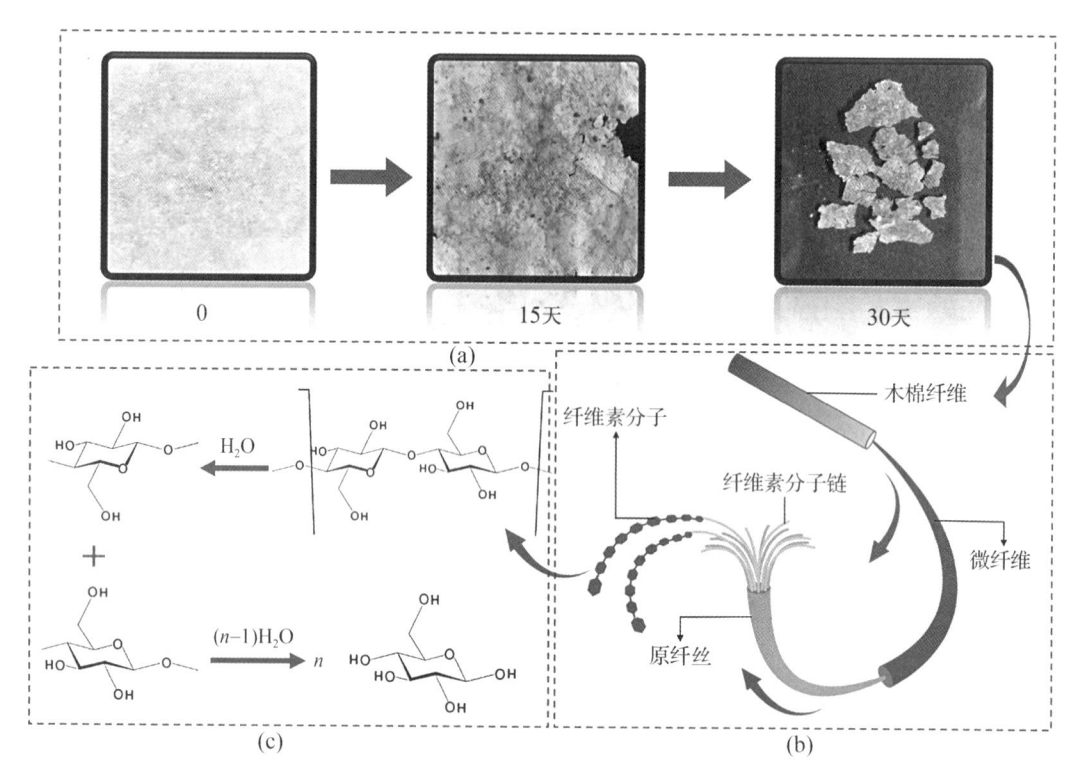

图 6-48 木棉纸基材料的降解过程

CMC/CS 增强木棉纸基材料的降解过程如图 6-49 所示,可以观察到,在埋入土壤满 15 天时,材料表面出现裂缝、断裂及微生物啃咬的痕迹;在接下来的 15～30 天期间,材料表面逐渐变黄并出现裂解。从质量损失率可知,添加 CMC/CS 的木棉纸基材料的降解速率低于未添加 CMC 或 CS 的木棉纸基材料。

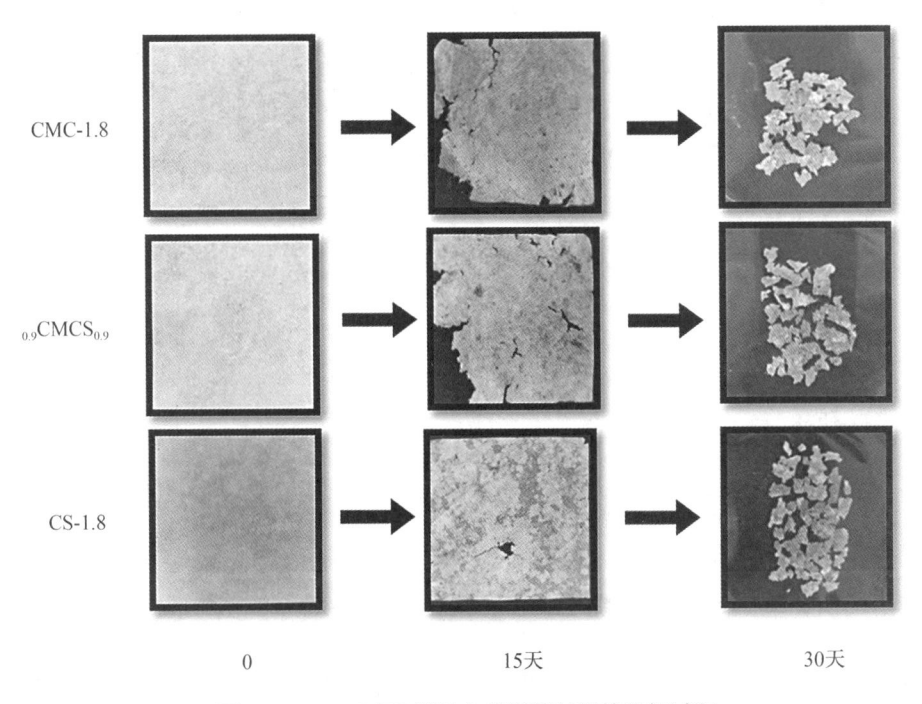

图 6-49　CMC/CS 增强木棉纸基材料的降解过程

比较 CMC-1.8、CS-1.8 和 $_{0.9}$CMC/CS$_{0.9}$ 的降解速率，发现 CS-1.8 的降解速率最快，而 $_{0.9}$CMC/CS$_{0.9}$ 的降解速率最慢。CS-1.8 中有更多的氨基-氮分子，这可能是导致其较快降解的关键因素之一。氨基-氮分子在微生物分解过程中起到重要的营养源作用，可以促进微生物的生长和代谢活动。相反，CMC 和 CS 之间形成醚键和 C—N 键协同效应，$_{0.9}$CMC/CS$_{0.9}$ 具有较高的化学稳定性，增强了纸基材料的结构稳定性，减少了其易被微生物降解的可能性。在含有生物降解微生物的土壤环境中，CMC-1.8、CS-1.8 和 $_{0.9}$CMC/CS$_{0.9}$ 在 60 天后都能够发生有效降解。

6.6　木棉纸基材料应用

木棉纸基材料具有中空结构可回复、抗菌及生物降解等功能性，这为木棉纸基材料的应用提供了广泛的可能性。通过研究类人胶原蛋白液体和姜黄素颗粒在木棉纸基材料上的吸附和沉积，探索其在医美敷料和药物载体基材方面的应用。

以中空回复前后的木棉纸基材料和 CMC/CS 增强木棉纸基材料（$_{0.9}$CMC/CS$_{0.9}$）为样品，采用的类人胶原蛋白液体为 Trauer，采用吸液倍率和 30 min 保液率表征木棉纸基材料的吸附性能。

具体步骤如下：

首先将 50 mL 类人胶原蛋白液体倒入烧杯,取 5 cm×5 cm 样品放入液体中,浸泡 10 min 后取出,静置 1 min 和 30 min,分别称重,根据样品质量变化计算其吸液倍率和 30 min 保液率。每种材料取三个试样进行测试,并计算平均值。

中空结构回复前后的木棉纸基材料的吸液倍率和 30 min 保液率如图 6-50 所示。

(a) 木棉纸基材料

(b) CMC/CS 增强纸基材料

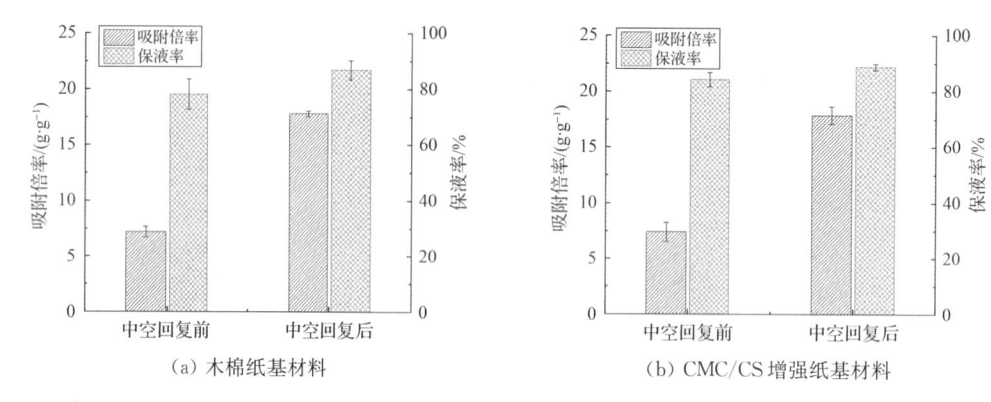

图 6-50 中空结构回复前后木棉纸基材料对类人胶原蛋白液体的吸附性能

从图 6-50 可以看出,中空结构回复前,木棉纸基材料和 CMC/CS 增强木棉纸基材料的吸液倍率分别为 7.19 g/g 和 7.40 g/g;中空结构回复后,两者的吸液倍率分别为 17.81 g/g 和 17.87 g/g。由此说明纤维间孔隙和木棉纤维自身中空结构回复能有效地提高材料的吸附性能。木棉纸基材料和 CMC/CS 增强木棉纸基材料的 30 min 保液率之间的差异不大,均在 78.07%～88.84%,木棉纤维对类人胶原蛋白液体的吸附是物理吸附和化学吸附的共同作用结果。

接下来,讨论木棉纸基材料对姜黄素颗粒的吸附和沉积。由于动力学过程缓慢以及屏蔽效应的限制,传统技术在将固体颗粒引入中空结构内部时面临挑战,因此采用中草药直接染色的方法,将姜黄素颗粒在纸基材料上实现吸附沉积。

姜黄素是从姜科和天南星科的一些植物根茎中提取的一种二酮类化合物,具有良好的抗炎和抗癌特性。姜黄素购于西安圣青生物科技有限公司(纯度 98%),是一种橙色固体颗粒,如图 6-51 所示。

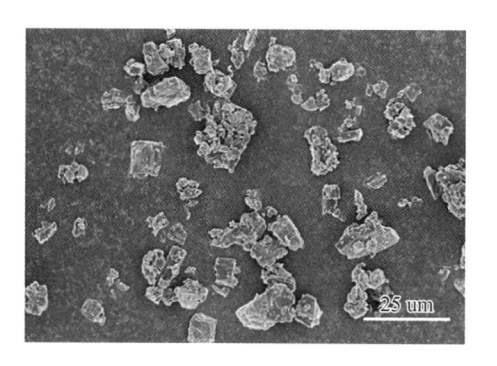

图 6-51 姜黄素颗粒

具体步骤如下：

首先将木棉纸基材料裁剪成 5 cm×5 cm 大小的样品,将其和 1 g 姜黄素一起放入盛有 30 mL 去离子水的烧杯中,在常温下加热至沸腾,持续 1 h;待烧杯中的溶液冷却后,取出样品并进行冷冻,持续 12 h;然后,使用真空冷冻干燥机在－60 ℃条件下进行冷冻干燥,持续 48 h;最后通过扫描电镜进行观察。

如图 6-52 所示,姜黄素可以直接吸附在纤维上,分散的姜黄素对纸基材料进行了染色,纸基材料由白色变成橙色。

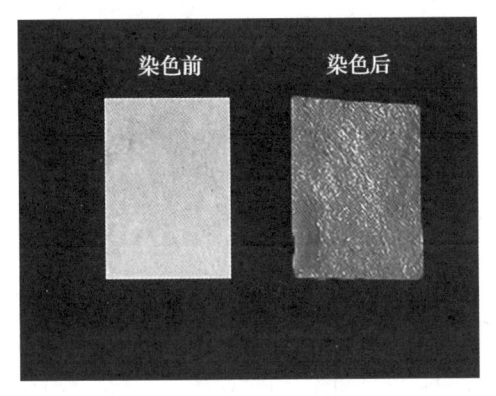

（a）木棉纸基材料 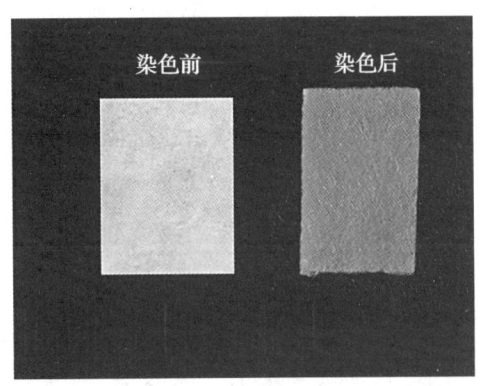　　　　　　　　　　（b）CMC/CS 增强木棉纸基材料

图 6-52　染色前后的木棉纸基材料

如图 6-53 和图 6-54 所示,未溶解的姜黄素颗粒随着水分子运动,被沉积在纸基材料的表面和截面孔隙中。通过中草药染色方法,不仅回复了纸基材料的中空结构,还实现了固体颗粒的沉积,使得纸基材料的功能调控成为可能。同时,由于其中空结构可回复性能,在水分子运动的作用下,微小颗粒不仅可以沉积在纸基材料的孔隙和表面,还可以进入纤维的中空结构。将木棉纤维放入液体介质,尺寸小于 40 nm 的液体或者固体介质都可以被水分子运输而进入纤维的中腔,以创建多级缓释材料,从而实现沉积固体颗粒的逐级释放,使材料适用于医美敷料和药物载体基材等应用场景。

（a）表面沉积 　　　　　　　　　　　（b）截面沉积

图 6-53　姜黄素颗粒在木棉纸基材料表面和截面的沉积

(a) 表面沉积　　　　　　　　　　　　　(b) 截面沉积

图 6-54　姜黄素颗粒在 CMC/CS 增强木棉纸基材料表面和截面的沉积

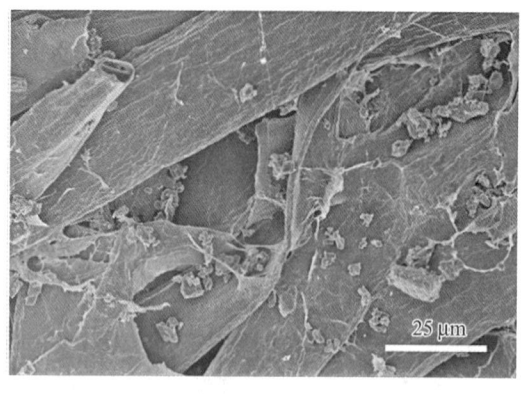

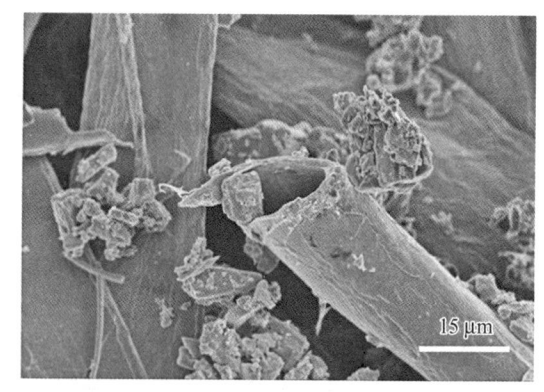

参考文献

[1] Malaspina C D, Faraudo J. Molecular insight into the wetting behavior and amphiphilic character of cellulose nanocrystals[J]. Advances in Colloid and Interface Science, 2019: 26715-26725.

[2] Junho O, Dana C E, Hong S, et al. Exploring the role of habitat on the wettability of cicada wings [J]. ACS Applied Materials & Interfaces, 2017, 9(32): 27173-27184.

[3] Yang Z L, Yan J J, Wang F M. Pore structure of kapok fiber[J]. Cellulose, 2018, 25(6): 3219-3227.

[4] Mei W S. The Fine structure of the Kapok fiber[J]. Textile Research Journal, 2010, 80(2): 159-165.

[5] Ma Z Z, Pan G W, Xu H L, et al. Cellulosic fibers with high aspect ratio from cornhusks via controlled swelling and alkaline penetration[J]. Carbohydrate Polymers, 2015: 12450-12456.

[6] Xuan Y, Fredrik B. High-density molded cellulose fibers and transparent biocomposites based on oriented holocellulose[J]. ACS Applied Materials & Interfaces, 2019, 11(10): 10310-10319.

[7] Morsing N. The influence of hydrothermal treatment on compression of beech perpendicular to grain[D]. Department of Structural Engineering and Materials, Technical University, 2000.

[8] Kelley S S, Rials T G, Glasser W G. Relaxation behaviour of the amorphous components of wood [J]. Journal of Materials Science, 1987, 22: 617-624.

[9] Sun R. Cereal straw as a resource for sustainable biomaterials and biofuels: chemistry, extractives, lignins, hemicelluloses and cellulose[M]. Elsevier, 2010.

[10] Liu Y J, Liu Y J, Zhang D, et al. Kapok fiber: A natural biomaterial for highly specific and efficient enrichment of sialoglycopeptides[J]. Analytical Chemistry, 2016, 88(2): 1067-1072.

[11] Olsson A M, Salmén L. Viscoelasticity of in situ lignin as affected by structure[M]. Viscoelasticity of Biomaterials, 1992.

[12] Olsson A M, Salmén L. The effect of lignin composition on the viscoelastic properties of wood[J].

Nordic Pulp & Paper Research Journal, 1997, 12(3): 140-144.

[13] Jiang B, Chen C J, Liang Z Q, et al. Lignin as a wood-inspired binder enabled strong, water stable, and biodegradable paper for plastic replacement[J]. Advanced Functional Materials, 2020, 30(4).

[14] Frey M, Schneider L, Masania K, et al. Delignified wood-polymer interpenetrating composites exceeding the rule of mixtures[J]. ACS Applied Materials and Interface, 2019, 11(38): 35305-35311.

[15] Yuan Z W, Zhang J J, Jiang A N, et al. Fabrication of cellulose self-assemblies and high-strength ordered cellulose films[J]. Carbohydrate Polymers, 2015: 117414-117421.

[16] Zhang Y, Wu J Q, Li H, et al. Heat treatment of industrial alkaline lignin and its potential application as an adhesive for green wood-lignin composites[J]. ACS Sustainable Chemistry & Engineering, 2017, 5(8): 7269-7277.

[17] Schutyser W, Renders T, Van den Bosch S, et al. Chemicals from lignin: an interplay of lignocellulose fractionation, depolymerisation, and upgrading[J]. Chemical Society Reviews, 2018, 47(3): 852-908.

[18] Pu Y Q, Hu F, Huang F, et al. Assessing the molecular structure basis for biomass recalcitrance during dilute acid and hydrothermal pretreatments[J]. Biotechnology for Biofuels, 2013, 6(1): 15.

[19] He W T, Wang M, Song X L, et al. Influence of carboxymethylated holocellulose and pae binary system on paper properties[J]. Cellulose Chemistry and Technology, 2017, 51(3-4): 313-318.

[20] Fan J, Li T, Ren Y Z, et al. Interaction between two oppositely charged starches in an aqueous medium containing suspended mineral particles as a basis for the generation of cellulose-compatible composites[J]. Industrial Crops and Products, 2017, 97: 417-424.

[21] He W T, Wang M, Jin X J, et al. Cationization of corncob holocellulose as a paper strengthening agent[J]. BioResources, 2016, 11(1): 1296-1306.

[22] He W T, Yang T T, Wang Y B, et al. Carboxymethylation of corncob holocellulose and its influences on paper properties[J]. Journal of Wood Chemistry and Technology, 2015, 35(2): 137-145.

[23] 刘杰. 基于木棉纤维结构性能的后处理技术及产品性能研究[D]. 上海: 东华大学, 2012.

[24] Ma Z Z, Pan G W, Xu H L, et al. Cellulosic fibers with high aspect ratio from cornhusks via controlled swelling and alkaline penetration[J]. Carbohydrate Polymers, 2015, 124: 50-56.

[25] Yang X, Berthold F, Berglund L A. High-density molded cellulose fibers and transparent biocomposites based on oriented holocellulose[J]. ACS Applied Materials & Interfaces, 2019, 11(10): 10310-10319.

[26] Ullah I, Chen Z, Xie Y, et al. Recent advances in biological activities of lignin and emerging biomedical applications: a short review[J]. International Journal of Biological Macromolecules, 2022, 208: 819-832.

[27] Sugiarto S, Leow Y, Tan C L, et al. How far is lignin from being a biomedical material?[J].

Bioactive Materials,2022,8:71-94.

[28] Morena A G,Tzanov T. Antibacterial lignin-based nanoparticles and their use in composite materials[J]. Nanoscale aAdvances,2022,4(21):4447-4469.

[29] Zheng Y A,Wang J T,Wang A Q. Recent advances in the potential applications of hollow kapok fiber-based functional materials[J]. Cellulose,2021,28(9):5269-5292.

[30] Yang Z L,Yan J J,Wang F M. Pore structure of kapok fiber[J]. Cellulose,2018,25:3219-3227.

[31] Behzadinasab S,Williams M D,Aktuglu M,et al. Porous antimicrobial coatings for killing microbes within minutes[J]. ACS Applied Materials & Interfaces,2023,15(12):15120-15128.

[32] Knott B C,Haddad M M,Crowley M F,et al. The mechanism of cellulose hydrolysis by a two-step, retaining cellobiohydrolase elucidated by structural and transition path sampling studies[J]. Journal of the American Chemical Society,2014,136(1):321-329.

[33] Pereira C S,Silveira R L,Skaf M S. QM/MM simulations of enzymatic hydrolysis of cellulose: probing the viability of an endocyclic mechanism for an inverting cellulase[J]. Journal of Chemical Information and Modeling,2021,61(4):1902-1912.

[34] 严金江. 基于木棉纤维微结构的关键加工技术和产品性能研究[D]. 上海:东华大学,2014.

第7章 木棉基气凝胶材料制备、结构与性能

本章以木棉纤维为基材,充分利用其纤维特性,分别采用木棉纳米纤维素、木棉/纤维素和微纤化木棉纤维为原料,制备木棉基纤维素气凝胶,探讨木棉基气凝胶的结构性能,以拓展高孔隙木棉纤维材料在油液吸附、隔热保暖等领域的应用。

7.1 木棉纳米纤维素气凝胶

7.1.1 原材料与气凝胶制备

(1) 原材料。采用印尼爪哇木棉纤维及乙烯基三甲氧基硅烷(98%,VTMO,Sigma-Aldrich)、苏丹Ⅲ染料、亚甲基蓝染料、冰乙酸(99.5%)、乙醇、三氯甲烷(氯仿)等化学试剂。

(2) 木棉纳米纤维素制备。将木棉纤维浸泡在质量分数为8%的氢氧化钠溶液中,在100 ℃条件下处理1 h,然后以去离子水洗涤至中性,并于温度为60 ℃环境条件下沥干(24 h),再在打浆机中以2%质量分数的纤维进行打浆处理(40 min),得到木棉纤维浆。接着,将木棉纤维浆放入AH-PILOT PLUS高压均质机,以1%的质量分数,在100 MPa条件下制得木棉纳米纤维素,其直径约为20 nm,长度约为5 μm。

(3) 木棉纳米纤维素气凝胶的制备。将木棉纳米纤维素分散在去离子水中,使用磁力搅拌器,以900 r/min的转速搅拌6 h,分别获得质量分数为0.2%、0.4%、0.8%和1.2%的均匀木棉纳米纤维素悬浮液。然后,使用冰乙酸将上述悬浮液pH值调节至4~5,再在其中缓慢滴入0.2%质量分数的乙烯基三甲氧基硅烷,继续搅拌2 h。接着,将搅拌后的悬浮液倒入模具,在−22 ℃条件下冷冻。之后,使用真空冷冻干燥机在−60 ℃、22 000 MPa条件下对样品进行48 h冷冻干燥处理,得到木棉纳米纤维素气凝胶,标记为$_n$MNA,其中n表示木棉纳米纤维素悬浮液的质量分数。使用质量分数为0.2%、0.4%、0.8%和1.2%的木棉纳米纤维素悬浮液制备的木棉纳米纤维素气凝胶,分别标记为$_{0.2}$MNA、$_{0.4}$MNA、$_{0.8}$MNA和$_{1.2}$MNA。

图7-1所示为木棉纳米纤维素气凝胶的制备过程。

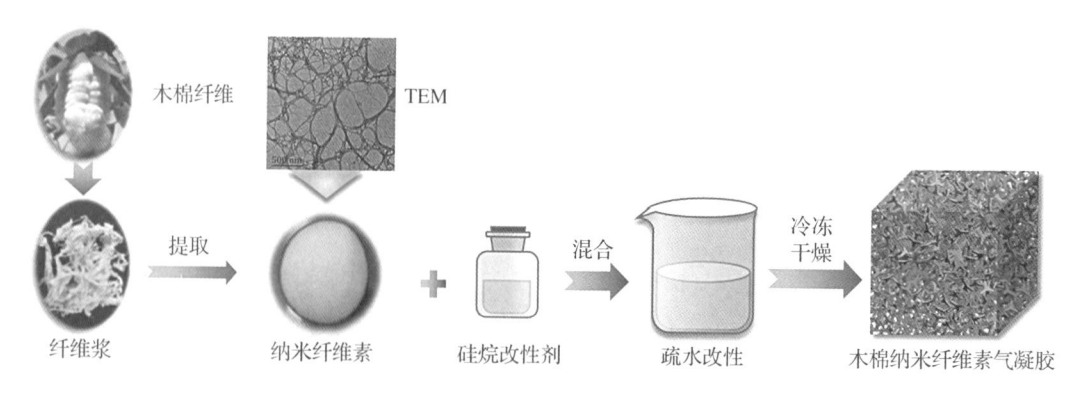

图 7-1 木棉纳米纤维素气凝胶的制备过程

7.1.2 表观形貌

木棉纳米纤维素气凝胶（$_{0.2}$MNA、$_{0.4}$MNA、$_{0.8}$MNA 和 $_{1.2}$MNA）的实物照片和 SEM 图像如图 7-2 所示。

(a) $_{0.2}$MNA

(b) $_{0.4}$MNA

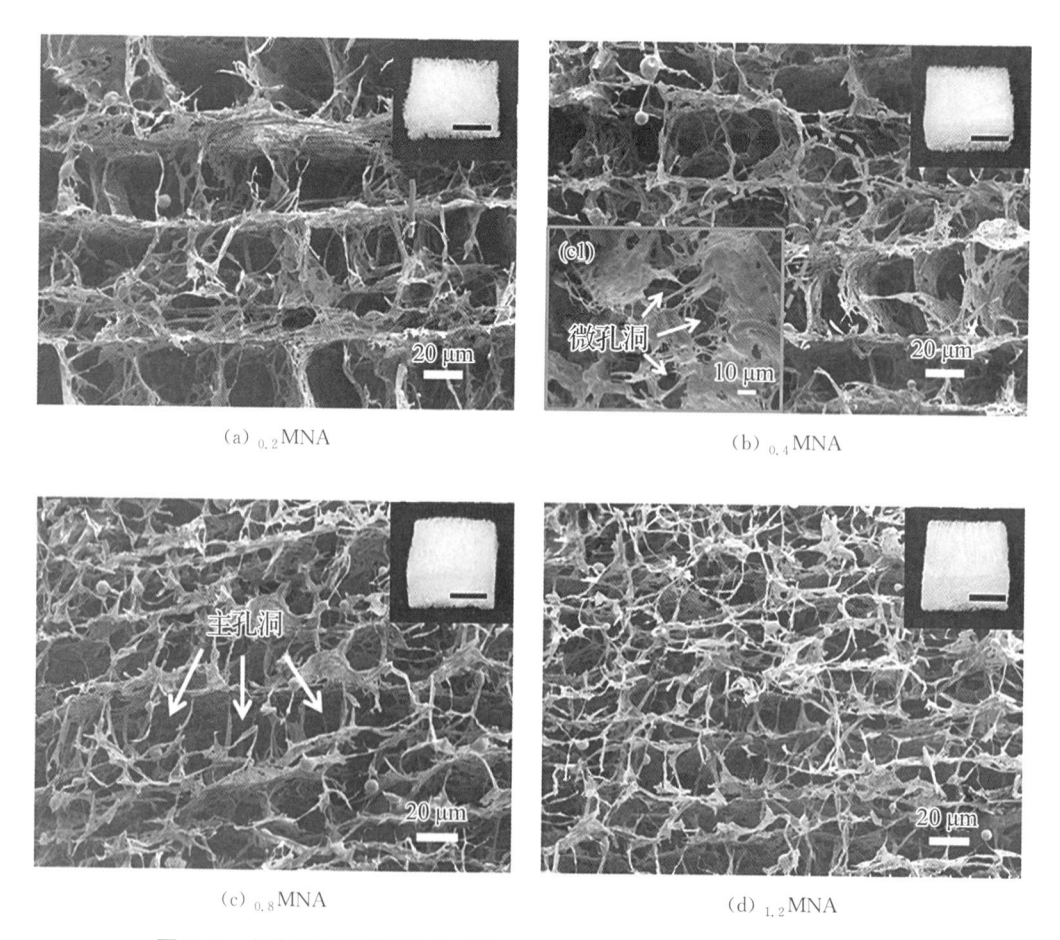

(c) $_{0.8}$MNA

(d) $_{1.2}$MNA

图 7-2 木棉纳米纤维素气凝胶的实物照片（比例尺为 10 cm）和 SEM 图像

由图 7-2 可知，$_{0.2}$MNA、$_{0.4}$MNA、$_{0.8}$MNA 和 $_{1.2}$MNA 均具有较好的成型性。对气凝胶内部的孔洞结构进行观察，发现内部的纳米纤维素可自聚集成均匀且相互连通的蜂巢状多孔结构，这主要与木棉纳米纤维素悬浮液在冻结过程中冰晶的生长有关。低温冷冻时，悬浮液中的水迅速成核形成小冰晶，受到挤压的纤维素会集中到生长的冰晶间隙中。冷冻干燥后，由于冰晶升华以及使纳米纤维素聚集成型的分子间氢键作用，气凝胶骨架中成功构建出均匀连续的开放通道，形成气凝胶内部主孔洞，如图 7-2(b) 所示。图 7-2(c) 中的高倍率放大图也表明，气凝胶内部纤维素形成的多层次片状结构主要由纳米纤维素通过强氢键的紧密结合和随机的物理缠结形成。同时，还可观察到纳米纤维素聚集形成的片状结构中存在许多微孔洞，这也有利于提高气凝胶的孔隙率，从而提升其吸附性能。

7.1.3 密度和孔隙率

对木棉纳米纤维素气凝胶的密度和孔隙率进行计算。气凝胶的密度（ρ）计算公式如下：

$$\rho_A = \frac{m_A}{V_A} \tag{7-1}$$

其中：m_A 为样品的质量（g）；V_A 为样品的体积（cm^3）。

气凝胶的孔隙率（P）按下式计算：

$$P = \left(1 - \frac{\rho_A}{\rho_S}\right) \times 100\% \tag{7-2}$$

其中：ρ_S 为样品固体骨架的密度；ρ_A 为样品的密度。

结果如图 7-3 所示：当木棉纳米纤维素悬浮液质量分数从 1.2% 减少至 0.2% 时，气凝胶的密度线性下降，由 9.9 mg/cm^3 减小至 2.7 mg/cm^3；同时，随着木棉纳米纤维素悬浮液质量分数的降低，气凝胶的孔隙率则呈现相反的变化，由 99.28% 线性增大至 99.77%。由此可以看出，木棉纳米纤维素气凝胶具有超高孔隙率和超轻质特性。

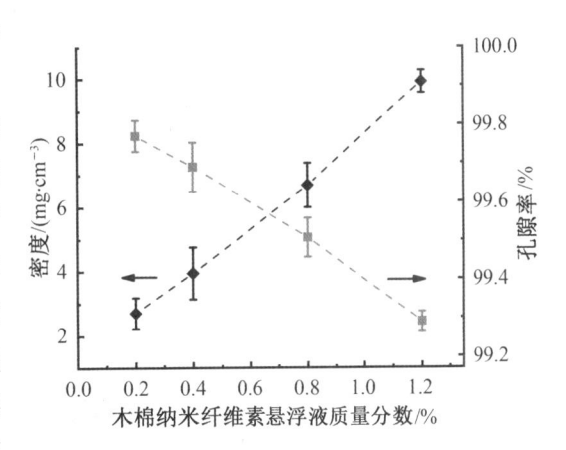

图 7-3 木棉纳米纤维素气凝胶的密度和孔隙率

7.1.4 红外光谱

在硅烷化改性过程中，气凝胶内部纳米纤维素上羟基中的氢原子被乙烯基硅烷中的自由基取代,达到疏水改性目的。使用Spectrum Two 型傅里叶变换红外光谱仪,采用 4 000~400 cm^{-1} 的波数,对硅烷改性前后木棉纳米纤维素气凝胶(以 $_{0.4}$MNA 为例)的主要官能团进行分析,结果如图 7-4 所示。

由图 7-4 可以观察到,改性前后两种气凝胶的红外光谱上特征峰的位置和强度基本相同,如处于 3 337 cm^{-1}、2 900 cm^{-1} 和 1 024 cm^{-1} 的峰均对应纤维素的典型特征基团:处于 3 337 cm^{-1} 的峰对应纤维素表面羟基的伸缩振动

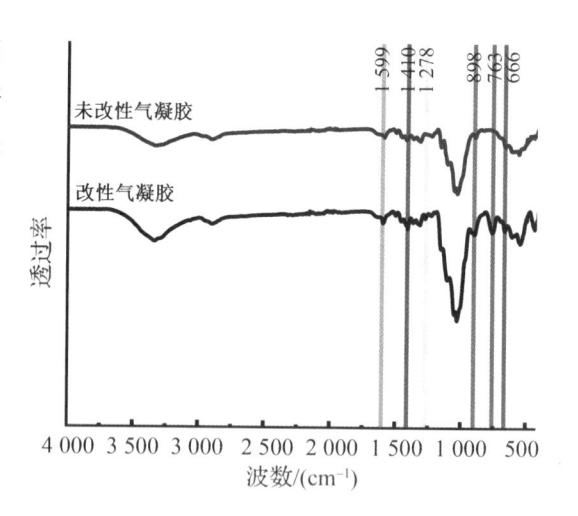

图 7-4　改性前后木棉纳米纤维素气凝胶的红外光谱

峰,2 900 cm^{-1} 附近的峰为 C—H 的伸缩振动峰,位于 1 024 cm^{-1} 的峰为 C—O 的弯曲振动峰。两者的红外光谱存在差异的地方包括:改性后气凝胶的红外光谱上,1 278 cm^{-1} 出现的峰是由 C—Si 的伸缩振动引起的;位于 1 410 cm^{-1} 和 1 599 cm^{-1} 的峰分别是由 C=C 键的弯曲振动和拉伸振动引起的;在 666~1 000 cm^{-1} 的位置,还观察到由硅烷引起的伸缩振动峰。以上结果可证明木棉纳米纤维素气凝胶已被成功改性为疏水材料。

7.1.5　表面润湿性能

使用 OCA15EC 型接触角测试仪,通过悬滴法对样品的疏水性能进行测量(温度为 25 ℃±2 ℃,相对湿度为 60%±5%,每个样品至少选取四个测试点),结果如图 7-5 所示。由此可见,随着木棉纳米纤维素悬浮液质量分数由 0.2% 增加至 1.2%,气凝胶的水接触角逐渐由 136.8°增大至 150.5°,均表现出优异的疏水性能。

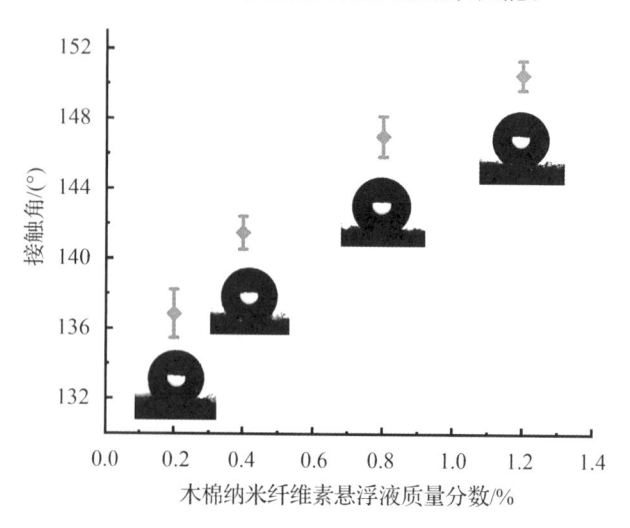

图 7-5　木棉纳米纤维素气凝胶的水接触角

如图 7-6(a)所示,通过将水滴滴在静置的木棉纳米纤维素气凝胶$_{1.2}$MNA 表面来测试其疏水稳定性,观察到 30 min 后水滴在气凝胶表面保持原状而不发生渗透,证明气凝胶具有良好的疏水稳定性。为了进一步观测改性后木棉纳米纤维素气凝胶的亲油性和疏水性差异,使用苏丹 III 染色剂和甲基蓝染色剂分别将植物油和水溶液染色,并将染色后的液滴滴到气凝胶表面,结果如图 7-6(b)所示。可以观察到红色油滴可以迅速被气凝胶吸收并留下红色印记,而蓝色水滴则被气凝胶排斥并停留在其表面,无法渗透进入气凝胶的内部。以上结果证明,改性后木棉纳米纤维素气凝胶具有良好的疏水和亲油特性。

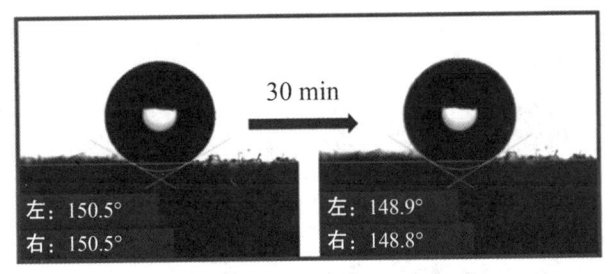

(a) 气凝胶$_{1.2}$MNA 表面水接触角变化

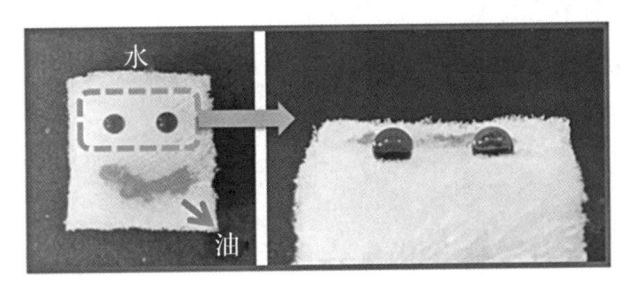

(b) 将水和植物油分别滴在气凝胶表面

图 7-6 木棉纳米纤维素气凝胶的表面润湿性

选择吸附性是吸附材料需要具备的重要特性。如图 7-7(a)所示,取一块木棉纳米纤维素气凝胶$_{0.2}$MNA,清理水面上使用苏丹 III 染料染成红色的植物油。结果表明,气凝胶仅在 5 s 内就可以选择性地将水面漂浮的植物油完全吸附而不吸附水。如图 7-7(b)所示,测试了气凝胶$_{0.2}$MNA 吸附混合液中有机溶剂的能力。使用苏丹 III 染料将密度大于水的三氯甲烷染成红色,取少量滴入水中,可以观察到红色三氯甲烷迅速沉入水底。将气凝胶$_{0.2}$MNA 浸入水溶液中,以清理烧杯底部的三氯甲烷溶液,发现气凝胶可以在 3 s 内选择性地吸附水底的三氯甲烷溶液而不吸附水,吸附过程快速、高效,表现出优异的选择吸附性能。如图 7-7(b2)所示,当借助外力将改性木棉纳米纤维素气凝胶浸入水中后,可以在气凝胶表面观察到明显的镜面反射现象。这是由于水无法浸润并渗入疏水性良好的气凝胶,气凝胶内部裹入的空气与周围的水形成的气-液界面而导致的。以上结果表明木棉纳米纤维素气凝胶具有快速、选择性吸附水中油污和有机溶剂等废液的能力。

(a) 水面的植物油

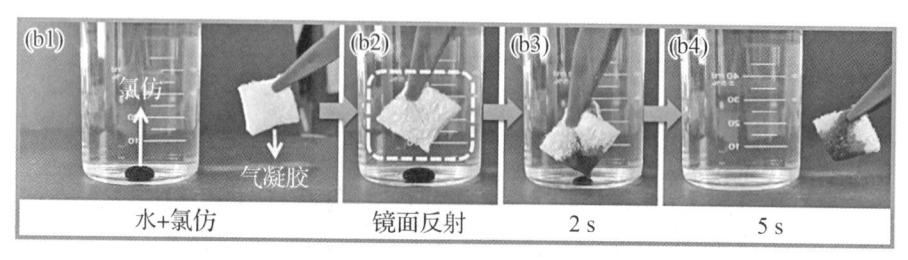

(b) 水底的三氯甲烷

图 7-7　使用木棉纳米纤维素气凝胶去除水面的植物油和水底的三氯甲烷

7.2　木棉/微纤化纤维素气凝胶

7.2.1　原材料与气凝胶制备

（1）原材料。主要包括：微纤化纤维素（MFC，长度约 20 μm，直径约 100 nm）、乙烯基三甲氧基硅烷（98%，VTMO）、乙醇、冰乙酸（99.5%）、苏丹Ⅲ染料、亚甲基蓝染料和三氯甲烷及汽油等。使用 SBJ800E 纤维切割机将木棉切割成短纤维，长度分布如图 7-8 所示，可以观察到木棉短纤维的长度主要分布在 400～1 000 μm。

（2）微纤化纤维素气凝胶制备。在室温条件下，取质量分数分别为 0.05%、0.1%、0.2%、0.3%、0.4% 和 0.8% 的微纤化纤维素（MFC）并放入烧杯中，采用磁力搅拌器以 700 r/min 的转速搅拌 6 h，得到均匀悬浮液；在悬浮液中滴加酸液，调节悬浮液的 pH 值至 4～5，再使用磁力搅拌器搅拌 10 min，待 pH 计示数稳定后，加入质量分数为 0.2% 的 VTMO，使用磁力搅拌器以 700 r/min 的转速搅

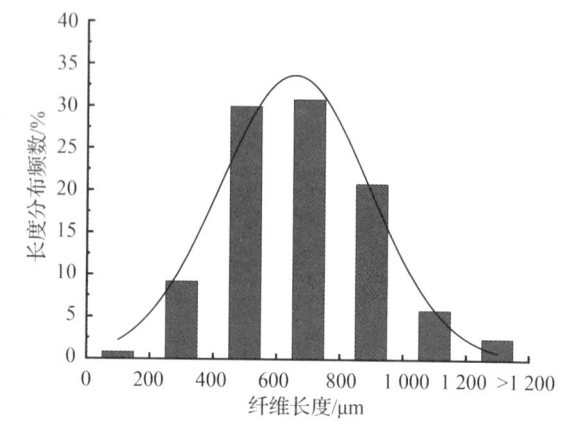

图 7-8　木棉短纤维长度分布

拌 2 h。将上述步骤得到的悬浮液放入模具冷冻后,使用真空冷冻干燥机在－60 ℃条件下处理 48 h,得到微纤化纤维素气凝胶,标记为$_x$MMA,其中 x 代表微纤化纤维素的质量分数。例如,使用质量分数为 0.4%的微纤化纤维素制成的微纤化纤维素气凝胶,被命名为$_{0.4}$MMA。

(3) 木棉/微纤化纤维素气凝胶制备。在室温条件下,分别取质量分数为 0.1%、0.2%和 0.3%的微纤化纤维素并放入烧杯中,以 700 r/min 的转速,使用磁力搅拌器搅拌 6 h,得到均匀悬浮液。在悬浮液中分别加入质量分数为 0.3%、0.2%和 0.1%的木棉短纤维,继续搅拌 2 h,使纤维均匀分散形成稳定的悬浮液(总质量分数均为 0.4%)。然后在悬浮液中滴加酸液,调节其 pH 值至 4~5,待 pH 计示数稳定后,分别在各个烧杯中加入质量分数为 0.2%的 VTMO,并使用磁力搅拌器以 700 r/min 的转速继续搅拌 2 h。将上述步骤得到的悬浮液放入模具冷冻后,放入真空冷冻干燥机冷冻干燥 48 h,得到木棉/微纤化纤维素气凝胶,标记为$_x$KCA$_y$,其中 x 代表微纤化纤维素的质量分数,y 代表木棉纤维的质量分数,微纤化纤维素和木棉纤维的总质量分数(即 x 和 y 的和)为 0.4%。例如,使用质量分数为 0.3%的微纤化纤维素和质量分数为 0.1%的木棉纤维制得的木棉/微纤化纤维素气凝胶,被命名为$_{0.3}$KCA$_{0.1}$。

木棉/微纤化纤维素气凝胶的制备流程如图 7-9 所示。

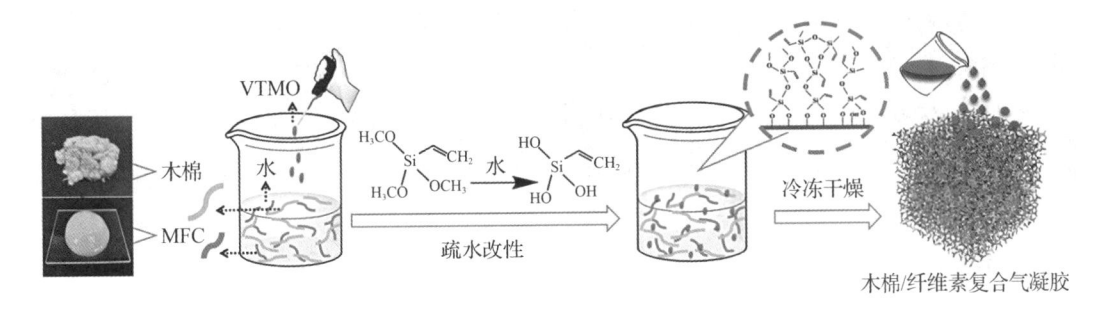

图 7-9 木棉/微纤化纤维素气凝胶的的制备流程

表 7-1 列出了微纤化纤维素气凝胶和木棉/微纤化纤维素气凝胶的标记名称及主要成分和含量。

表 7-1 气凝胶的标记名称及主要成分和含量

标记名称	微纤化纤维素含量/%	木棉纤维含量/%	VTMO 含量/%
$_{0.05}$MMA	0.05	0.00	0.20
$_{0.1}$MMA	0.10	0.00	0.20
$_{0.2}$MMA	0.20	0.00	0.20
$_{0.4}$MMA	0.40	0.00	0.20
$_{0.8}$MMA	0.80	0.00	0.20

(续表)

标记名称	微纤化纤维素含量/%	木棉纤维含量/%	VTMO 含量/%
$_{0.3}KCA_{0.1}$	0.30	0.10	0.20
$_{0.2}KCA_{0.2}$	0.20	0.20	0.20
$_{0.1}KCA_{0.3}$	0.10	0.30	0.20

7.2.2 表观形貌

使用扫描电子显微镜观察微纤化纤维素气凝胶的形貌,其实物照片和 SEM 图像如图 7-10 所示。可以发现,当微纤化纤维素质量分数较高时(≥0.4%),微纤化纤维素气凝胶均具有良好的成型性;而微纤化纤维素质量分数低于 0.4% 时,气凝胶的成型性较差,呈不规则长方体。由扫描电镜图像可知,微纤化纤维素质量分数不同的气凝胶内部,微纤化纤维素均可聚集成片状结构,使气凝胶内部形成连续、均匀的多孔网络结构。

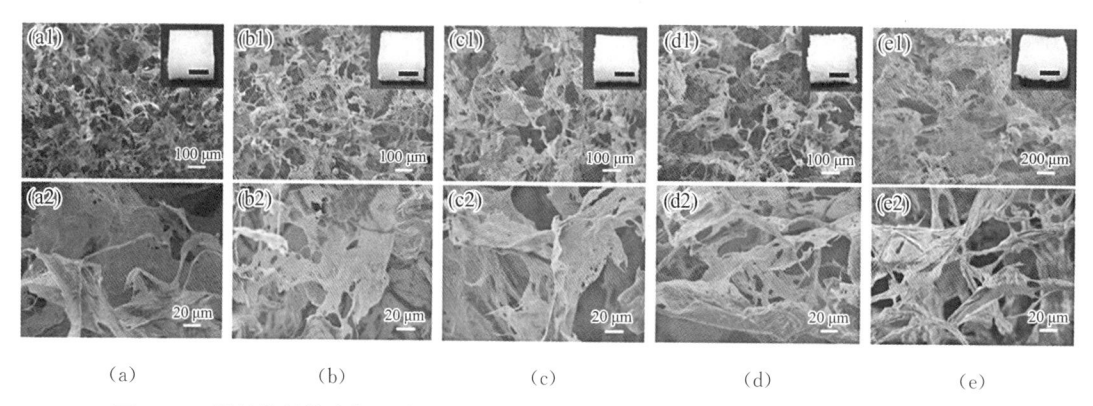

图 7-10 微纤化纤维素气凝胶的实物照片(比例尺为 1 cm)和 SEM 图像:(a) $_{0.8}MMA$;(b) $_{0.4}MMA$;(c) $_{0.2}MMA$;(d) $_{0.1}MMA$;(e) $_{0.05}MMA$

图 7-11 所示为微纤化纤维素气凝胶 $_{0.4}MMA$ 和不同木棉纤维含量的木棉/微纤化纤维素气凝胶的实物照片和 SEM 图像。可以观察到,气凝胶内部的微纤化纤维素和木棉纤维紧密地缠结在一起,形成气凝胶的基本三维多孔复合骨架,且气凝胶内部的孔隙均匀、开放且相互连通。在木棉/微纤化纤维素气凝胶中,微纤化纤维素主要通过自聚集缠结形成光滑的薄壁结构来包裹木棉纤维,并作为加固单元来增强气凝胶内部多孔结构的稳定性。随着木棉纤维质量分数从 0 增加至 0.3%,气凝胶内部结构中由微纤化纤维素团聚形成的片状结构逐渐减少,内部的孔径逐渐增大且结构逐渐松散,气凝胶的孔隙结构由 $_{0.3}KCA_{0.1}$ 和 $_{0.2}KCA_{0.2}$ 的紧密多孔结构逐渐转变为 $_{0.1}KCA_{0.3}$ 的蜂窝状大孔结构。木棉/微纤化纤维素气凝胶中的木棉纤维,除了与微纤化纤维素彼此缠结构成基础骨架并形成主孔洞外,见图 7-11(c1),纤维中腔仍保持较好的中空结构,在气凝胶的复合骨架中构建出独特的次级孔洞,如图 7-11(c2)所示。

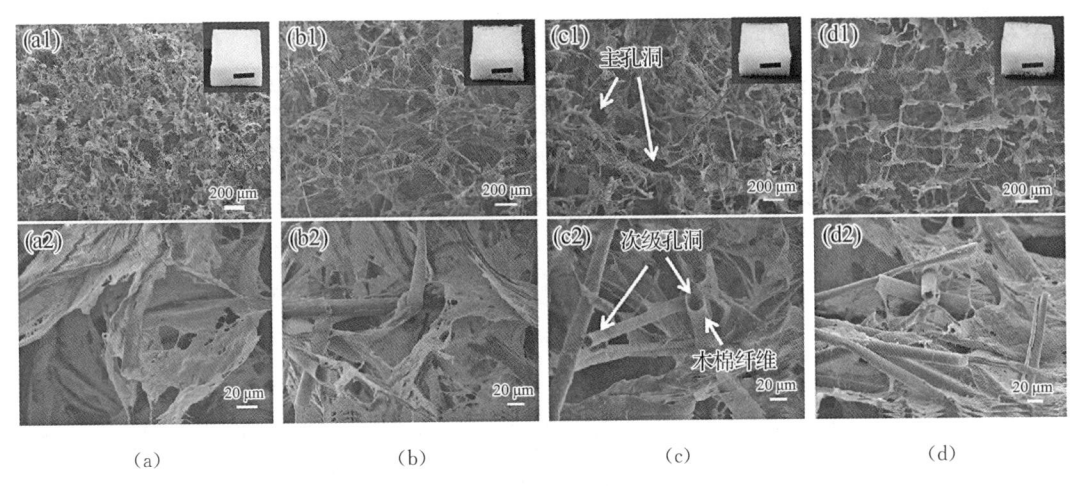

图 7-11 气凝胶的实物照片(比例尺为 1 cm)和 SEM 图像：(a) $_{0.4}$MMA；(b) $_{0.3}$KCA$_{0.1}$；(c) $_{0.2}$KCA$_{0.2}$；(d) $_{0.1}$KCA$_{0.3}$

7.2.3 密度和孔隙率

对微纤化纤维素气凝胶和木棉纤维/微纤化纤维素气凝胶的密度和孔隙率进行测量，结果如图 7-12 所示。由图 7-12(a)可知，随着微纤化纤维素的质量分数由 0.8% 降低至 0.05%，气凝胶的密度由 9.6 mg/cm³ 降低至 2.2 mg/cm³，孔隙率由 99.30% 升高至 99.72%。其中 $_{0.4}$MMA 的密度为 7.3 mg/cm³，孔隙率为 99.43%。图 7-11(b)显示了不同木棉纤维含量的木棉/微纤化纤维素气凝胶的密度和孔隙率，发现随着木棉纤维质量分数由 0 增加至 0.3%，木棉/微纤化纤维素气凝胶的孔隙率从 99.43% 线性增加至 99.58%，密度由 6.3 mg/cm³ 线性下降至 5.1 mg/cm³。木棉纤维的加入改善了气凝胶的整体成型性能，不同木棉纤维含量的气凝胶 KCAs 的体积均大于 $_{0.4}$MMA，故其整体密度相对降低。

(a) 微纤化纤维素气凝胶

(b) 木棉/微纤化纤维素气凝胶

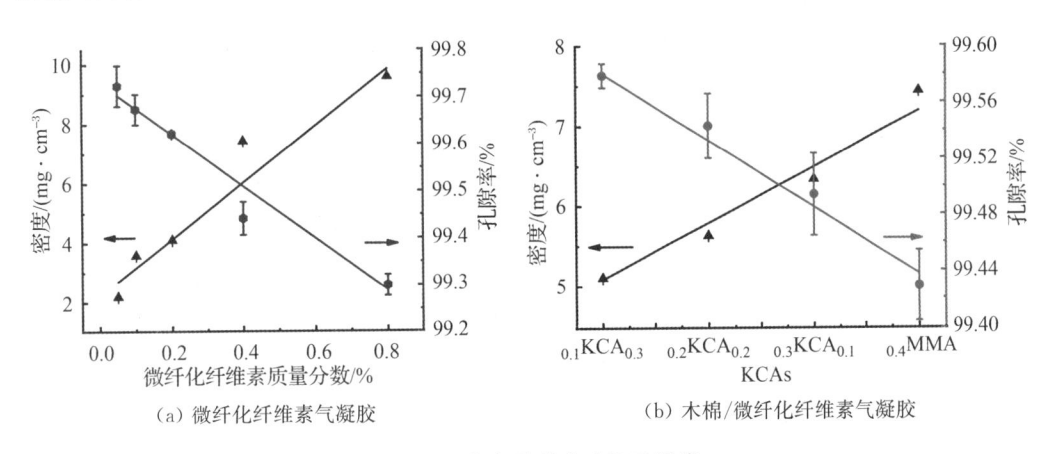

图 7-12 气凝胶的密度和孔隙率

7.2.4 红外光谱

利用红外光谱检验气凝胶是否被成功硅烷化改性,测试结果如图 7-13 所示。可以观察到,改性前后的气凝胶均显示出典型的纤维素特征峰:未改性气凝胶$_{0.4}$MMA、改性后气凝胶$_{0.4}$MMA 和改性后气凝胶$_{0.2}$KCA$_{0.2}$的红外光谱上,在 3 343 cm^{-1} 附近出现的较强峰是纤维素表面羟基的伸缩振动峰。在 2 950 cm^{-1} 附近的峰是 C—H 的伸缩振动峰。同时,位于 1 030~1 025 cm^{-1} 的峰是由纤维素主链上碳氧键的伸缩振动引起的。图 7-13 显示出三种气凝胶的红外光谱上,特征峰的位置和强度大致相同,但在改性后气凝胶$_{0.4}$MMA 和木棉/微纤化纤维素气凝胶$_{0.2}$KCA$_{0.2}$的红外光谱上,可观察到由 VTMO 的官能团引起的峰:位于 1 602 cm^{-1} 的峰是由 C=C 的伸缩振动峰引起的;位于 1 276 cm^{-1} 的峰与 C—Si 基团的伸缩振动有关;位于 1 410 cm^{-1} 的峰为 C=C 的弯曲振动峰;位于 690~1 100 cm^{-1} 的峰也与硅烷的伸缩振动有关。因此,在改性后气凝胶的傅里叶变换红外光谱上出现与 VTMO 的官能团有关的峰,证明气凝胶已被成功硅烷化改性。

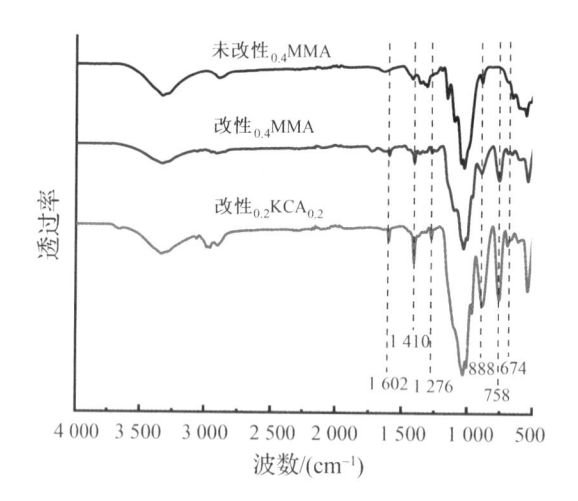

图 7-13 改性前后微纤化纤维素气凝胶和改性木棉/微纤化纤维素气凝胶的红外光谱

7.2.5 表面润湿性能

木棉/微纤化纤维素气凝胶与水的接触角如图 7-14 所示。由此可知,加入木棉纤维的气凝胶,其水接触角变化较小,均在 138.0°左右。

对改性后木棉/微纤化纤维素气凝胶的疏水亲油性能进行测试,如图 7-15 所示,由图 7-15(a)可知,当把油液滴在改性后木棉/微纤化纤维素气凝胶表面后,显示油滴可以在 0.24 s 内快速地渗透到气凝胶内部,表现出优异的亲油性和高效的吸附速率。如图 7-15(b)所示,将水滴滴在木棉/微纤化纤维素气凝胶表面后,可以维持其原有形状

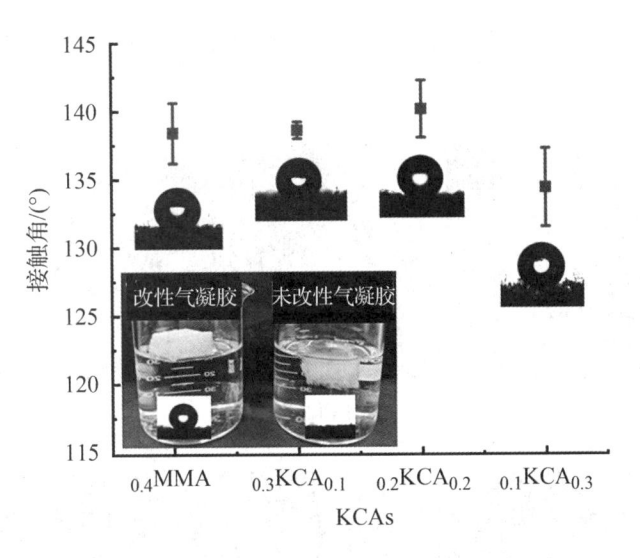

图 7-14 木棉/微纤化纤维素气凝胶的水接触角

80 s 以上且未发生明显的变化或渗透到气凝胶中,水接触角始终保持在 140.1°,证明气凝胶具有优异的疏水稳定性。因此,木棉/微纤化纤维素气凝胶具有快速的吸油能力和稳定的疏水性能。

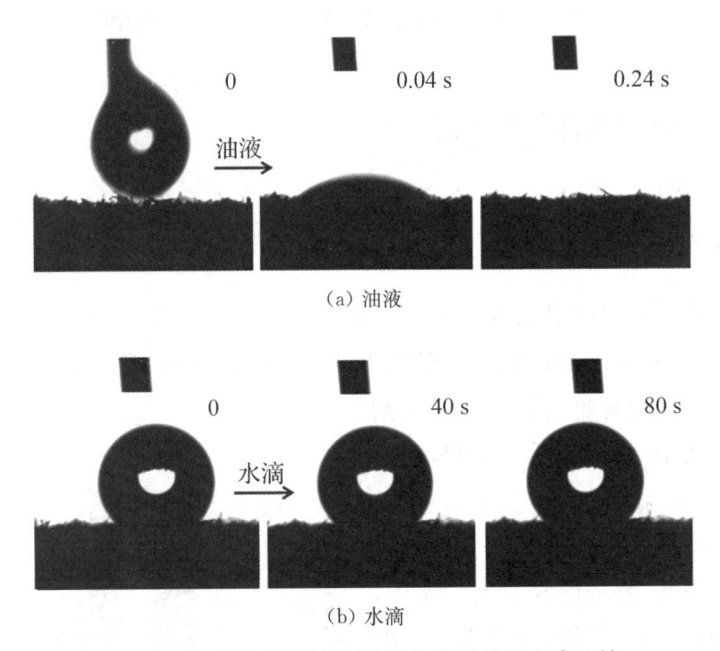

(a) 油液

(b) 水滴

图 7-15 木棉/微纤化纤维素气凝胶的疏水亲油性

如图 7-16 所示,使用木棉/微纤化纤维素气凝胶$_{0.2}$KCA$_{0.2}$,对水/油(苏丹Ⅲ染色)混合液和水/三氯甲烷(苏丹Ⅲ染色)混合液进行吸附性能测试,发现气凝胶可以选择性地吸附混合液表面的油液[图 7-16(a)],还可以从水底部选择性地吸附三氯甲烷[图 7-16(b)]而留下清澈的水,展现出良好的选择吸附性能。因此,木棉/微纤化纤维素气凝胶能够快速、选择性地吸附油(有机溶剂)/水混合物中的油污或有机液体,是处理溢油和有机废水的理想吸附剂。

(a) 水面的植物油

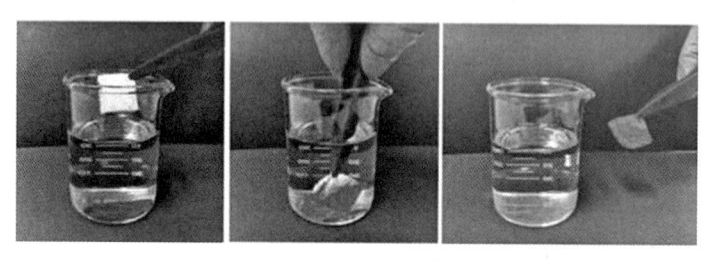

(b) 水底的三氯甲烷

图 7-16 木棉/微纤化纤维素气凝胶的选择性吸附

7.3 微纤化木棉纤维气凝胶

7.3.1 原材料与气凝胶制备

(1) 原材料。采用印尼爪哇木棉及冰乙酸(99.5%)、乙醇、乙烯基三甲氧基硅烷(98%,VTMO,Sigma-Aldrich)、三氯甲烷($CHCl_3$)和氢氧化钠等试剂。

(2) 微纤化木棉纤维的制备。将切割后的木棉短纤维放入碱溶液(NaOH,质量分数为8%)中,在温度为80 ℃的条件下处理1 h。将碱处理后的木棉短纤维用去离子水清洗干净至中性,并分散在去离子水中,形成均匀悬浮液。再将质量分数为2%的木棉纤维悬浮液放入打浆机处理1 h,得到微纤化木棉纤维悬浮液。

对制备的微纤化木棉纤维的长度进行测试,结果如图7-17所示,可见纤维长度主要分布在200～1 000 μm。

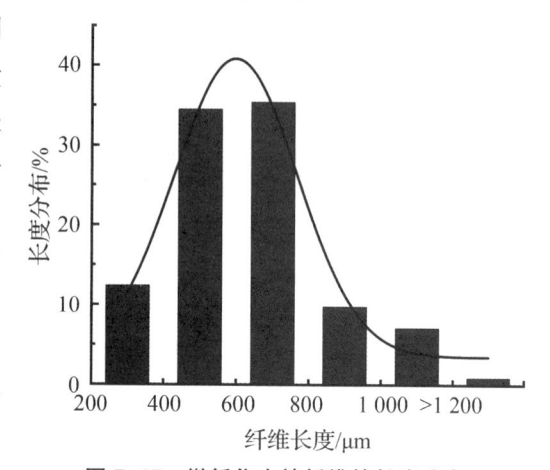

图 7-17 微纤化木棉纤维的长度分布

图 7-18 所示为微纤化木棉纤维的纵向表面和截面中腔的 SEM 图像。由图 7-18(a) 可以观察到，微纤化处理后木棉纤维表面延伸出大量的微纤丝，形成多层次微纤化结构。由图 7-18(b)可知，微纤化处理后木棉纤维仍保留独特的中腔结构。

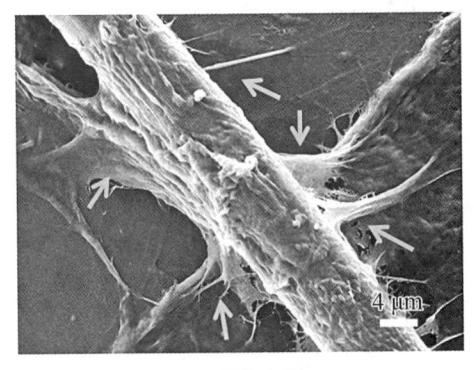

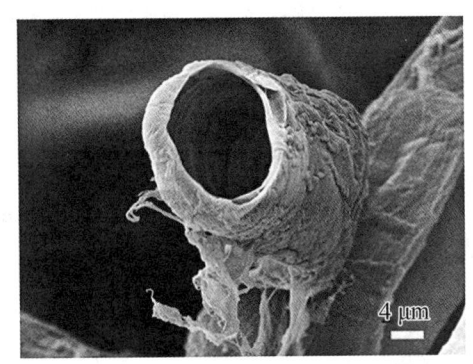

(a) 纵向表面　　(b) 截面中腔

图 7-18　碱处理后微纤化木棉纤维的 SEM 图像

碱处理即微纤化处理后的木棉纤维能够形成均匀的悬浮液，如图 7-19 所示。将纤维悬浮液放置在烧杯中静置，发现 24 h 后悬浮液仍保持稳定，未发生明显的沉降，这主要是由于碱处理过程去除了木棉纤维表面的疏水性蜡质，使纤维具有亲水性。同时，微纤化处理在纤维表面产生的大量微纤丝使木棉纤维具有多层次分级结构，提高了微纤化木棉纤维在水中的流体力学半径，使纤维更易分散在水中，可以有效防止分散后的纤维发生团聚或沉降。另一方面，微纤化木棉纤维表面的微纤丝具有良好的亲水性，能有效改善木棉纤维与水的接触，有利于增强纤维在水中的分散性和悬浮液稳定性。

图 7-19　微纤化木棉纤维悬浮液的稳定性

(3) 微纤化木棉纤维气凝胶的制备。天然植物如藤蔓缠绕形成的缠结结构具有稳定的网络结构和一定的力学性能，受此启发，利用木棉纤维构建具有高连续性的网状缠结结构，并制备具有良好力学性能的气凝胶。

室温下将微纤化木棉纤维放入去离子水中，使用磁力搅拌器以 700 r/min 的转速搅拌 2 h，得到均匀纤维悬浮液。在悬浮液中加入冰乙酸，将悬浮液的 pH 值调至 4~5。再将质量分数为 0.2% 的 VTMO 缓慢滴入悬浮液，以 800 r/min 的转速搅拌 4 h，得到均匀的微纤化木棉纤维悬浮液。将制备的悬浮液倒入模具并冷冻 12 h,再将冷冻成型的样品放入真空冷冻干燥机,处理 48 h,得到微纤化木棉纤维气凝胶,标记为 xMKA,其中 x 表示微纤化木棉纤维悬浮液的质量分数。将由质量分数为 0.1%、0.2%、0.4%、0.8% 和 1.2% 的微纤化木棉纤维悬浮液制备的气凝胶,分别标记为 $_{0.1}$MKA、$_{0.2}$MKA、$_{0.4}$MKA、$_{0.8}$MKA 和 $_{1.2}$MKA。微纤化木棉纤维气凝胶的制备思路如图 7-20 所示。

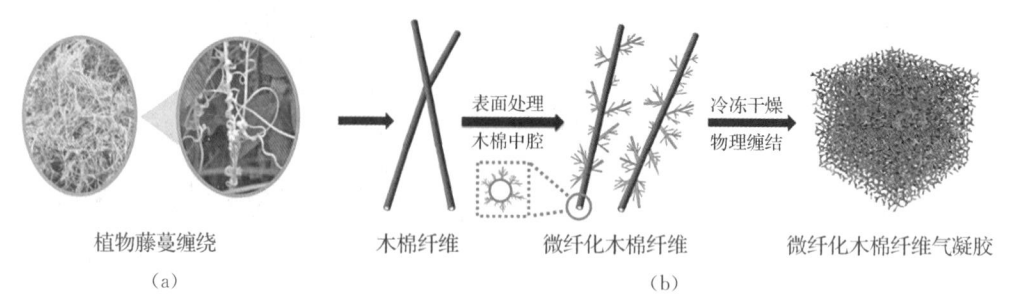

图 7-20 (a)缠绕的藤蔓;(b)微纤化木棉纤维气凝胶的制备思路

7.3.2 表观形貌

使用扫描电子显微镜观察微纤化木棉纤维气凝胶的表观形貌,如图 7-21 所示。

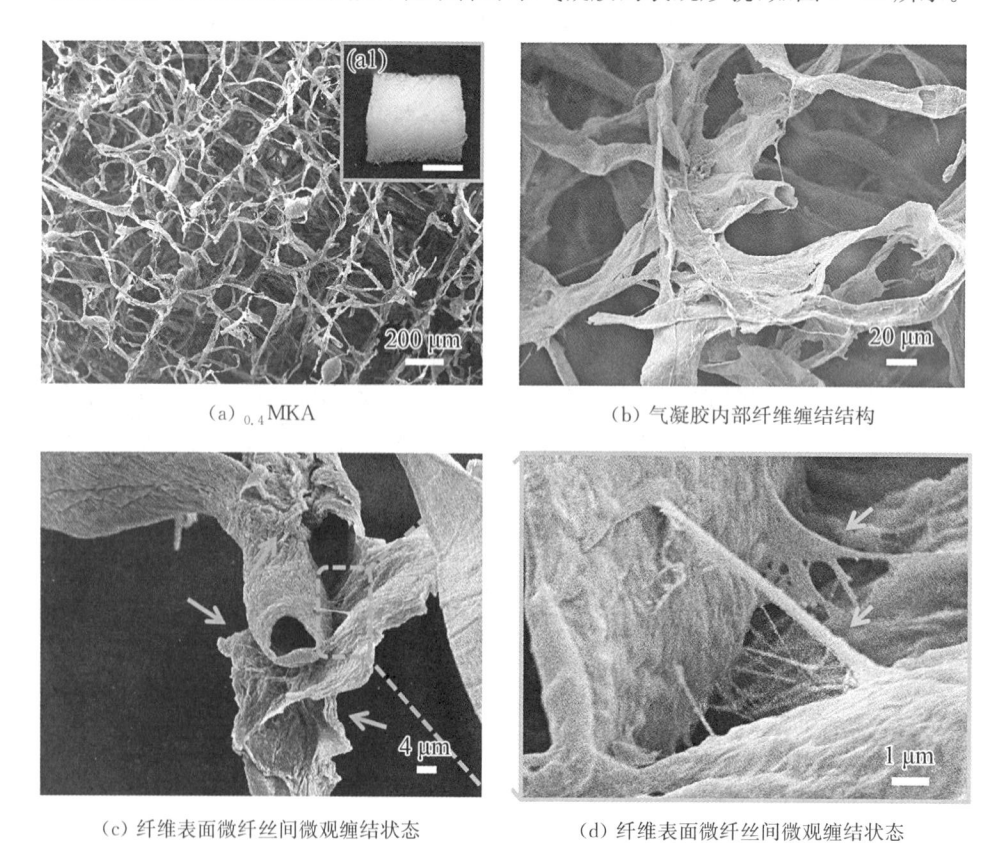

图 7-21 微纤化木棉纤维气凝胶的实物照片(比例尺为 1 cm)和扫描电镜图像

图 7-21(a)显示了气凝胶内部呈现开放且多孔的蜂巢状结构,内部孔洞由微纤化木棉纤维随机缠结而成,形成多层次的多孔网络骨架。其中气凝胶的孔洞是由冷冻过程中冰晶的挤压和微纤化木棉纤维缠结的相互作用共同形成。从图 7-21(b)~(d)可观察到,气凝胶内的微纤化木棉纤维被大量的微纤丝牢固紧密地缠结在一起,这是气凝胶内部纤维间的主要结合方式。在整个气凝胶缠结结构中,微纤化木棉纤维的纤维壁可以作为"刚性"支撑来维持气凝胶结构的稳定,而纤维表面微纤丝则通过紧密的物理缠结方式起到"柔性"黏接作用,赋予气凝胶多孔骨架理想的结构稳定性,使其可以承受一定的外力作用而不易发生形变或坍塌。

微纤化木棉纤维气凝胶均匀的多孔结构主要通过冷冻干燥方法得到:低温冷冻驱动作用下,微纤化木棉纤维在水溶液所生成冰晶的挤压作用下进行多层次多孔结构的构建,再利用真空冷冻干燥技术,形成稳定的纤维缠结网络。微纤化木棉纤维气凝胶形成分层多孔结构的成型机理如图 7-22 所示。

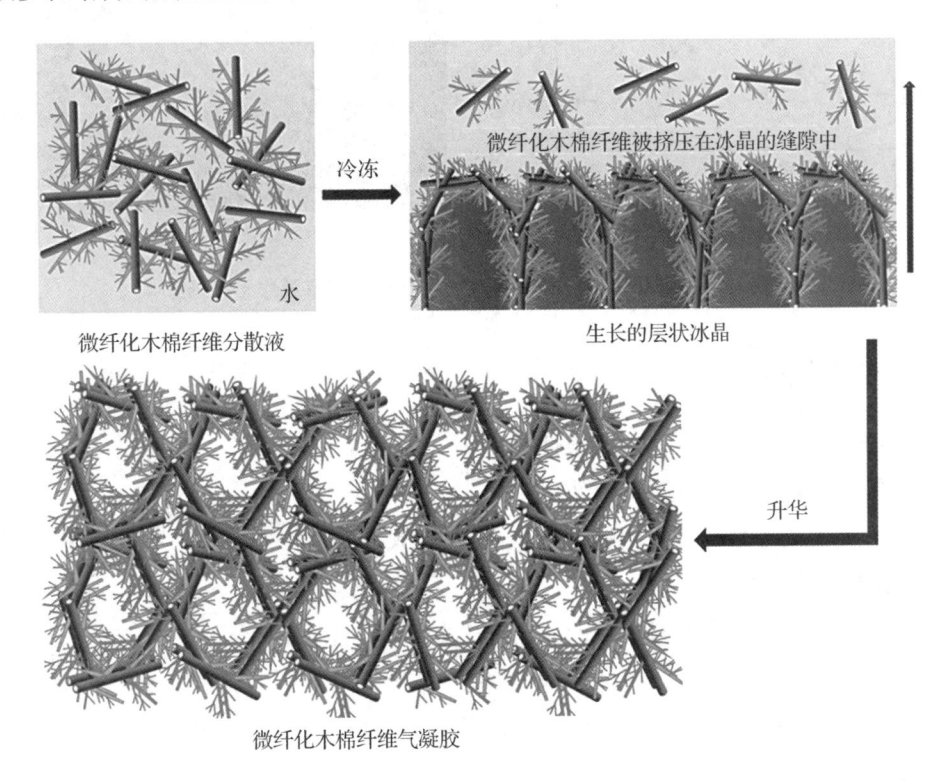

图 7-22 微纤化木棉纤维气凝胶内部多孔结构的成型机理

由图 7-22 可知,在冷冻过程中,分散的纤维受到逐渐增多的凝固冰晶挤压后聚集在冰晶之间的缝隙中。随着冰晶的不断增加,纤维表面的微纤丝开始在微观尺度下发生相互作用,受到晶体的生长和挤压而相互接触并缠结在一起。当样品完全凝固后,微纤化木棉纤维发生不可逆缠结并固化,形成纤维多孔骨架。随后的真空冷冻干燥将气凝胶结构中的冰晶通过升华作用转化为气体,最终得到微纤化木棉纤维气凝胶的多层次多孔骨架。

7.3.3 密度和孔隙率

如图 7-23 所示，通过控制悬浮液中的纤维质量分数，可以制备出一系列不同密度的微纤化木棉纤维气凝胶。由图 7-23(a)可知，由于木棉纤维具有天然中空结构和低密度，微纤化木棉纤维气凝胶也表现出超低密度和超高孔隙率。随着纤维质量分数由 1.2% 降低至 0.1%，气凝胶密度由 13.6 mg/cm³ 降低至 3.4 mg/cm³，孔隙率由 98.93% 升高至 99.68%。如图 7-23(b)所示，微纤化木棉纤维气凝胶可立于花蕊上，且未使花蕊产生明显的弯曲变化，进一步证实了该气凝胶的超轻特性。

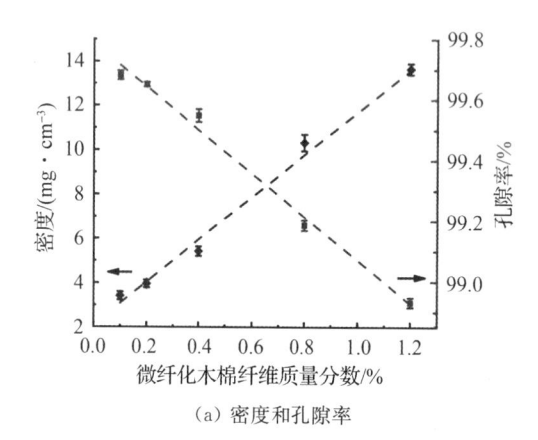

(a) 密度和孔隙率

(b) 立于花蕊上

图 7-23 微纤化木棉纤维气凝胶的密度和孔隙率及立于花蕊上

7.3.4 红外光谱

利用硅烷改性剂将具有油水两亲性的气凝胶转化成疏水亲油性。使用傅里叶变换红外光谱仪考察气凝胶的疏水处理效果，结果如图 7-24 所示。

由图 7-24 可见，纤维素特征峰的位置和强度基本相同。位于 3 337 cm⁻¹ 和 2 900 cm⁻¹ 的高强度峰主要与 O—H 基团中氢键的拉伸有关。位于 2 960 cm⁻¹ 的谱带主要与 C—H 的伸缩振动有关。此外，位于 1 031 cm⁻¹ 的两个峰归因于纤维素主链上 C—OH 键中 C—O 的伸缩振动。不同的是，改性后气凝胶的红外光谱上面，位于 1 601 cm⁻¹ 的峰主要

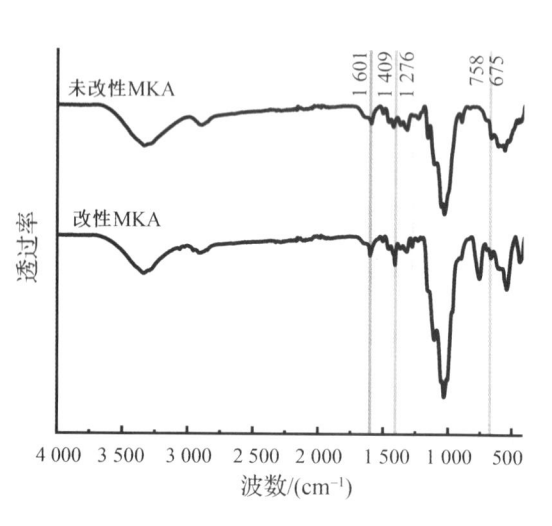

图 7-24 改性前后微纤化木棉纤维气凝胶的红外光谱

与 C=C 的伸缩振动峰有关。位于 1276 cm^{-1} 和 1409 cm^{-1} 的峰分别为 C—Si 基团的伸缩振动峰和 C=C 的弯曲振动峰。此外,可观察到在 690～1100 cm^{-1} 附近存在硅烷的伸缩振动峰。这些结果表明,改性后气凝胶的红外光谱上存在与硅烷改性剂相关的官能团特征峰和谱带,证明微纤化木棉纤维气凝胶已被成功改性为疏水材料。

7.3.5 表面润湿性能

硅烷化改性赋予了微纤化木棉纤维气凝胶良好的疏水性,其水接触角如图 7-25 所示,发现气凝胶的疏水性能随着微纤化木棉纤维浓度的增大而增强,随着纤维质量分数由 0.1% 增加至 1.2%,水接触角由 142.9°增加至 150.7°,具有良好的疏水性能。

微纤化木棉纤维气凝胶优异超疏水特性赋予其良好自清洁性能。如图 7-26 所示,分别将果汁、牛奶和咖啡三种液体倾倒在气凝胶表面,可以观察到三种液体均从气凝胶表面流下,且其表面仍保持干净而未被润湿,表现出优异的自清洁能力。

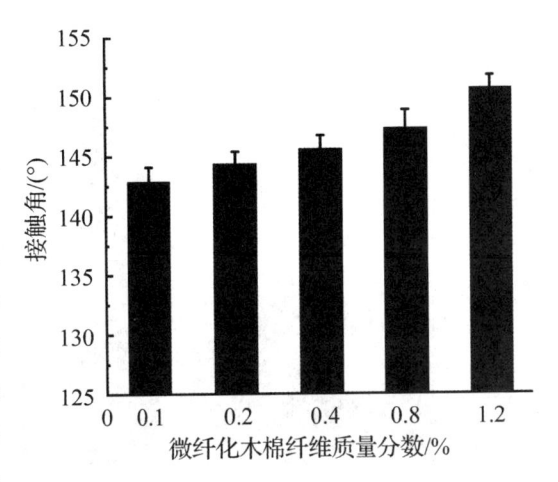

图 7-25 微纤化木棉纤维气凝胶的水接触角

图 7-26 微纤化木棉纤维气凝胶的自清洁性能

7.3.6 力学性能

微纤化木棉纤维气凝胶的力学性能如图 7-27 所示。由图 7-27(a)可见,将 $_{0.2}$MKA 弯曲折叠到最大程度后释放,它能够快速恢复原有形态,且折叠处未发现明显裂缝和坍塌,表现出良好的弯曲性能。如图 7-27(b)和(c)所示,微纤化木棉纤维气凝胶可以被缠绕在直径为 6 mm 的圆柱体上或打结,且外观未发现任何撕裂,表现出优异的柔韧性。这主要是由于气凝胶内部彼此缠结的微纤化木棉纤维表面具有大量长而柔软的微纤丝,它们通过相互缠绕、黏结而构建的紧密柔性网络可以作为"缓冲区域"来传递和耗散气凝胶受到的外力冲击,从而避免气凝胶在受力和变形过程中遭到破坏。除此之外,微纤化木棉纤维气凝胶还表现出良好的抗拉伸性能。

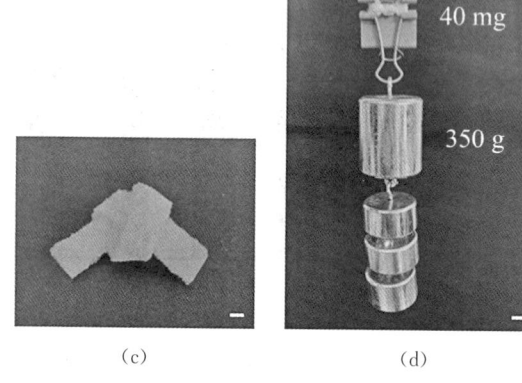

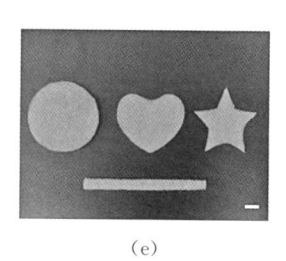

(a)

(b)

(c)　　(d)　　(e)

图 7-27　微纤化木棉纤维气凝胶的力学性能：(a)将气凝胶弯曲折叠；(b)长条状的气凝胶缠绕在一根塑料棒上；(c)条状的气凝胶打结；(d)一块轻质气凝胶可以承受 350 g 砝码；(e)不同形状的气凝胶(实物图比例尺为 1 cm)

如图 7-27(d)所示，将两端夹持后的微纤化木棉纤维气凝胶上端悬挂固定在支架上，在气凝胶下端不断增加砝码，发现气凝胶能够承受其自身质量约 8×10^3 倍的载荷而不发生断裂。这种优异的抗拉伸性能主要源于微纤化木棉纤维间紧密的物理缠结和纤维界面间氢键的共同作用。如图 7-27(e)所示，微纤化木棉纤维气凝胶具有良好的成型性和结构稳定性，因此可用于制备或被裁剪成任意所需形状，以满足实际应用中的不同需求。

图 7-28 所示为 $_{1.2}$MKA、$_{0.8}$MKA、$_{0.4}$MKA 和 $_{0.2}$MKA 被压缩至 80% 应变时的压缩应力-应变曲线；气凝胶的压缩性能如表 7-2 所示。

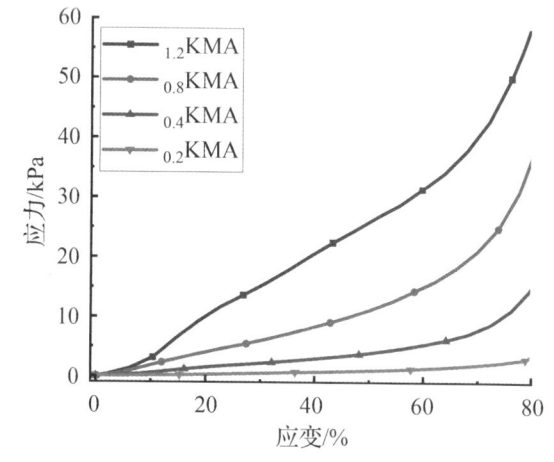

图 7-28　微纤化木棉纤维气凝胶的压缩应力-应变曲线

表 7-2 微纤化木棉纤维气凝胶的力学性能

气凝胶	密度/(mg·cm^{-3})	杨氏模量/kPa	80%压缩应变时的应力/kPa
$_{0.2}$MKA	3.9	1.94	4.85
$_{0.4}$MKA	5.4	4.78	15.09
$_{0.8}$MKA	10.3	13.92	41.14
$_{1.2}$MKA	13.6	21.73	58.41

由图 7-28 可以观察到,不同纤维浓度的微纤化木棉纤维气凝胶压缩曲线均可分成两个区域:首先是由于气凝胶骨架中微纤化木棉纤维表面微纤丝发生弹性弯曲,应力缓慢提升的线弹性区域;接下来是由于微纤化木棉纤维主体开始接触,发生纤维间碰撞而使应力急剧增加的致密化区域。

由表 7-2 可以得出,气凝胶的杨氏模量随着纤维质量分数提高(0.2%至1.2%)而逐渐增大,由 1.94 kPa 增加至 21.73 kPa。同时,气凝胶的最大压缩应力也由 4.85 kPa 提高至 58.41 kPa。这主要是由于随着微纤化木棉纤维浓度的增加,气凝胶的密度显著提升,其内部网络结构逐渐变得紧密,孔洞尺寸也逐渐减小。此时,随着外部压力的增大,气凝胶内部多层次结构中,由随机缠结的微纤化木棉纤维组成的纤维平面开始相互接触,形成可以承受一定外力作用的受力区域。另外,纤维浓度越高的气凝胶内部孔洞结构越紧密,单位面积内会有更多的缠结纤维来抵抗外力压缩,这对提升气凝胶的抗压缩性能有积极影响,也是所测得应力随微纤化木棉纤维浓度增大而升高的主要原因。

图 7-29 所示为微纤化木棉纤维气凝胶在 20%、40%、60%压缩应变下的应力-应变曲线。可以观察到,随着压缩应变的提升,气凝胶的压缩应力逐渐升高,且随着压缩负荷的加载和卸载,压缩曲线能够及时地响应并最终形成完整的闭合曲线。结果表明,微纤化木棉纤维气凝胶能够承载不同压缩应变的作用,且当应力卸载后可以快速恢复初始状态。由图 7-29 还可以观察到,气凝胶在压缩后可以快速回复原状,未产生明显的变形和断裂,表明其具有稳定的结构和优异的回弹性能。

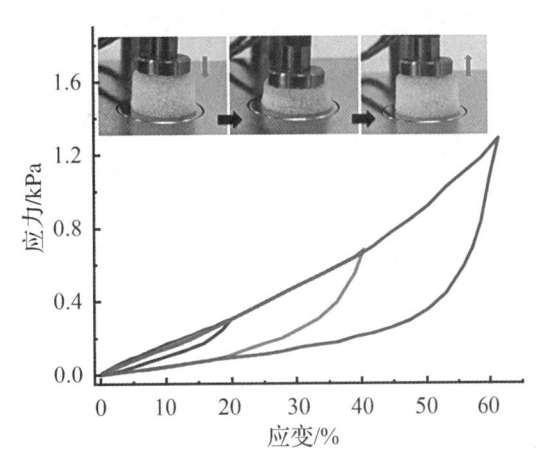

图 7-29 不同压缩应变下微纤化木棉纤维气凝胶($_{0.2}$MKA)的应力-应变曲线

对 $_{0.2}$MKA 在长时间、多循环外加载荷作用下的抗疲劳性能进行研究,测试结果如图 7-30 所示。

(a) 应力-应变曲线

(b) 杨氏模量和最大应力

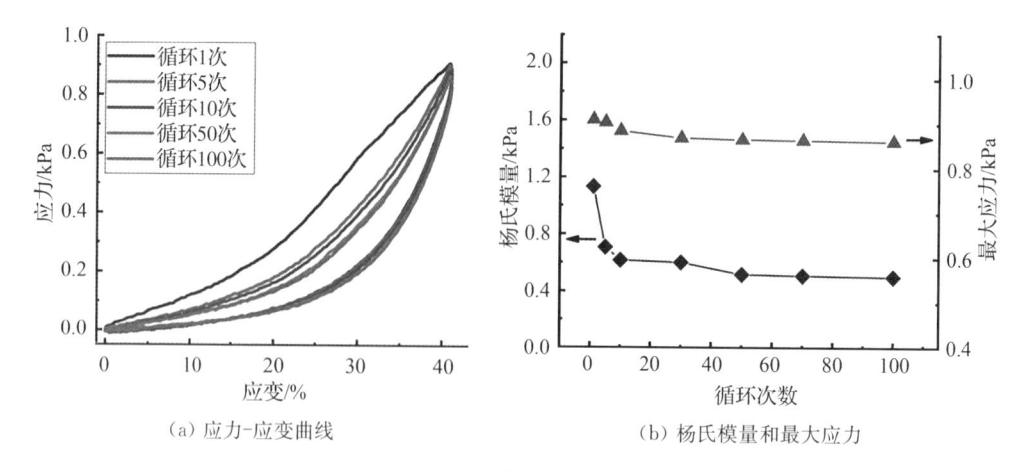

图 7-30　$_{0.2}$MKA 的重复压缩-回复性能

由图 7-30(a)可知,对微纤化木棉纤维气凝胶在 40％应变条件下进行 100 次加载-卸载循环压缩测试,发现经过 100 次循环压缩后,气凝胶的压缩回复曲线仍表现出完好的回环形状,气凝胶形态未发生明显的变形或破裂,表现出优异的压缩回复性能。图 7-30(b)所示为 100 次循环压缩-回复试验后气凝胶 $_{0.2}$MKA 的杨氏模量和最大应力变化曲线。循环测试后气凝胶的杨氏模量下降小于 33.3％,最大应力下降小于 5.3％,且逐渐趋于平稳,表现出稳定的抗疲劳性能。

微纤化木棉纤维气凝胶良好的压缩-回复性能主要是由于制备过程中,通过纤维物理缠结和冷冻干燥方式,气凝胶内部形成缠结结构的微纤化木棉纤维表面具有大量的"柔性"微纤丝,可以与"刚性"的木棉纤维骨架产生"刚-柔"相互协同作用,这种"柔性"黏结与"刚性"支撑相互结合,构成完整、稳定且相互连通的弹性微观缠结结构,可以有效缓冲、传递和耗散气凝胶受到外力作用时形成的机械能。在测试过程中,相互缠绕的微纤化木棉纤维及其表面微纤丝形成的微观缠结结构,可以在气凝胶内的多层次结构间充当无数个"弹簧",以承受并传递气凝胶受到的压力,控制气凝胶的弹性形变。当外力释放后,相互连接的多层次缠结网络及其内部纤维均恢复到最初形态,从而使整个结构得到恢复。同时,缠结的微纤化木棉纤维之间也存在较强的氢键作用,这对微纤化木棉纤维气凝胶的力学性能也有积极影响。

7.3.7　吸附性能

图 7-31 所示为 MKAs 对豆油的吸油倍率和保油率。由此图可知,随着微纤化木棉纤维质量分数由 1.2％降低至 0.1％,气凝胶的吸油倍率由 54.5 g/g 增加至 176.1 g/g。同时发现,纤维质量分数不同的气凝胶,其油液保持能力均较高,保油率高于 80％,最高可达 96％。纤维质量分数较低的微纤化木棉纤维气凝胶具有较高的吸油倍率,其原因是,低纤维质量分数的微纤化木棉纤维气凝胶具有较高的孔隙率,其内部具有较大的空

间,故而能容纳和存储更多油液。另外,改性后的微纤化木棉纤维仍具有中空结构和超疏水亲油特性。在吸附过程中,油液可以在气凝胶内部的孔洞和纤维中腔渗透或运动,最终黏附并保留在气凝胶多孔骨架或微纤化木棉纤维的表面或中腔内,这也是气凝胶的油液保持能力较高的重要因素。

为了进一步测试微纤化木棉纤维气凝胶的吸附范围,选取 $_{0.2}$MKA 作为吸附材料,测试其对多种油液和有机溶剂的吸附倍率,结果如图 7-32 所示。由此图可知,$_{0.2}$MKA 对多种油液和有机溶剂均表现出良好的吸收能力,对豆油、DMF 和三氯甲烷的吸附倍率分别为 158.3 g/g、163.6 g/g 和 211.7 g/g。根据吸附液体的密度差异,该气凝胶的吸附范围约为 117.6~211.7 g/g,表明微纤化木棉纤维气凝胶具有广泛的油液和有机溶剂吸附能力,是一种具有发展潜力的天然纤维吸附材料。

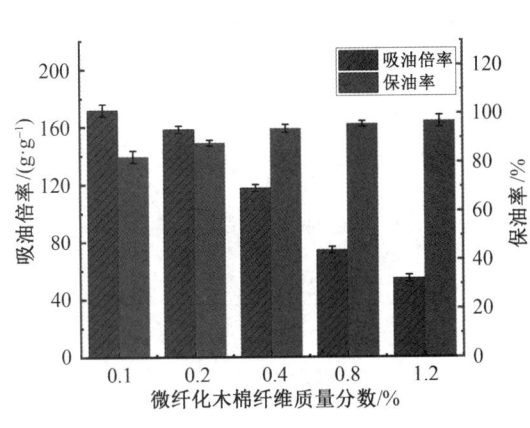

图 7-31 MKAs 对豆油的吸油倍率和保油率

图 7-32 $_{0.2}$MKA 对多种油液和有机溶剂的吸附倍率

为了考察微纤化木棉纤维气凝胶的循环使用性能,将 $_{0.2}$MKA 在油液中循环浸泡至吸附饱和并挤压 10 次,分别测量挤压前后的气凝胶质量,由此表征气凝胶的重复吸附性能,结果如图 7-33 所示。发现经过 10 次吸附-挤压循环过程,$_{0.2}$MKA 的吸油性能发生轻微下降且逐渐趋于稳定,吸油倍率由 158.2 g/g 降低到 127.0 g/g,总体下降约 19%。其原因可能是,重复挤压会使气凝胶形态发生轻微变化,导致气凝胶的孔隙率下降,储油空间减少。不过,整体来看,微纤化木棉纤维气凝胶表现出良好的吸油性能和循环使用性能。

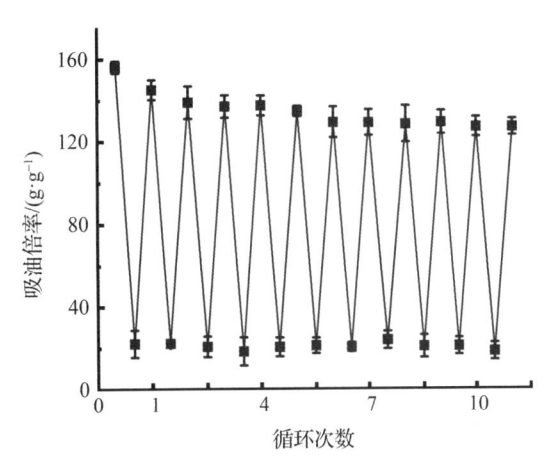

图 7-33 $_{0.2}$MKA 在油液吸附-挤压循环过程中的吸油倍率

参考文献

[1] Zhang H M, Zhao T, Chen Y, et al. A sustainable nanocellulose-based superabsorbent from kapok fiber with advanced oil absorption and recyclability[J]. Carbohydrate Polymers, 2022, 278.

[2] Zhang H M, Zhang G R, Zhu H Q, et al. Multiscale kapok/cellulose aerogels for oil absorption: The study on structure and oil absorption properties[J]. Industrial Crops and Products, 2021, 171.

[3] Zhang H M, Wang J L, Xu G B, et al. Ultralight, hydrophobic, sustainable, cost-effective and floating kapok/microfibrillated cellulose aerogels as speedy and recyclable oil superabsorbents[J]. Journal of Hazardous Materials, 2021, 406.

[4] Zhang H M, Xu G B, Wang F M, et al. A theoretical and experimental study of oil wicking behavior via "green" superabsorbent[J]. Cellulose, 2021, 28: 10517-10529.

[5] Wang H C, Cao L Y, Liu Y, et al. Preparation of Sustainable Kapok Fiber/Chitosan Composite Aerogels with Amphiphilic and Mechanical Properties for Thermal Insulation and Packaging Applications[J]. Fibers and Polymers, 2024: 1-11.

第 8 章 木棉纤维状粉末结构、性能与释油行为

木棉纤维具有大中空结构，表面覆盖着一层蜡质，表现出优异的吸油和储油能力，且木棉纤维与油液之间主要发生物理吸附，具有可逆性。因此，木棉纤维可用作润滑载体材料，通常需要以机械压入的方式推送至指定部位，纤维形式的材料容易产生缠结和堵塞，粉末状的材料有利于传输且可以任意形状填充。本章主要讨论木棉纤维状粉末的结构和性能，以及含油木棉纤维状粉末的释油行为和释油机理。

8.1 木棉纤维状粉末制备

木棉纤维产地为印尼爪哇，木棉纤维状粉末采用高速旋转扭刀式纤维切断机机械切断得到，木浆纤维状粉末作为对比样。两种纤维状粉末的长度均小于 2 mm，长度分布如图 8-1 所示。

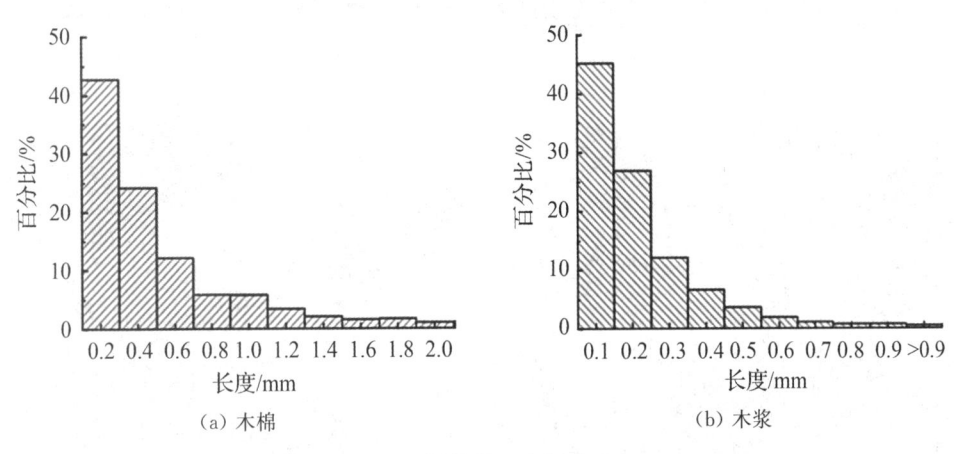

(a) 木棉

(b) 木浆

图 8-1 纤维状粉末长度分布

为了表征木棉纤维状粉末及木浆纤维状粉末的表观结构，分别采用光学显微镜和扫描电子显微镜进行观察。图 8-2 所示为木棉纤维状粉末和木浆纤维状粉末在自然光下的外观及 SEM 图像。

(a) 自然光下木棉纤维状粉末外观

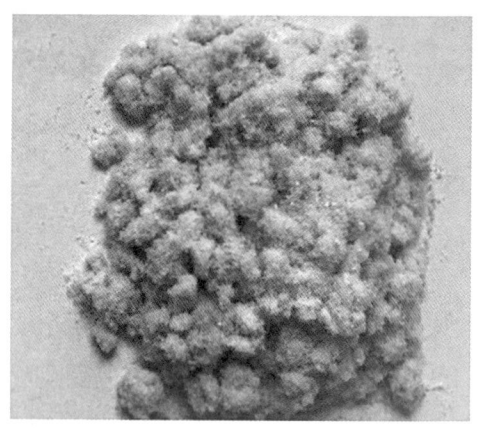

(b) 自然光下木浆纤维状粉末外观

(c) 木棉纤维状粉末 SEM 图像

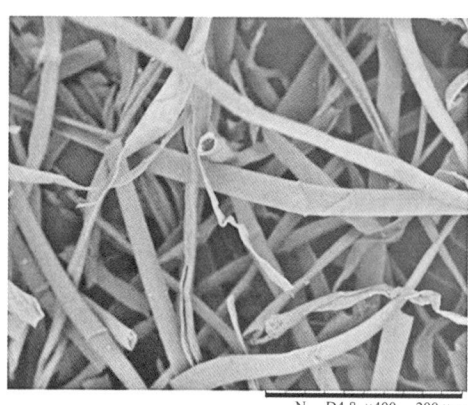

(d) 木棉纤维状粉末 SEM 图像

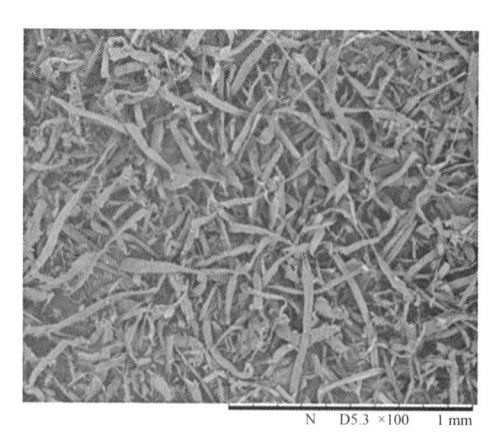

(e) 木浆纤维状粉末 SEM 图像

(f) 木浆纤维状粉末 SEM 图像

图 8-2 木棉纤维状粉末和木浆纤维状粉末的表观结构

由图 8-2(a)和(b)可知,两种纤维状粉末均呈微黄色,但木浆纤维状粉末的颜色较深。由图 8-2(c)和(d)可知,木棉纤维状粉末的部分中腔被不同程度地压扁,且由于切断过程中存在剪切作用,部分纤维状粉末在长度方向发生转曲,但大部分纤维状粉末保持木棉纤维的中腔结构和光滑表面。由图 8-2(e)和(f)可知,木浆纤维状粉末呈实心扁平状结构,且表面存在纵向凸起条纹,由纤维状粉末和颗粒状粉末共同构成。

8.2 木棉纤维状粉末吸油性能

以饱和吸油量及静置 24 h 的保油率评价木棉纤维状粉末的吸油性能,以矿物油和 PAO 合成油为例。两种油液在 20 ℃时的基本性质如表 8-1 所示。

表 8-1 两种油液在 20 ℃时的基本性质

油液种类	密度/(g·cm^{-3})	黏度/(mPa·s)	表面张力/(mN·m^{-1})
矿物油	0.85	74.73	30.76
PAO 合成油	0.82	29.55	29.21

木棉纤维、木棉纤维状粉末及木浆纤维粉末的饱和吸油量如图 8-3(a)所示。由此图可见,木棉纤维状粉末对矿物油和 PAO 合成油的饱和吸油量分别为 21.9 g/g 和 19.9 g/g,与木棉纤维的饱和吸油量相比,约下降了一半。其原因主要有两个方面:一方面,木棉纤维状粉末的自然堆积密度大于木棉纤维,集合体内的孔隙减小,即储油空间减少;另一方面,机械的剪切作用会使部分纤维的中腔被压扁,导致吸油能力下降。其中,堆积密度变化是导致饱和吸油量下降的主要原因。同时可看到,木棉纤维状粉末对两种油液的吸附能力明显高于木浆纤维状粉末,前者的饱和吸油量高出后者的饱和吸油量一倍以上。图 8-3(b)显示了木棉纤维、木棉纤维状粉末和木浆纤维状粉末的静置 24 h 保油率,三种材料的静置 24 h 保油率均在 85%以上。

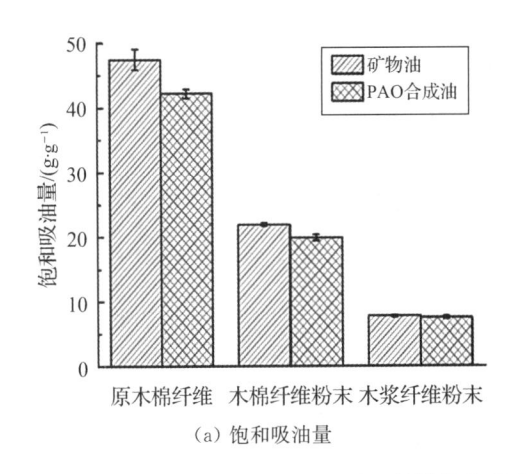

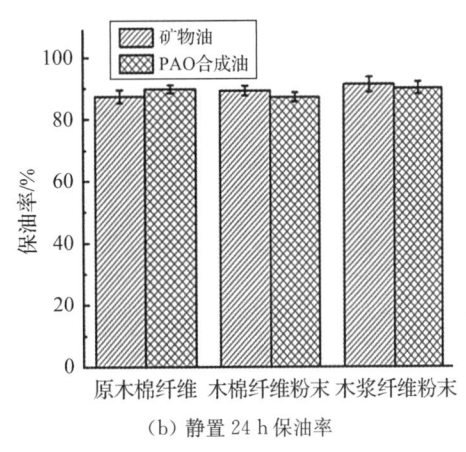

图 8-3 三种材料的饱和吸油量和静置 24 h 保油率对比

8.3 木棉纤维状粉末的释油行为

8.3.1 原材料和试验

（1）原材料：木棉纤维状粉末和木浆纤维状粉末；矿物油和PAO合成油。

（2）静态释油性能测试。

测试仪器主要包括分析天平（精度万分之一）和DHG-9030电热恒温干燥箱。具体步骤如下：

称取一定量的纤维状粉末，在粉末中加入一定量的油液，使纤维状粉末达到特定的吸油倍率。之后，将油液均匀分散的含油纤维状粉末材料置于一定温度的烘箱中，分别在0.5 h、1 h、3 h、5 h、7 h和9 h的时候称量并记录质量。测试温度分别为70 ℃、90 ℃、110 ℃和130 ℃。对于木棉纤维状粉末，在每个温度条件下，测试其吸油倍率为10 g/g、12 g/g和14 g/g时的释油率，以探讨释油率与时间的关系。同样地，对于木浆纤维状粉末，在每个温度条件下，测试其吸油倍率为4 g/g、5 g/g和6 g/g时的释油率，以分析释油率与时间的关系。每种情况下，均测试5个样品。

8.3.2 静态释油行为

表8-2和表8-3分别显示了木棉纤维状粉末吸附矿物油和PAO合成油时的累积释油率。

表8-2 木棉纤维状粉末的累积释油率（矿物油）

温度/℃	时间/h	累积释油率/%					
		吸油倍率 10 g/g		吸油倍率 12 g/g		吸油倍率 14 g/g	
		平均值	标准差	平均值	标准差	平均值	标准差
70	0.5	0.098	0.007 6	0.33	0.007 7	2.69	0.29
	1	0.22	0.029	0.53	0.019	4.48	0.45
	3	0.37	0.066	1.09	0.066	5.43	0.46
	5	0.49	0.11	1.35	0.21	6.18	0.49
	7	0.57	0.16	1.50	0.093	6.84	0.34
	9	0.66	0.21	1.59	0.14	7.23	0.33
90	0.5	0.24	0.025	2.57	0.20	7.80	0.28
	1	0.41	0.043	4.21	0.35	11.01	0.32

(续表)

温度/℃	时间/h	累积释油率/%					
		吸油倍率 10 g/g		吸油倍率 12 g/g		吸油倍率 14 g/g	
		平均值	标准差	平均值	标准差	平均值	标准差
90	3	0.75	0.058	4.54	0.37	11.87	0.28
	5	0.87	0.15	4.90	0.47	12.27	0.22
	7	0.99	0.077	5.20	0.50	12.38	0.23
	9	1.12	0.088	5.35	0.22	12.48	0.22
110	0.5	0.46	0.039	3.31	0.31	8.77	0.51
	1	0.71	0.16	5.10	0.46	12.10	0.50
	3	1.00	0.18	5.46	0.45	12.82	0.31
	5	1.12	0.19	5.76	0.41	13.25	0.27
	7	1.25	0.25	6.02	0.43	13.45	0.22
	9	1.32	0.35	6.18	0.33	13.57	0.20
130	0.5	0.73	0.053	4.18	0.41	10.44	0.91
	1	1.13	0.063	5.84	0.62	14.16	0.96
	3	1.51	0.086	6.17	0.61	14.47	0.94
	5	1.83	0.11	6.33	0.62	14.62	0.95
	7	2.17	0.14	6.47	0.68	14.76	0.93
	9	2.37	0.15	6.59	0.65	14.85	0.94

表 8-3 木棉纤维状粉末的累积释油率(PAO 合成油)

温度/℃	时间/h	累积释油率/%					
		吸油倍率 10 g/g		吸油倍率 12 g/g		吸油倍率 14 g/g	
		平均值	标准差	平均值	标准差	平均值	标准差
70	0.5	0.17	0.019	3.27	0.37	7.20	0.29
	1	0.29	0.027	5.70	0.39	10.98	0.40
	3	0.51	0.073	6.85	0.53	11.35	0.45
	5	0.63	0.15	7.37	0.57	11.80	0.47
	7	0.73	0.16	7.57	0.60	12.12	0.48
	9	0.80	0.16	7.65	0.60	12.48	0.48

(续表)

温度/℃	时间/h	累积释油率/%					
		吸油倍率 10 g/g		吸油倍率 12 g/g		吸油倍率 14 g/g	
		平均值	标准差	平均值	标准差	平均值	标准差
90	0.5	0.44	0.048	5.08	0.37	10.50	0.61
	1	0.75	0.068	6.91	0.54	14.00	0.73
	3	1.20	0.11	7.31	0.56	14.56	0.90
	5	1.42	0.16	7.57	0.59	14.82	0.95
	7	1.55	0.20	7.85	0.52	15.03	0.85
	9	1.64	0.27	8.06	0.55	15.22	0.93
110	0.5	0.85	0.072	5.24	0.51	11.91	0.86
	1	1.35	0.071	7.34	0.76	15.41	0.86
	3	1.88	0.079	7.99	0.77	15.95	0.88
	5	2.26	0.12	8.28	0.69	16.20	0.90
	7	2.44	0.17	8.45	0.64	16.45	0.91
	9	2.61	0.21	8.69	0.59	16.60	0.95
130	0.5	1.10	0.12	6.68	0.61	14.40	1.12
	1	1.53	0.27	8.56	0.86	17.16	1.06
	3	2.09	0.35	9.07	0.78	17.90	1.147
	5	2.50	0.38	9.44	0.82	18.45	0.96
	7	2.79	0.40	9.72	0.95	18.83	0.95
	9	2.94	0.40	9.89	0.87	19.07	0.96

由表 8-2 和表 8-3 所示，当吸油倍率为 10 g/g 时，4 个温度条件下，9 h 对应的累积释油率均处在很低的水平，在 0.6%～3.0%。随着吸油倍率增加，累积释油率和释油速率都增加。当吸油倍率为 14 g/g 时，不同温度条件下 9 h 对应的累积释油率在 7.2%～20.0%。在相同的条件下，含 PAO 合成油的木棉纤维状粉末总是比含矿物油的木棉纤维状粉末释放出更多的油液，这与油液黏度及油液与纤维的相互作用有关。在相同温度条件下，矿物油的黏度比 PAO 合成油的大，矿物油与木棉纤维表面的黏着功大于 PAO 合成油。这两个方面的共同作用导致在相同条件下，PAO 合成油的释放率更大，释放速率更快。

表 8-4 显示了木浆纤维状粉末吸附矿物油时的累积释油率，与含油木棉纤维状粉末的释放过程相似。

表 8-4 木浆纤维状粉末的累积释油率(矿物油)

温度/℃	时间/h	累积释油率/%					
		吸油倍率 4 g/g		吸油倍率 5 g/g		吸油倍率 6 g/g	
		平均值	标准差	平均值	标准差	平均值	标准差
70	0.5	0.12	0.012	0.33	0.033	1.84	0.064
	1	0.19	0.028	0.48	0.047	2.51	0.076
	3	0.27	0.045	0.85	0.065	3.49	0.085
	5	0.34	0.046	1.04	0.076	4.43	0.13
	7	0.41	0.040	1.21	0.075	4.95	0.15
	9	0.48	0.046	1.38	0.078	5.24	0.18
90	0.5	0.37	0.083	0.44	0.093	2.96	0.15
	1	0.54	0.083	0.62	0.14	5.04	0.16
	3	1.09	0.17	1.31	0.17	5.95	0.29
	5	1.30	0.17	1.57	0.23	6.18	0.29
	7	1.57	0.15	1.78	0.26	6.30	0.29
	9	1.61	0.16	1.90	0.25	6.40	0.29
110	0.5	0.68	0.10	1.53	0.094	3.22	0.13
	1	1.02	0.13	2.13	0.16	5.63	0.15
	3	1.42	0.12	2.58	0.17	6.43	0.14
	5	1.67	0.10	2.86	0.17	6.71	0.15
	7	1.76	0.12	3.10	0.19	6.90	0.15
	9	1.89	0.12	3.20	0.18	7.01	0.15
130	0.5	1.26	0.10	2.71	0.065	3.65	0.35
	1	2.02	0.11	4.22	0.081	5.92	0.39
	3	2.61	0.10	5.40	0.18	6.98	0.31
	5	3.08	0.10	5.86	0.20	7.10	0.30
	7	3.38	0.10	6.06	0.21	7.37	0.31
	9	3.64	0.10	6.12	0.21	7.62	0.31

图 8-4 对比了木棉和木浆两种含油纤维状粉末在 9 h 时的累积释油率,木浆纤维状粉末的吸油倍率为 4 g/g 和 5 g/g,对应于木棉纤维状粉末的吸油倍率为 12 g/g 和

14 g/g。由图 8-4 可知,在相当的条件下,含油木棉纤维状粉末比含油木浆纤维状粉末释放出更多的油液。这一方面与两种纤维状粉末的粒径有关,木棉纤维状粉末的平均长度比木浆纤维状粉末的大,油液较易通过毛细管效应释放出来;另一方面与纤维表面性质有关,木棉纤维状粉末的中空结构及大比表面积利于油液释放。由于木棉纤维状粉末的吸油能力优于木浆纤维状粉末,且表现出良好的油液释放能,因此木棉纤维状粉末可以作为一种良好吸油载体,应用于机械润滑领域。

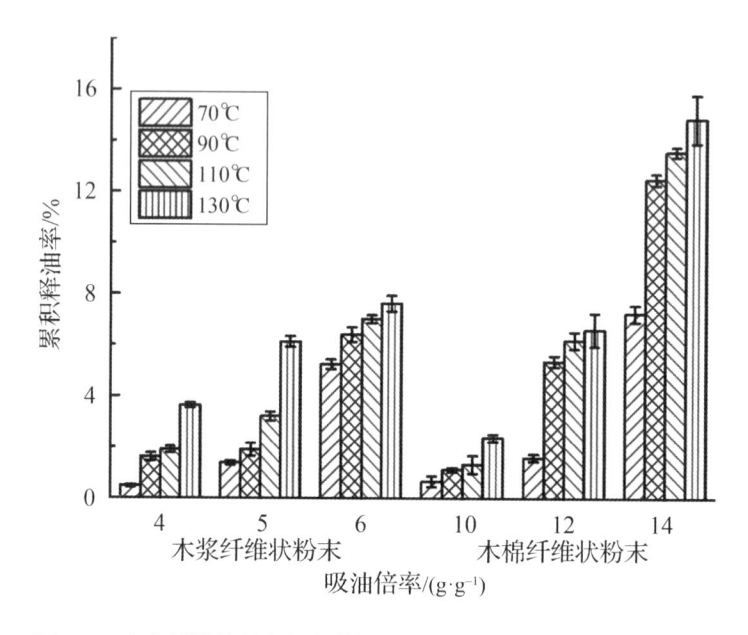

图 8-4 木浆纤维状粉末和木棉纤维状粉末 9 h 时的累积释油率对比

木棉纤维状粉末的静态释油行为表明,温度和吸油倍率是影响含油纤维状粉末油液析出能力的主要因素。温度会影响油液黏度及纤维状粉末与油液之间的相互作用。吸油倍率的大小代表含油纤维状粉末接近饱和吸油状态的程度,初始含油量越多,油液越容易释放出来。

8.3.3 释油装置搭建

为了模拟含油纤维状粉末在使用过程中的油液释放行为,可搭建含油纤维状粉末释油性能测试装置。如图 8-5 所示,测试装置主要包含三个部分,分别是加热部分、转动部分和油液收集部分。加热部分主要包括:一个由金属铝制成的外边长为 5 cm 的正方体样品盒(1)和一个控温范围为室温到 150 ℃的数显温控器(3)。转动部分主要包括:一个直径为 30 cm,转速为 92 r/min 的可转动圆盘(4)和一个电机(图上未显示)。油液收集部分是在圆盘下方放置的用于擦除释放至圆盘表面的油液的吸油纸。释油性能测试装置实物如图 8-6 所示。

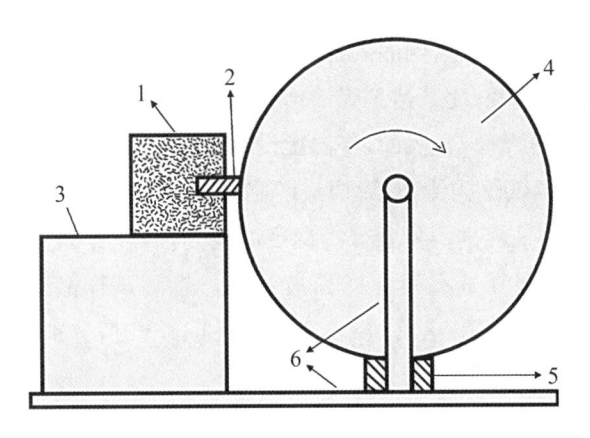

1. 样品盒；2. 油液传输毛毡；3. 数显温控器；4. 可转动圆盘；5. 吸油纸放置；6. 支架及底座

图 8-5　释油性能测试装置平面结构

（a）正面　　　　（b）侧面

图 8-6　测试装置实物

该装置的运行原理如下：

样品盒靠近圆盘一侧的开口放置长为 3 cm、截面边长为 1 cm 的耐高温羊毛毡，作为油液传输毛毡，伸出样品盒部分的长度为 0.5 cm。放置在样品盒内的含油纤维状粉末，通过羊毛毡，把油液传输到转动圆盘上，圆盘下方放置的吸油纸将圆盘上的油液擦拭下来。样品盒内的油液通过这种方式不断地释放出来。在圆盘转动的过程中，每隔一段时间，对样品盒进行称量，得到油液释放量，经计算得到一定时间内油液的释放速率。待含油纤维状粉末停止油液释放，得到总的油液释放量。

具体测试过程如下：

取一定量的纤维状粉末，在其中加入一定质量的油液进行混合，静置 24 h，以确保纤维状粉末和油液均匀混合。将混合均匀的有一定吸油倍率的含油纤维状粉末放入样品盒，在测试前使油液传输毛毡达到释油平衡，以消除在样品测试过程中油液传输毛毡带来的影响。

具体操作步骤如下：

（1）裁剪截面边长为 1 cm、长为 3 cm 的羊毛毡。

(2) 将毛毡一端插入样品盒侧面的开口。

(3) 在毛毡上滴入油液,使其达到吸油饱和。

(4) 将毛毡的一端接触圆盘表面,将温度设定为指定温度,启动测试。

在测试过程中,要不断地更换擦除油液的吸油纸,以确保释放的油液能够及时地擦除。为减少测试过程中油液的蒸发及保持温度的均匀性,在样品盒开口处盖有采用铝箔纸包覆的盖子,还可防止测试过程中样品被污染。将测试样品放入样品盒,在时间为 0.5 h,1 h,2 h,5 h,9 h,13 h,17 h,21 h,25 h,30 h 和 40 h 时,分别对样品盒进行称重,减少的质量即释放出的油液质量。

8.3.4 动态释油行为

(1) 吸油倍率不同。图 8-7 展示了含油木棉纤维状粉末在不同的吸油倍率下累积释油率随时间的变化。测试刚开始的一小段时间是油液迅速释放阶段,这也是含油纤维状粉末能够运用于润滑领域的原因之一。由图 8-7 可知,吸油倍率高的纤维状粉末在相同情况下可以释放更多的油液。在快速释油阶段,吸油倍率越高的含油纤维状粉末,其释油速率越大;在慢速释放阶段,释油速率均很低且相差不大。纤维状粉末的吸油倍率选择要结合纤维状粉末本身的吸油能力及其使用过程的释放情况。如果纤维状粉末的吸油倍率过高,在使用过程中,短时间内就会释放出过量的油液,存在油液泄漏的风险。

(a) 矿物油的累积释油率

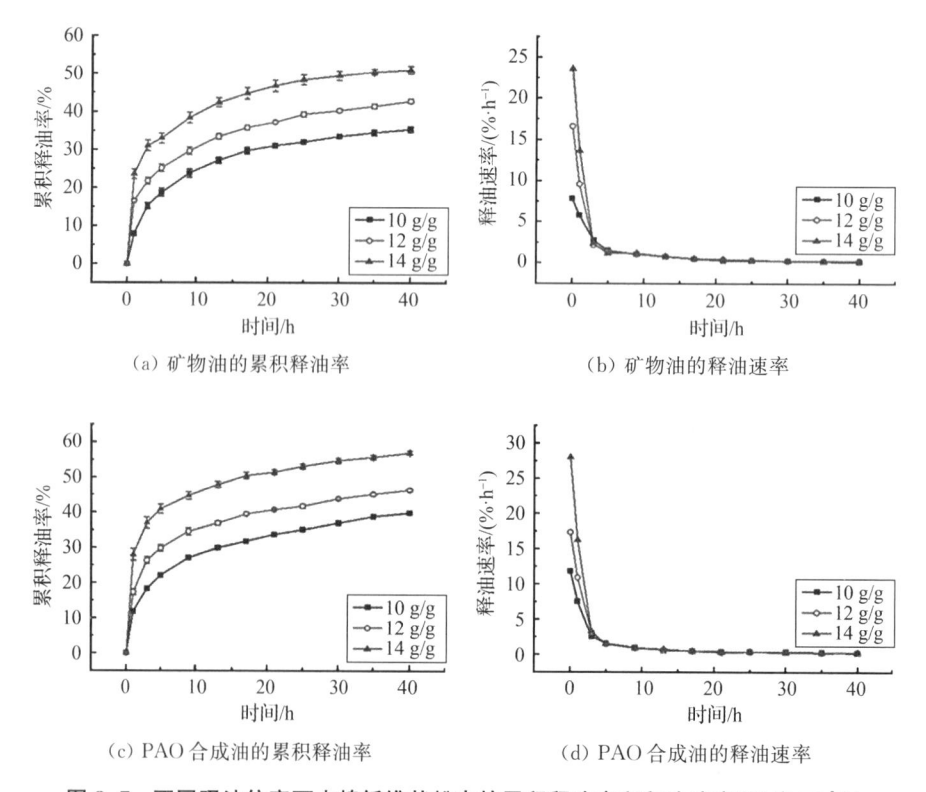

(b) 矿物油的释油速率

(c) PAO 合成油的累积释油率

(d) PAO 合成油的释油速率

图 8-7 不同吸油倍率下木棉纤维状粉末的累积释油率和释油速率(温度 70 ℃)

图 8-8 显示了两种含油木棉纤维状粉末在 40 h 时的累积释油率。随着含油纤维状粉末的吸油倍率增加，其总释油率明显增加；相同的吸油倍率条件下，含 PAO 合成油的木棉纤维状粉末释放出更多油液。含矿物油木棉纤维状粉末，其吸油倍率为 10 g/g、12 g/g 和 14 g/g 时，在 40 h 的累积释油率分别是 35.29%、42.77% 和 50.99%。含 PAO 合成油木棉纤维状粉末，其吸油倍率为 10 g/g、12 g/g 和 14 g/g 时，在 40 h 的累积释油率分别是是 39.87%、45.38% 和 55.97%。

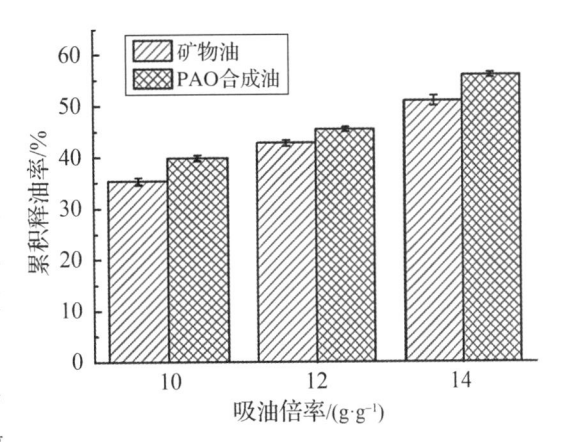

图 8-8 含油木棉纤维状粉末在 40 h 时的累积释油率(温度 70 ℃)

对动态释油和静态释油的测试，其区别在于，静态释油时纤维状粉末静置在温度场中释放油液，而动态释油时纤维状粉末不仅处在温度场中，还通过油液传输毛毡与润滑件接触，在油液浓度差的驱动下，通过毛细管作用释放油液。图 8-9 对比了温度为 70 ℃ 时木棉纤维状粉末对矿物油和 PAO 合成油在 9 h 时的动态和静态的累积释油率，可以发现木棉纤维状粉末的动态释油量远大于其静态释油量。这表明含油纤维状粉末在实际使用过程中，油液浓度差是促使油液释放的主要驱动力。

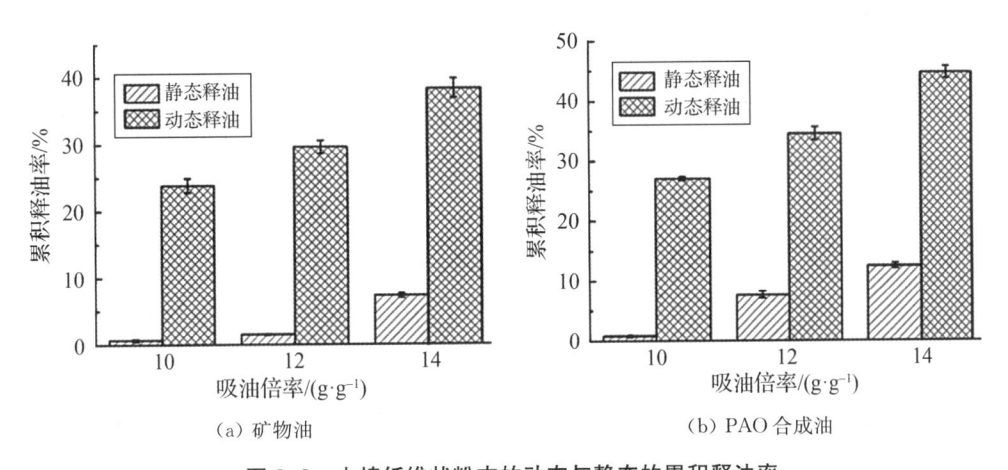

(a) 矿物油

(b) PAO 合成油

图 8-9 木棉纤维状粉末的动态与静态的累积释油率

图 8-10 所示为木浆纤维状粉末在不同的吸油倍率条件下，其油液释放量随时间变化的情况。可以发现，含油木浆纤维状粉末的累积释油率随着其吸油倍率增大而提高。对于含矿物油木浆纤维状粉末，其吸油倍率为 4 g/g、5 g/g 和 6 g/g 时，在 40 h 的累积释油率分别是 24.05%、26.99% 和 36.09%。

(a) 矿物油的累积释油率　　　　　　　(b) 矿物油的释油速率

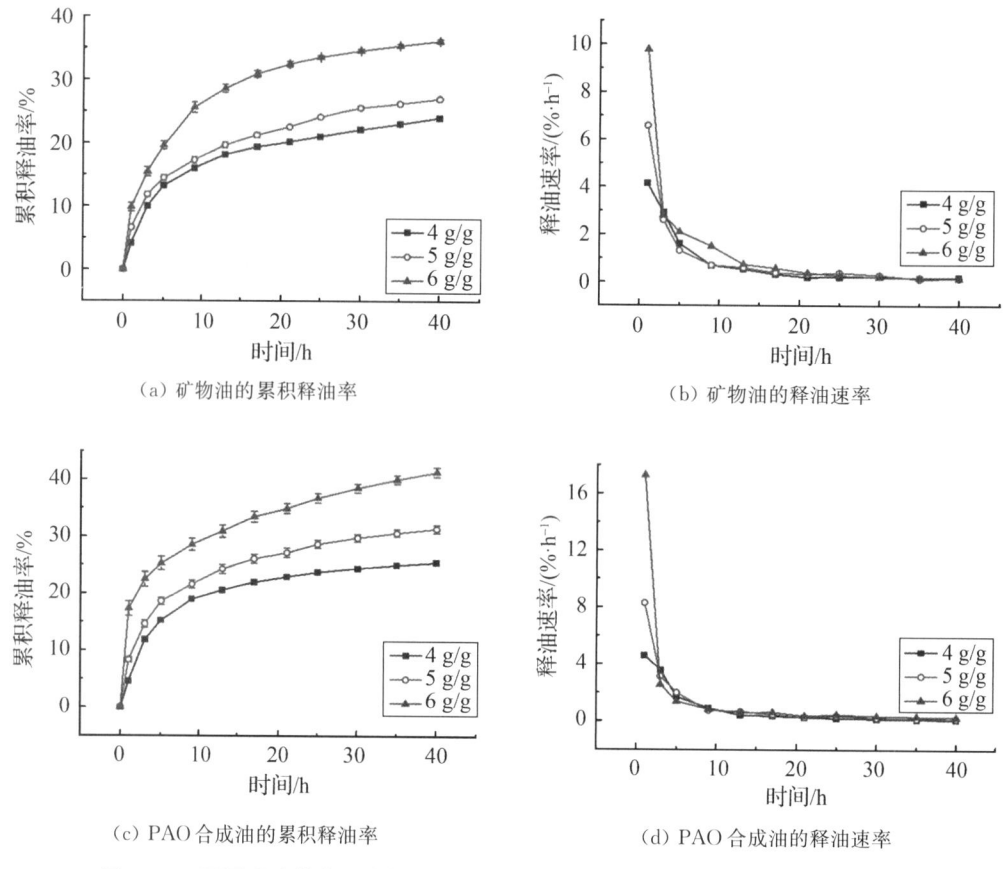

(c) PAO合成油的累积释油率　　　　　(d) PAO合成油的释油速率

图 8-10　不同吸油倍率下木浆纤维状粉末的累积释油率和释油速率(温度 70 ℃)

图 8-11 对比了木棉纤维状粉末和木浆纤维状粉末在 40 h 的累积释油率。以木棉纤维状粉末对矿物油的吸附倍率为 14 g/g,以及木浆纤维状粉末对矿物油的吸油倍率为 5 g/g(两者均占其饱和吸油量的 65%)为例,两者在 40 h 的释油量分别占其总含油量的 50.99% 和 26.99%,表明在相当的测试条件下,木棉纤维状粉末释放出更多的油液。

(a) 矿物油　　　　　　　　　　　　(b) PAO合成油

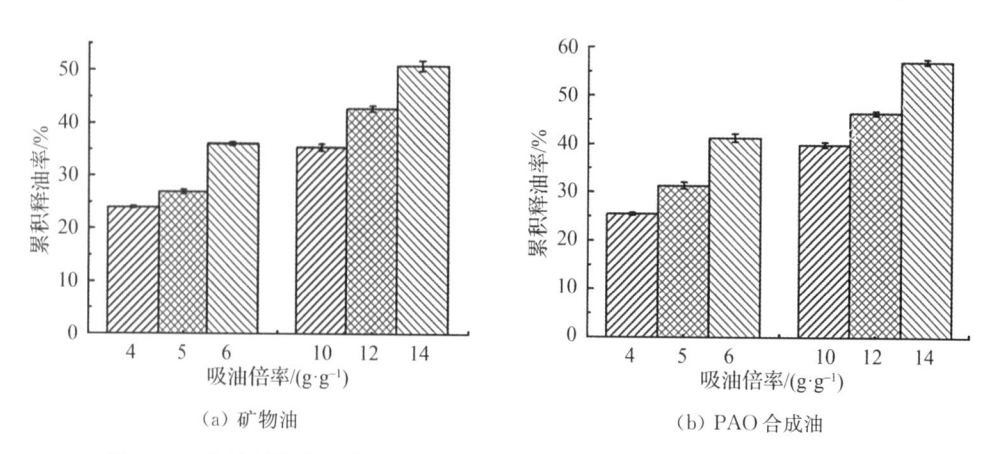

图 8-11　木棉纤维状粉末和木浆纤维状粉末在 40 h 的累积释油率(温度 70 ℃)

(2) 温度不同。图 8-12 显示了两种含油(矿物油和 PAO 合成油)木棉纤维状粉末(吸油倍率均为 10 g/g),在不同温度下的累积释油率与释油速率随时间的变化情况。可以看出,随着温度升高,含油纤维状粉末的累积释油率及释油速率均上升。产生这种现象有两个方面的原因:一方面是油液黏度对温度很敏感,随着温度升高,油液黏度明显下降,则油液的流动性增大;另一方面,随着温度升高,纤维状粉末与油液的结合力下降,油液较易从纤维状粉末中释放出来。当温度从 20 ℃ 上升到 70 ℃ 时,含矿物油和含 PAO 合成油的纤维状粉末在 40 h 的累积释油率分别增加 93.4% 和 92.9%,而当温度从 70 ℃ 增大到 130 ℃ 时,则分别增加 27.7% 和 22.49%。这种变化趋势与油液黏度随温度的变化具有一致性。图 8-13 展现了两种含油木棉纤维状粉末在 40 h 的累积释油率随温度的变化情况。

(a) 矿物油的累积释油率

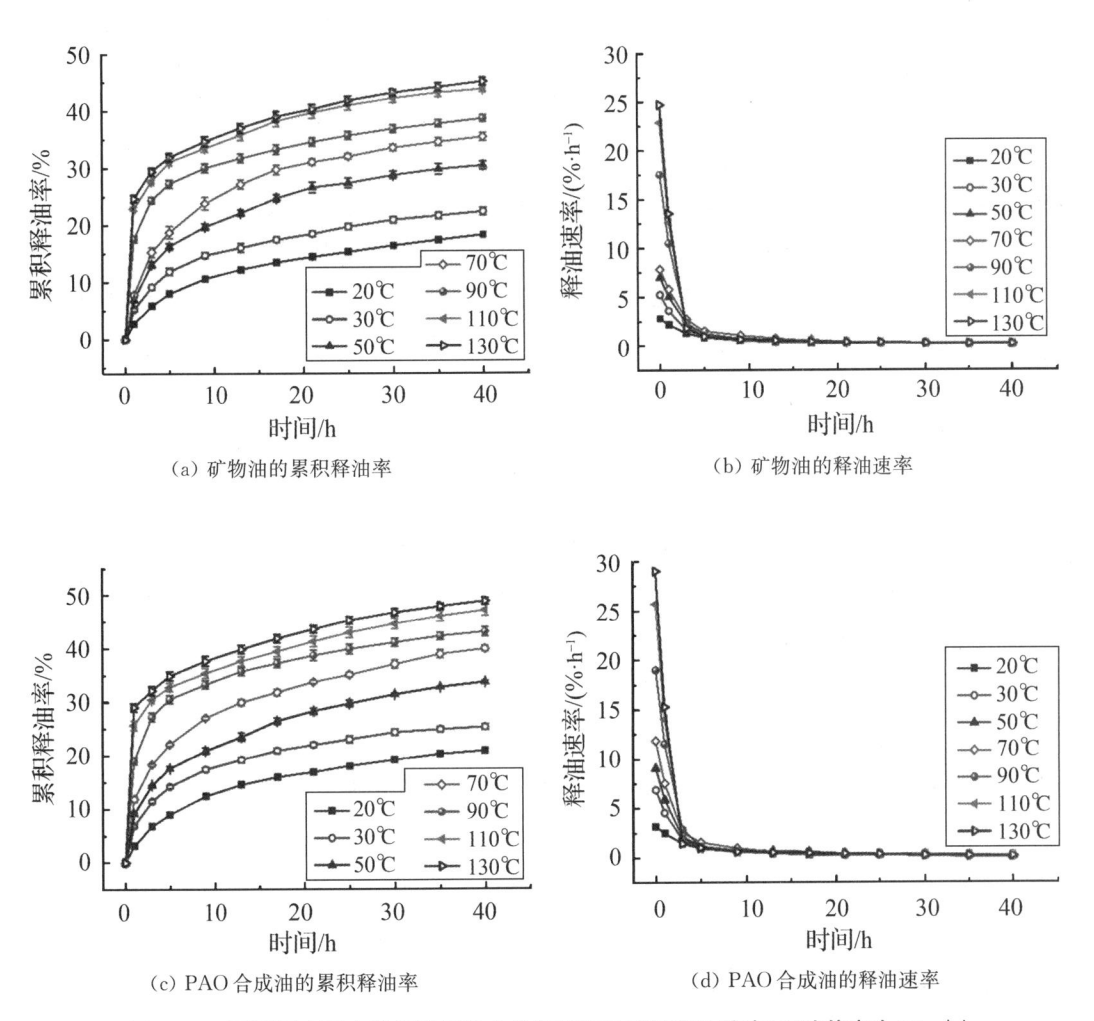

(b) 矿物油的释油速率

(c) PAO 合成油的累积释油率

(d) PAO 合成油的释油速率

图 8-12 不同温度下木棉纤维状粉末的累积释油率和释油速率(吸油倍率为 10 g/g)

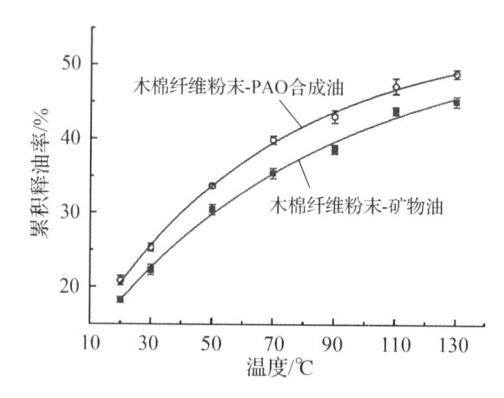

图 8-13　含油木棉纤维状粉末在 40 h 的累积释油率随温度的变化(吸油倍率为 10 g/g)

8.3.5　释油机理

(1) 释放动力学模型。油液释放的过程可简单地描述为,在浓度梯度及多孔材料形成的交联网络的回缩力驱动下,油液分子克服分子间范德华力和扩散阻力向外释放。借鉴药代动力学中的释放动力学模型,对含油纤维状粉末的释油动力学进行分析,进而研究其油液释放机理。采用定量指标表征纤维状粉末的油液释放过程,可以为预测及控制含油纤维状粉末材料的油液释放速率及释放量提供理论参考。释放动力学模型主要分为零级释放模型、一级释放模型、Higachi 模型和 Rigter-Peppas 模型。

① 零级释放模型。零级释放模型描述的是常速释放,表示累积释放率与时间成正比,遵循表面扩散原理,是一种理想释放模型,其表达式如下:

$$M_t/M_\infty = k_0 t \tag{8-1}$$

其中:M_t 表示 t 时间的累积释放量(g);M_∞ 表示理论上最大的累积释放量(g);M_t/M_∞ 表示累积释放率;k_0 表示释放速率。

② 一级释放模型。一级释放模型主要考察可溶性物质在多孔聚合物中的释放动力学,其表达式如下:

$$\ln(1 - M_T/M_\infty) = -k_1 t \tag{8-2}$$

其中:k_1 表示释放速率常数。

③ Higachi 模型。Higachi 模型以 Fick 扩散原理为基础,根据线性、拟稳态的物质浓度梯度推导而得出,用于负载在平板型基材中的物质以骨架向介质扩散行为的动力学研究,其表达式如下:

$$M_T/M_\infty = k_h t^{1/2} \tag{8-3}$$

其中:k_h 表示释放速率常数。

④ Rigter-Peppas 模型。Rigter-Peppas 模型也以 Fick 扩散原理为基础,根据释放指数即 n 值不同,可以分别描述不同形状基材的释放行为,如厚片状、圆柱状、球状等,具体见表 8-5。Rigter-Peppas 模型的表达式如下:

$$M_T/M_\infty = kt^n \tag{8-4}$$

其中：k 表示释放速率常数；n 表示扩散指数。

表 8-5 释放指数 n 值与释放机制的关系

遵循机制	n		
	厚片模型	圆柱模型	球状模型
Fick 扩散	<0.5	<0.45	<0.43
不规则扩散	0.6~1.0	0.46~0.89	0.49~0.85
溶蚀传质	>1.0	>0.89	>0.85

(2) 释油动力学模型。由含油纤维状粉末的动态释油曲线可知，油液的释放经历先快后慢的过程，显然不是恒速释放。因此，不采用零级释放模型进行拟合。对于一级释放模型，采用该模型得到的油液释放率与时间的对应数据，经初步拟合发现函数不收敛，故此模型不适用于含油纤维状粉末的油液释放动力学行为的表征。因此，采用 Higachi 模型和 Rigter-Peppas 模型进行分析和讨论。

为研究不同吸油倍率条件下含油木棉纤维状粉末的油液释放动力学行为，分别采用 Higachi 模型和 Rigter-Peppa 模型进行拟合，结果如图 8-14 所示，具体参数见表 8-6。

(a) 矿物油 Higachi 模型

(b) 矿物油 Rigter-Peppa 模型

(c) PAO 合成油 Higachi 模型

(d) PAO 合成油 Rigter-Peppa 模型

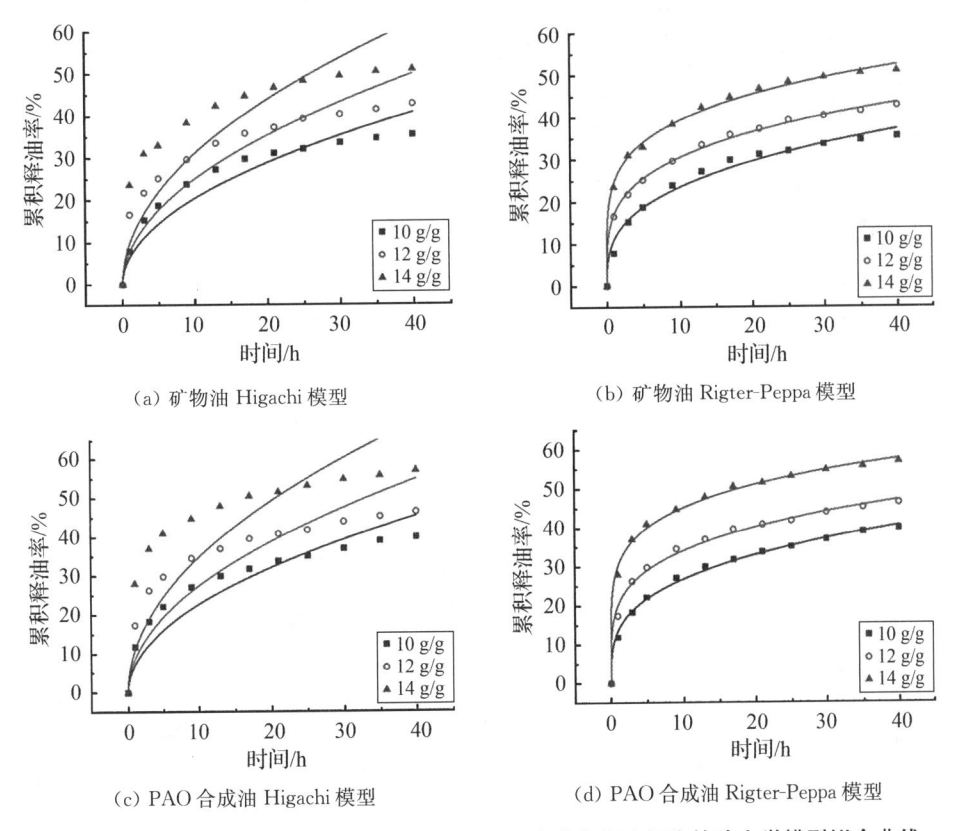

图 8-14 不同吸油倍率下含油木棉纤维状粉末的动态释油行为的动力学模型拟合曲线

表 8-6　不同吸油倍率下含油木棉纤维状粉末的油液释放行为的动力学模型拟合参数

类型	动力学模型	吸油倍率/($g \cdot g^{-1}$)	动力学参数	R^2
木棉纤维状粉末（矿物油）	Higachi 模型 $M_T/M_\infty = k_h t^{1/2}$	10	$k_h = 5.45$	0.908 8
		12	$k_h = 7.89$	0.795 3
		14	$k_h = 9.81$	0.646 4
	Rigter-Peppa 模型 $M_T/M_\infty = kt^n$	10	$k = 10.99, n = 0.33$	0.982 8
		12	$k = 15.88, n = 0.26$	0.996 2
		14	$k = 24.33, n = 0.21$	0.991 7
木棉纤维状粉末（PAO 合成油）	Higachi 模型 $M_T/M_\infty = k_h t^{1/2}$	10	$k_h = 7.18$	0.878 3
		12	$k_h = 8.68$	0.725 9
		14	$k_h = 11.01$	0.514 6
	Rigter-Peppa 模型 $M_T/M_\infty = kt^n$	10	$k = 13.44, n = 0.30$	0.996 1
		12	$k = 19.94, n = 0.23$	0.993 6
		14	$k = 30.02, n = 0.18$	0.997 0

由图 8-14 和表 8-6 可知，在不同吸油倍率条件下，通过 Higachi 模型对木棉纤维状粉末的释油率进行拟合，结果表明，随着吸油倍率增大，其 R^2 明显减小，意味着模型的适用性逐渐降低。以木棉纤维状粉末吸附 PAO 合成油为例，其吸油倍率为 10 g/g、12 g/g 和 14 g/g 时，其 R^2 的值分别为 0.912 3、0.596 6 和 0.568 8。由此说明该模型不能准确地描述木棉纤维状粉末的油液释放行为。而通过 Rigter-Peppa 模型进行拟合，表 8-6 给出的数据显示出较好的一致性，说明不同吸油倍率条件下木棉纤维状粉末的油液释放行为与 Rigter-Peppa 模型有很好的符合性。

为探讨不同温度条件下含油木棉纤维状粉末的油液释放动力学行为，分别利用 Higachi 模型和 Rigter-Peppa 模型进行拟合，结果如图 8-15 所示，具体参数见表 8-7。

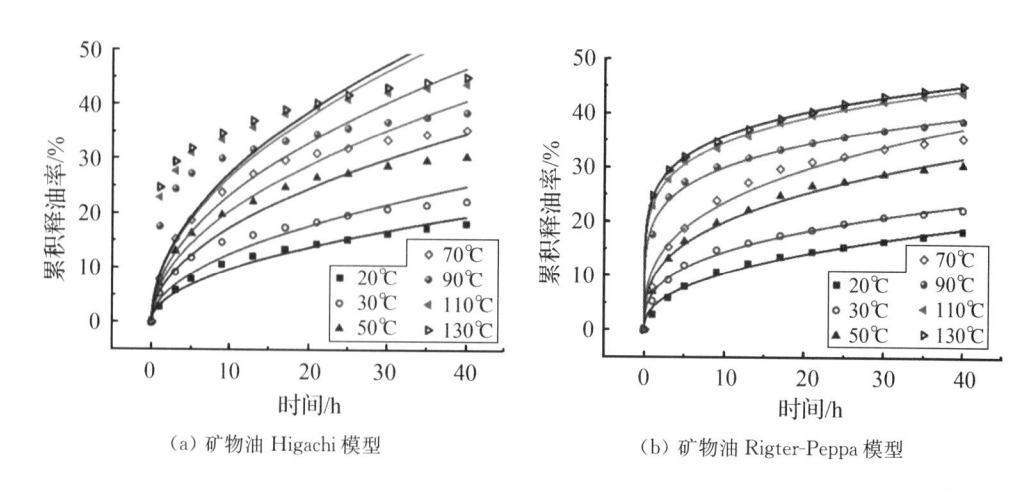

(a) 矿物油 Higachi 模型

(b) 矿物油 Rigter-Peppa 模型

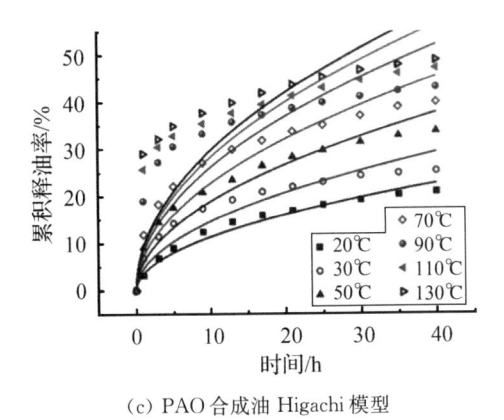

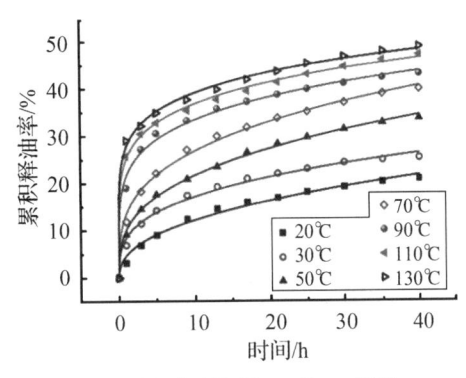

(c) PAO 合成油 Higachi 模型 (d) PAO 合成油 Rigter-Peppa 模型

图 8-15　不同温度下含油木棉纤维状粉末的动态释油行为的动力学模型拟合曲线

表 8-7　不同温度下含油木棉纤维状粉末的油液释放行为的动力学模型拟合参数

类型	动力学模型	温度/℃	动力学参数	R^2
木棉纤维状粉末（矿物油）	Higachi 模型 $M_T/M_\infty = k_h t^{1/2}$	20	$k_h = 3.08$	0.979 4
		30	$k_h = 3.95$	0.925 3
		50	$k_h = 5.48$	0.921 7
		70	$k_h = 5.45$	0.908 8
		90	$k_h = 7.38$	0.573 4
		110	$k_h = 8.43$	0.535 5
		130	$k_h = 8.64$	0.519 3
	Rigter-Peppa 模型 $M_T/M_\infty = kt^n$	20	$k = 3.98, n = 0.42$	0.991 9
		30	$k = 5.58, n = 0.33$	0.992 4
		50	$k = 9.15, n = 0.32$	0.989 8
		70	$k = 10.99, n = 0.33$	0.982 9
		90	$k = 19.33, n = 0.19$	0.995 6
		110	$k = 22.77, n = 0.18$	0.998 3
		130	$k = 23.60, n = 0.18$	0.998 9
木棉纤维状粉末（PAO 合成油）	Higachi 模型 $M_T/M_\infty = k_h t^{1/2}$	20	$k_h = 3.59$	0.975 4
		30	$k_h = 4.67$	0.841 2
		50	$k_h = 5.96$	0.926 4
		70	$k_h = 7.18$	0.878 3
		90	$k_h = 8.24$	0.589 4
		110	$k_h = 8.91$	0.487 5
		130	$k_h = 9.38$	0.405 6

(续表)

类型	动力学模型	温度/℃	动力学参数	R^2
木棉纤维状粉末（PAO合成油）	Rigter-Peppa 模型 $M_T/M_\infty = kt^n$	20	$k=4.66, n=0.42$	0.988 1
		30	$k=9.17, n=0.28$	0.986 0
		50	$k=10.04, n=0.33$	0.997 8
		70	$k=13.44, n=0.30$	0.996 1
		90	$k=21.33, n=0.19$	0.994 0
		110	$k=24.96, n=0.38$	0.997 8
		130	$k=27.51, n=0.15$	0.997 1

由图 8-15 和表 8-7 可知，对于两种油液，在不同温度条件下，采用 Higachi 模型对木棉纤维状粉末的释油行为进行拟合，随着吸油倍率增大，其 R^2 的值明显减小，意味着该模型的适用性逐渐降低，不能准确描述木棉纤维状粉末的油液释放过程。采用 Rigter-Peppa 模型进行拟合，其 R^2 的值均在 0.97 以上，说明不同温度条件下木棉纤维状粉末的油液释放行为与 Rigter-Peppa 模型有很好的符合性。这与不同吸油倍率的纤维状粉末的释油行为具有一致性，同时也说明含油木棉纤维状粉末的油液释放行为符合 Rigter-Peppa 模型。

参考文献

[1] Paolino D, Tudose A, Celia C, et al. Mathematical models as tools to predict the release kinetic of fluorescein from lyotropic colloidal liquid crystals[J]. Materials, 2019, 12(5): 693.

[2] Mohammadian M, Kashi T S J, Erfan M, et al. In-vitro study of Ketoprofen release from synthesized silica aerogels (as drug carriers) and evaluation of mathematical kinetic release models [J]. Iranian Journal of Pharmaceutical Research, 2018, 17(3): 818.

[3] Li B, Dong Y C, Wang P, et al. Release behavior and kinetic evaluation of formaldehyde from cotton clothing fabrics finished with DMDHEU-based durable press agents in water and synthetic sweat solution[J]. Textile Research Journal, 2016, 86(16): 1738-1749.

[4] 王维. 双胍和季铵盐壳聚糖药物控释体系的制备与表征[D]. 广州：华南农业大学，2016.

[5] 张海波. 松香改性丙烯酰胺聚合物的制备、性能及应用研究[D]. 北京：中国林业科学研究院，2018.

[6] Higuchi T. Rate of release of medicaments from ointment bases containing drugs in suspension[J]. Journal of Pharmaceutical Sciences, 1961, 50(10): 874-875.

[7] Higuchi T. Mechanism of sustained-action medication. Theoretical analysis of rate of release of solid drugs dispersed in solid matrices[J]. Journal of pharmaceutical sciences, 1963, 52(12): 1145-1149.

［8］Peppas N. A. Commentary on an exponential model for the analysis of drug delivery. Original research article: A simple equation for description of solute release. I-II. Fickian and non-Fickian release from non-swellable devices in the form of slabs, spheres, cylinders or discs[J]. Journal of Controlled Release: Official Journal of the Controlled Release Society, 2014, 190: 31-32.

附录 课题组关于木棉纤维的研究成果

［1］张莉,胡立霞,沈华,等.洗涤对木棉/棉混纺针织物结构与性能的影响[J].纺织科学与工程学报, 2025,42(1):6-12.

［2］Wang H C, Cao L Y, Liu Y L, et al. Preparation of sustainable kapok fiber/chitosan composite aerogels with amphiphilic and mechanical properties for thermal insulation and packaging applications[J]. Fibers and Polymers, 2024, 25(6): 2081-2091.

［3］曹立瑶.木棉纤维纸基材料结构、性能与机理研究[D].东华大学,2023.

［4］Xu Y F, He Y N, Xu G B. A theoretical and experimental study of oil wicking mechanism of kapok fibrous powder assembly[J]. Journal of Natural Fibers, 2023, 20(2).

［5］王洪昌,曹立瑶,李毓陵,等.紬丝/木棉非织造材料制备与性能评价[J].纺织科学与工程学报, 2023,40(1):12-16.

［6］Wang H C, Cao L Y, Huang Y, Li Y L, Wen R, Xu G B. Development and characterization of kapok/waste silk nonwoven as a multifunctional bio-based material for textile applications[J]. Journal of Industrial Textiles, 2023, 53.

［7］Cao L Y, Wang H C, Wang F M, et al. Hollow reversible kapok fibrous membranes with amphiphilicity, natural antibacterial properties, and biodegradability[J]. Industrial Crops and Products, 2023, 204.

［8］徐艳芳.木棉纤维状粉末吸/释油行为及机理研究[D].上海:东华大学,2022.

［9］张慧敏.木棉基纤维素气凝胶制备与吸油性能研究[D].上海:东华大学,2022.

［10］Cao L Y, Wang H C, Shen H, et al. Adsorption performance of human-like collagen by alkali-modified kapok fiber: A kinetic, equilibrium, and mechanistic investigation[J]. Cellulose, 2022, 29(6): 3177-3193.

［11］Cao L Y, Xu Y F, Xie K F, et al. The wettability and micro-equilibrium of different essence liquids to alkali-treated kapok fiber[J]. Textile Research Journal, 2022, 92(5/6): 860-870.

［12］Xu Y F, Cao L Y, Shen H, et al. Temperature effect on oil sorption and wettability of kapok fiber[J]. Journal of Natural Fibers, 2022, 19(7): 2555-2566.

［13］Cao S B, Sun X L, Li Y Y, et al. Testing and evaluation of the oil absorption characteristics of cotton fibers[J]. Journal of Natural Fibers, 2022, 19(16): 14337-14345.

［14］Zhang H M, Zhao T, Chen Y, et al. A sustainable nanocellulose-based superabsorbent from kapok fiber with advanced oil absorption and recyclability[J]. Carbohydrate Polymers, 2022, 278.

［15］Cao S B, Sun X L, Xu G B, et al. Comparative analysis of the static adsorption of oil droplets and the dynamic absorption capacity of their aggregates by cotton, kapok, cattail and flax fibers[J]. Textile Research Journal, 2022, 92(23/24).

[16] 赵嘉颖,陈瑜,羊燚,等. 中空木棉相变调温面料的制备及热学性能[J]. 上海纺织科技,2022,50(5):52-56.

[17] 胡立霞. 木棉纤维组成、微细结构及相关应用研究[D]. 上海:东华大学,2021.

[18] Zhang H M, Wang J L, Xu G B, et al. Ultralight, hydrophobic, sustainable, cost-effective and floating kapok/microfibrillated cellulose aerogels as speedy and recyclable oil superabsorbents[J]. Journal of Hazardous Materials, 2021, 406.

[19] Zhang H M, Xu G B, Wang F M, et al. A theoretical and experimental study of oil wicking behavior via "green" superabsorbent[J]. Cellulose, 2021, 28(16): 10517-10529.

[20] Zhang H M, Zhang G R, Zhu H Q, et al. Multiscale kapok/cellulose aerogels for oil absorption: The study on structure and oil absorption properties [J]. Industrial Crops and Products, 2021, 171.

[21] 徐艳芳,徐广标. 木棉纤维粉末的制备及其油液吸附性能[J]. 东华大学学报(自然科学版),2021, 47(1):7-13+27.

[22] Xu Y F, Shen H, Cao L Y, et al. Oil release behavior and kinetics of oil-impregnated kapok fiber powder[J]. Cellulose, 2020, 27(10): 5845-5853.

[23] 刘美霞. 木棉防绒面料的制备及防钻绒特性评价方法的研究[D]. 上海:东华大学,2019.

[24] 刘美霞,胡立霞,沈华,等. 木棉纤维中组成物质分布及碱处理前后形态结构的变化[J]. 上海纺织科技,2019,47(8):1-5+25.

[25] 胡立霞,杨建忠,王府梅. 木棉纤维成分及其微细结构分析[J]. 东华大学学报(自然科学版),2019, 45(5): 645-649+675.

[26] Yang Z, Yan J J, Wang F M. Pore structure of kapok fiber[J]. Cellulose, 2018, 25(6): 3219-3227.

[27] 董婷. 木棉纤维微观油液吸附机理与油水分离应用研究[D]. 上海:东华大学,2018.

[28] Cao S B, Dong T, Xu G B, et al. Oil spill cleanup by hydrophobic natural fibers[J]. Journal of Natural Fibers, 2017, 14(5): 727-735.

[29] Dong T, Cao S B, Xu G B. Highly efficient and recyclable depth filtrating system using structured kapok filters for oil removal and recovery from wastewater[J]. Journal of Hazardous Materials, 2017, 321: 859-867.

[30] Hu L X, Wang F M, Xu G B, et al. Unique microstructure of kapok fibers in longitudinal microscopic images[J]. Textile Research Journal, 2017, 87(18): 2255-2262.

[31] Dong T, Cao S B, Xu G B. Highly porous oil sorbent based on hollow fibers as the interceptor for oil on static and running water[J]. Journal of Hazardous Materials, 2016, 305: 1-7.

[32] Dong T, Wang F M, Xu G B. Sorption kinetics and mechanism of various oils into kapok assembly [J]. Marine Pollution Bulletin, 2015, 91(1): 230-237.

[33] Dong T, Xu G B, Wang F M. Adsorption and adhesiveness of kapok fiber to different oils[J]. Journal of Hazardous Materials, 2015, 296: 101-111.

[34] Dong T, Xu G B, Wang F M. Oil spill cleanup by structured natural sorbents made from cattail fibers[J]. Industrial Crops and Products, 2015, 76: 25-33.

[35] Hu L X, Wang F M, Liu J, et al. Axial structure and composition distribution of kapok fiber[J]. Journal of Textile Research, 2015, 36(9): 1-6+12.

[36] Zhou M L, Wang F M. Fiber radial distribution rule of kapok fiber blended yarn[J]. Journal of Textile Research, 2015, 36(9): 18-22+33.

[37] 严小飞,尹晓娇,王府梅.木棉天然防螨织物的织造技术探索[J].上海纺织科技,2015,43(7): 16-18.

[38] 严小飞,王茜,周梦岚,等.木棉纤维抗菌性及抗菌机理分析[J].棉纺织技术,2015,43(3):15-18.

[39] 严小飞,王府梅,洪枫.木棉纤维抗菌性能测试研究[J].上海纺织科技,2015,43(1):18-21.

[40] 王茜,严小飞,胡立霞,等.液态介质下木棉纤维回复中空形态的可行性探索[J].上海纺织科技, 2015,43(10):4-6+38.

[41] 胡立霞,王府梅,刘杰,等.木棉纤维的轴向主体结构与组成物质分布[J].纺织学报,2015,36(9):1-6+12.

[42] 应玉斐,周梦岚,王府梅.木棉和蚕丝纤维在棉混纺纱中的径向分布规律(英文)[J].成都纺织高等专科学校学报,2015,32(4):49-55.

[43] 周梦岚,王府梅.木棉纤维混纺纱中纤维的径向分布规律[J].纺织学报,2015,36(9):18-22+33.

[44] 周梦岚.利用木棉特性的阻隔织物研制[D].上海:东华大学,2015.

[45] 崔美琪.木棉/PET/ES纤维集合体油液吸附性能研究[D].上海:东华大学,2015.

[46] 崔美琪,徐广标,李旦.木棉/PET/ES纤维集合体吸油性能研究[J].上海纺织科技,2015,43(10): 45-47+51.

[47] 崔美琪,徐广标.木棉/棉混纺纱混纺比定量分析方法研究[J].上海纺织科技,2015,43(9):70-72.

[48] 严小飞.木棉纤维天然特性及其防螨功能性织物的技术研究[D].上海:东华大学,2015.

[49] Yan J J, Wang F M, Xu B G. Compressional resilience of the kapok fibrous assembly[J]. Textile Research Journal, 2014, 84(13): 1441-1450.

[50] Yan J J, Wang F M, Xu B G. Viscoelastoplastic modeling of compressional behaviors of kapok fibrous assembly[J]. Textile Research Journal, 2014, 84(16): 1761-1775.

[51] Dong T, Wang F M, Xu G B. Theoretical and experimental study on the oil sorption behavior of kapok assemblies[J]. Industrial Crops and Products, 2014, 61: 325-330.

[52] 尹晓娇,王府梅,胡立霞.木棉纤维纺织品破损情况研究[J].棉纺织技术,2014,42(11):21-23+68.

[53] 王茜,胡立霞,严小飞,等.木棉纺织品的前处理条件探索[J].染整技术,2014,36(7):19-20.

[54] 周梦岚,王府梅,邱卫兵.棉与木棉混纺防羽绒织物的性能研究[J].棉纺织技术,2014,42(10):33-35+39.

[55] 严金江.基于木棉纤维微结构的关键加工技术和产品性能研究[D].上海:东华大学,2014.

[56] Yan J J, Fang C, Wang F M, et al. Compressibility of the kapok fibrous assembly[J]. Textile Research Journal, 2013, 83(10): 1020-1029.

[57] Yan J J, Xu G B, Wang F M. A study on the quality of kapok blended yarns through different

processing methods[J]. Journal of the Textile Institute,2013,104(7):675-681.

[58] Wu H Y, An X Y, Wang F M. A new measuring system for fiber length[J]. Journal of Donghua University(Natural Science Edition),2013,39(6):732-736.

[59] 安向英,吴红艳,周金凤,等.海南岛木棉与印尼木棉纤维的长度比较[J].上海纺织科技,2013,41(3):8-11+31.

[60] 徐广标,常萌萌,向中林.基于图像技术的木棉纤维直径测试方法[J].东华大学学报(自然科学版),2013,39(2):155-158+174.

[61] 沈华.被类保温性能的检测设备与检测方法研究[D].上海:东华大学,2013.

[62] 常萌萌.印尼与海南岛木棉纤维形态特征及其强伸性能研究[D].上海:东华大学,2013.

[63] 安向英.木棉纤维长度分析及双须丛纤维长度测试方法探索[D].上海:东华大学,2013.

[64] 吴红艳.纤维长度的双须影像测量理论研究与系统开发[D].上海:东华大学,2013.

[65] 安向英,吴红艳,王府梅.印尼木棉纤维长度分布[J].纺织科技进展,2012(5):45-48.

[66] 房超,严金江,王府梅.潮湿环境和外力作用后木棉纤维集合体的压缩性能测试[J].东华大学学报(自然科学版),2012,38(4):401-406.

[67] 严金江,徐广标,王府梅.从纱线质量看木棉纺纱技术进步[J].纺织科技进展,2012(1):9-13.

[68] 刘杰.基于木棉纤维结构性能的后处理技术及产品性能研究[D].上海:东华大学,2012.

[69] 房超.木棉纤维集合体的压缩性能研究[D].上海:东华大学,2012.

[70] Xu G B, Luo J, Lou Y, et al. Analysis of the bending property of kapok fiber[J]. Journal of the Textile Institute,2011,102(2):120-125.

[71] Liu J, Wang F M. Influence of mercerization on micro-structure and properties of kapok blended yarns with different blending ratios[J]. Journal of Engineered Fibers and Fabrics,2011,6(3):63-68.

[72] 孙向玲,徐广标,王府梅.木棉纤维表面吸附特性[J].东华大学学报(自然科学版),2011,37(5):586-589.

[73] 刘维.木棉保暖材料及其保温机理的研究[D].上海:东华大学,2011.

[74] 孙向玲.天然纤维素纤维对油液介质的吸附性能研究[D].上海:东华大学,2011.

[75] Cui P, Wang F M, Wei A J, et al. The performance of kapok/down blended wadding[J]. Textile Research Journal,2010,80(6):516-523.

[76] 徐广标,刘维,楼英,等.木棉纤维拉伸性能的测试与评价[J].东华大学学报(自然科学版),2009,35(5):525-530+574.

[77] 刘杰,王府梅.碱处理对含木棉纤维纱线形态结构和性能的影响[J].纺织学报,2009,30(12):55-60.

[78] 刘杰,王府梅.木棉纤维及其应用研究[J].现代纺织技术,2009,17(4):55-57.

[79] 韦安军,王府梅,王伟,等.木棉/羽绒/羽绒飞丝的混纤絮料的服用性能测试分析[J].东华大学学报(自然科学版),2008(4):405-409.

[80] 韦安军.木棉填充料的制作工艺与性能研究[D].上海:东华大学,2008.

[81] 赵孔卫,王府梅.木棉/棉混纺转杯纱性能的测试分析[J].纺织科技进展,2007(2):68-70.

[82] 赵孔卫,王府梅.木棉与棉混纺转杯纱捻度及强伸性能测试分析[J].棉纺织技术,2007(3):26-28.

[83] 楼英,王府梅,刘维.木棉絮料的压缩性能测试分析[J].纺织学报,2007(1):10-13.

[84] 刘维,周苏萌,韩仕峰,等.羽绒/木棉混纤絮料的性能[J].纺织学报,2007(11):17-20.

[85] 谈丽平,王府梅,刘维.木棉系列絮料的保暖性[J].纺织学报,2007(4):38-40+44.

[86] 冯洁.木棉相变储能材料的制造工艺与性能研究[D].上海:东华大学,2007.

[87] 赵孔卫.木棉基础产品的性能及工艺研究探索[D].上海:东华大学,2007.

[88] 冯洁,孙景侠,王府梅.天然的保暖纤维——木棉纤维[J].纺织导报,2006(10):97-98+100+165.

[89] 孙景侠,王府梅,刘维,等.木棉棉混纺纱性能的测试分析[J].棉纺织技术,2005(6):354-356.

[90] 张慧敏,沈华,徐广标,王霁龙,陈怡彤.一种木棉/涤纶复合气凝胶的制备方法及其应用:CN202410256272.1[P].2024.

[91] 徐广标,曹立瑶,王洪昌.一种木棉基敷料的制备方法:CN202210677762.X[P].2023.

[92] 徐广标,王洪昌,曹立瑶.一种具有高透气性能的细丝纤维纸的制备方法:CN202210677781.2[P].2023

[93] 徐广标,曹立瑶,王洪昌.一种具有隔热保暖的高孔隙率材料的制备方法:CN114059378B[P].2022.

[94] 沈华,张慧敏,王霁龙,徐广标,王府梅.一种木棉纳米纤维素气凝胶及其制备方法和应用:CN113429617A[P].2021.

[95] 沈华,张慧敏,王霁龙,徐广标,王府梅.一种微纤化木棉纤维素气凝胶的制备方法及其应用:CN202110135508.2[P].2021.

[96] 徐广标,徐艳芳.一种木棉纤维基含油纤维润滑剂及其制备方法:CN108467767A[P].2018.

[97] 徐广标,曹胜彬,董婷,王府梅.一种以天然纤维为吸附滤料的油水分离与回收装置:ZL201510323451.3[P].2015.

[98] 徐广标,董婷,王府梅,曹胜彬.一种三维天然纤维吸油材料的制备方法:CN201410513835.7[P].2015.

[99] 王府梅,杨建明,邱卫兵,章军华,徐广标,周诚,刘杰,严金江,崔鹏,蒋敏庆.木棉多功能纺织品的制造关键技术与产业化,中国纺织工业联合会科技进步奖二等奖,2013.